高等学校地图学与地理信息系统系列教材

地图学实习教程

Cartography textbook for practice

主编 何宗宜 蔡永香 高贤君 刘远刚

罗小龙 马潇雅 张方利 范晶晶

WUHAN UNIVERSITY PRESS
武汉大学出版社

图书在版编目(CIP)数据

地图学实习教程/何宗宜等主编. —武汉:武汉大学出版社,2021.12
(2024.8 重印)
高等学校地图学与地理信息系统系列教材
ISBN 978-7-307-22460-5

Ⅰ.地…　Ⅱ.何…　Ⅲ. 地图学—实习—高等学校—教材　Ⅳ.P28-45

中国版本图书馆 CIP 数据核字(2021)第 139464 号

审图号:GS(2021)7767 号

责任编辑:鲍　玲　　　责任校对:李孟潇　　　版式设计:马　佳

出版发行:**武汉大学出版社**　　(430072　武昌　珞珈山)
　　　　　(电子邮箱:cbs22@whu.edu.cn 网址:www.wdp.com.cn)
印刷:湖北恒泰印务有限公司
开本:787×1092　　1/16　　印张:19.75　　字数:481 千字
版次:2021 年 12 月第 1 版　　2024 年 8 月第 2 次印刷
ISBN 978-7-307-22460-5　　定价:59.00 元

前　言

地图学是高校测绘工程、地理科学类本科专业的主要专业课程。以介绍地理空间信息可视化理论与技术方法为主的地图学，在地理信息服务中发挥越来越重要的作用。地图学是一门实践性非常强的课程，只有通过反复实践，才能将一些地理空间信息数据设计制作成为人们易于获取有用地理信息的地图。地图学的实践教学是巩固地图学基础理论知识、提高学生设计制作地图能力的重要环节和有效途径。

《地图学实习教程》介绍了地图制图实践操作的基本方法，并结合地图制作生产实践中的创新理论与技术方法进行拓展。本实习教程紧扣编者编写的《地图学》教材，内容涵盖地图基础知识、地图投影、地图语言、地图表示、地图综合、地图设计与制作等。通过本教程实践教学能够让学生掌握地图制图技术方法，优化地图学实践教学，突出创新能力的培养。

地图学实习需要准备大量的地图数据资料，是一件比较棘手的事情，有些学校不具备这些条件，导致实习达不到预期教学效果。《地图学实习教程》是地图学课程的实习配套教材，本书提供了大量实习需要的地图数据资料，并考虑到各校地图学实践教学条件不同，教师可根据教学对象、教学学时的具体情况自行选择教程中的实习内容。

本教程是由长江大学地球科学学院地理信息科学系相关教师编写完成的。何宗宜教授负责拟定全书的编写大纲，并编写第九章的第一节、第三节；蔡永香副教授编写第二章、第四章；高贤君副教授编写第六章；刘远刚副教授编写第三章；罗小龙副教授编写第一章；马潇雅博士编写第五章的第三节和第八章；张方利博士编写第五章的第一、二节和第七章；广州市城市规划勘测设计研究院范晶晶工程师编写第九章的第二节。全书由何宗宜教授统稿，并进行了全面校订。

本教程实习内容的编排力求与地图学教材理论讲授相对应，符合教学大纲要求，既具有系统性和逻辑性，又具有可操作性和拓展性。本书可作为测绘工程和地理信息科学相关专业地图学实践教材，也可作为地图制图与地理信息工程相关专业技术人员的参考用书。

本书中的插图由范晶晶工程师绘制。由于篇幅有限，本书中的参考资料在参考文献中并未一一列出，在此一并致谢。

由于作者水平所限，书中疏漏之处敬请读者批评指正。

编　者
2021 年 4 月于武汉蔡甸知音湖畔

目　　录

第一章　地图学实习软件使用基础

第一节　CorelDRAW 使用基础

一、概述

1. CorelDRAW 简介

CorelDRAW 是加拿大 Corel 公司出品的矢量图形制作软件，这个软件具有矢量动画、页面设计、网站制作、位图编辑和网页动画等多种功能。它融合了绘画与插图、文本操作、绘图编辑、桌面出版及版面设计、追踪、文件转换等高品质的输出于一体，因此在工业设计、产品包装造型设计、网页制作、建筑施工与效果图绘制等设计领域中得到了极为广泛的应用。

CorelDRAW 是通用绘图软件，并非专门为地图制图而开发，但是其便捷的软件操作、强大的图形编辑功能、完善的图文混排系统、丰富的视觉效果促使广大地图制图人员将其运用在地图编制之中。CorelDRAW 虽然不具有精确的空间信息定位、空间数据管理等功能，但是在图形设计、图文混排、表达形式等方面具有明显优势，十分适合编制小比例尺普通地图和艺术性要求高的专题地图。

CorelDRAW 绘图软件用于地图制图具有以下优势：

（1）面向对象的编辑环境，友好的图形用户界面，软件操作简单、易学易用；

（2）具有强大的图形绘制、处理、编辑功能；

（3）制作的图形色彩精确美观，增强了地图的艺术性；

（4）图形、图像和文字的混合排列，表现形式生动；

（5）用户可以根据需求创建自己的符号、花纹和色盘模板；

（6）具有丰富的数据接口，可方便地进行数据交换；

（7）"所见即所得"的图文编辑制作系统，可看到与印刷很接近的图文效果。

CorelDRAW 有很多版本，本书主要介绍 CorelDRAW X7 版本（图 1-1）的各项使用工具、功能及其在地图要素制作中的应用。

2. CorelDRAW X7 界面简介

1）CorelDRAW X7 欢迎屏幕

CorelDRAW X7 和其他绘图软件一样，启动后会出现欢迎屏幕（图 1-2），在系统默认状态下，CorelDRAW X7 假定用户要使用而出现欢迎屏幕进行快速导航。若用户不想每次

1

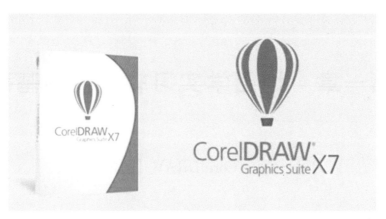

图 1-1　CorelDRAW X7 图形软件

启动软件时都出现欢迎屏幕，则可以将欢迎窗口底部的"启动时显示本窗口"复选框前的"√"去掉，这样下次再启动软件时就不会再出现欢迎窗口，而是直接进入新建图形绘图页面。

图 1-2　欢迎屏幕界面

　　当用户进入欢迎屏幕，可点击"新建文档"，设置相关参数，即可进入绘图工作界面（图 1-3）。
　　2）CorelDRAW X7 工作界面
　　当打开新建绘图文件时，屏幕就会显示一张空白的绘图工作界面（图 1-4）。绘图工

图 1-3　新建文档界面

作界面的最左侧是工具箱，右侧是 CMYK 便捷调色板；屏幕顶部由上到下依次是标题栏、常用菜单栏、标准工具栏、参数属性栏、窗口标签栏；屏幕底部有滚动条和页面信息，它们下面是状态栏；屏幕中央是绘图区，旁边的白色区域称为桌面。这些界面内容是必不可少的，大部分是固定的，但也有不少是活动的，当用户在屏幕上找不到时，可以从"工具"菜单中的"自定义"里打开。

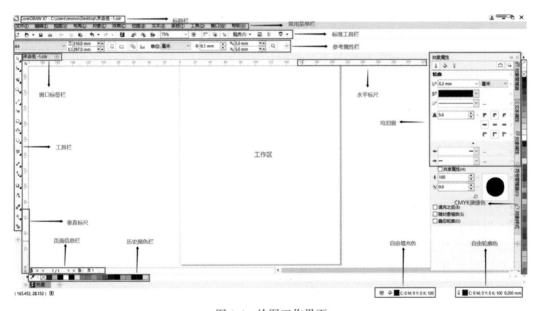

图 1-4　绘图工作界面

3

（1）标题栏：用于显示 CorelDRAW 版本和当前文件的名称。

（2）常用菜单栏：CorelDRAW 是一个由各种菜单组成的大程序。CorelDRAW X7 版本的菜单栏上有 12 个菜单，包括了 CorelDRAW 所有的命令和选项。菜单栏位于标题栏下面，固定在缺省位置上不能移动，单击任意一个菜单，会弹出一个下拉式命令列表，用户可从中选择所需命令。

（3）标准工具栏：包含几个经常使用的命令的快捷按钮和对话框，直接使用它们可以大大提高工作效率。通常有新建文件的快捷图标，还有打开或者保存和打印、导入导出图标等。工具栏中间有一个缩放级别列表框，作用很大。

（4）参数属性栏：提供了另外一种操作以及给选定物件应用命令的方法。属性列的设置和选项根据被选中对象或工具的不同而变化。属性栏的最大特点是大大减少了用户使用菜单和相应对话框的次数，从而简化了操作，是一种非常得力的工具。尤其是属性栏中的"对象大小"、"对象位置"、"缩放比例"和其他一些属性数据栏，对保证地图制图的数学精度，是一种非常好的功能。

（5）窗口标签栏：这是 CorelDRAW 高版本才有的一项功能，可以显示各个文件的名称，每一个标签栏后面都有一个关闭的按钮。

（6）水平垂直标尺：标尺默认显示在 CorelDRAW 工作界面中的，可以设置不显示。

（7）页面信息栏：当我们设计地图册之类文件的时候，就会用到许多页面，每个页面就在这里显示。自动命名为页 1、页 2、页 3……，也可以重新命名、添加、删除等。

（8）泊坞窗：与标签栏是一样的，并排的窗口名称竖向排列于右侧。通常在应用时从菜单栏里调出来，不用就整体关闭。

（9）CMYK 便捷色：快捷调色板，当绘制一个图形需要快速填色，就可使用这里的颜色。

（10）自由轮廓色：填充图形的描边色，可以双击调用更多颜色；

自由填充色：填充图形内部的颜色，可以双击调用更多的颜色。

3）CorelDRAW X7 工具栏

工具栏中包含了可用来制作几乎所有用户能够想象出的图形、图像和文件的各种绘图工具。工具栏的第一个工具是选取工具，它是最基本的工具。其他工具隐藏在各弹出式菜单中，这些工具是按功能分类的。在工具栏中，有些图标的右下角还有一个黑色小三角形，单击它会展开隐藏窗口，显示出它们的附加工具，简要介绍如图 1-5 所示。

二、基本功能

CorelDRAW 图形软件的特点是图形处理功能极强，定位精确，使用灵活，可以兼容多种数据格式，并可与多种软件直接进行数据交换，排版功能强大，可直接输出 PS 格式文件，可用于印刷。符号化功能更为强大，可直接对点、线、面、文字和颜色等进行一次性更改，用户可独立建立自己的符号库，大大提高地图制图效率。下面简要介绍 CorelDRAW 软件的几个主要功能。

1. 绘图编辑功能

CorelDRAW 有多种绘线控件，主要有手绘、两点线、贝塞尔曲线等，贝塞尔曲线具选择工具：对操作对象的选择与定位或者控制。

形状工具：通过控制节点对曲线对象或者文本字符进行编辑处理。

裁剪工具：基本的裁剪功能，移除选定区域外的内容。

缩放工具：对文档窗口的放大或者缩小。

手绘工具：绘制曲线或者直线线段的工具。

矩形工具：在绘图窗口拖动工具绘制矩形或正方形。

椭圆形工具：在绘图窗口拖动工具绘制椭圆形。

多边形工具：在绘图窗口拖动工具绘制多边形。

文本工具：主要是针对 CorelDRAW 里面文字和段落进行编辑。

平行度量工具：此工具主要用于绘制倾斜度量线。

直线连接器工具：绘制线条，用于链接两个对象的工具。

阴影工具：给编辑的对象增加阴影装饰效果。

透明度工具：部分显示对象下层图像的清晰程度。

颜色滴管工具：对颜色抽样并应用到对象。

交互式填充工具：在绘图窗口中，向对象动态应用当前填充。

智能填充工具：在边缘重叠区域创建对象，并将填充应用到那些对象上。

图 1-5　工具栏中的工具功能

有曲线平滑且节点少的特点；并提供多种"形状"绘制工具，可绘制矩形、多边形、椭圆形等。CorelDRAW 提供了强大的图形编辑功能，可以通过增加或删除节点，改变节点的类型，分开和连接节点，以及操纵控制曲线形状的控制手柄，以达到编辑图形的目的。

2. 文件操作功能

CorelDRAW 能够打开、保存、导入、输出多种格式类型的文件，有强大的文件格式兼容性。通过 CorelDRAW 的文件操作功能，可以将其他软件生成的数据导入该软件，也可以将该软件制作的图形转换成其他软件能接受的数据格式。

3. 图幅裁切功能

一是使用图框裁剪功能（PowerClip）可以把一个图形对象塞进另一个图框中。首先需要确定裁剪范围，单击"对象"菜单的"PowerClip"，选中"置于图文框内部"，出现一个黑色箭头，用黑色箭头在裁切框上单击，框外的部分被裁去。二是进行页面设置，设置页面尺寸，与图廓线套合，利用页面导出对图幅进行裁剪。

4. 填充功能

CorelDRAW 具有丰富的填色类型，主要有均匀填充、渐变填充、向量图样填充、位图填充等。如果使用纯粹的均匀填充，专题要素颜色单一，显得比较呆板，图面效果差；在编制过程中渐变色填充应用十分广泛，在 CorelDRAW 环境下渐变填充类型包括线型渐变填充、椭圆形渐变填充、圆锥形渐变填充和矩形渐变填充。

5. 图层管理功能

CorelDRAW 中对于图层的管理和操作十分方便。打开对象管理器（对象管理器在最右侧，若没有显示，则可以通过点击符号⊕，自定义添加此项目），如图 1-6 所示，通过点击图层符号左侧的标志可以轻松控制图层的状态是否可见、是否参与打印、是否锁住、是否为当前编辑图层。还可以通过拖动图层文件，调整图层间的压盖顺序。在图层内部通过互相拖动还可以快速实现要素之间的群组。CorelDRAW 中图层之间也是按照点、线、面的叠置顺序依次排列的，对象管理器中自上而下依次为点、线、面。图层管理功能是进行地图数据组织所需的重要功能。

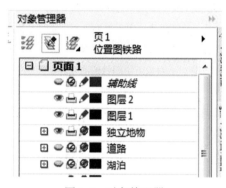

图 1-6　对象管理器

6. 文本操作功能

CorelDRAW 具有强大的文本编辑功能，不仅可以快捷地更改地图注记的字体、尺寸、形状、比例、颜色；还可以将地图注记精确地填入任何形状的对象。此外，也可以将地图注记沿不同形状的路径横向或纵向排列。使用 CorelDRAW 中的文本工具可以很容易地将地图注记沿地图要素的某路径放置，例如沿道路或河流排列。如果要美化设计，还可以使用颜色和图案来制作地图注记，或者将地图注记完全转换为图形进行编辑。

三、基于 CorelDRAW 的地图要素制作方法

地图要素的制作就是地图要素符号化的过程。地图要素符号化是指利用形式多样的地图符号，对地物的空间位置、分布特点以及数量、质量等基本特征进行可视化表达的过程。对地图要素用简单明了、寓意深刻的地图符号代替，不仅解决了描绘真实世界的难题，而且反映出地物的类型特征、典型特点及分布规律，明确直观、形象生动。地图要素的内容千变万化，表示方法也千差万别，图形结构复杂多样，根据地图要素的几何特征和分布特征可以将其划分为三类：点状要素、线状要素、面状要素。

1. 线状要素符号的制作

线状要素，如河流是地图其他要素的基础结构骨架，通常情况下，在地图各类要素中

占有相当大的比例。线状要素符号除了表示交通网、河流和渠道等线状要素外，也常用来表示行政界线，还可用来表示事物现象移动路线等专题对象。

地图线状要素本质上主要体现为封闭或不封闭的折线段、平滑曲线或其组合线条等类型，CorelDRAW 中使用贝塞尔曲线、钢笔和两点线等工具，基本上可满足线状要素的编绘需求。其中，线条节点的接续、增删、属性变更、拆分和结合等是关键。

1）线状要素符号的绘制基本操作

地图数据制作中，线状要素的绘制编辑主要包括绘线工具的使用、节点增减、线条连接中断、曲线弧度调整等操作。整体来说，在 CorelDRAW 中可通过单独运用某种工具或工具与相关命令相结合的方式来完成，基本操作如图1-7所示。

图 1-7　绘线工具

（1）结束当前线条绘制：绘制完线条最后一个节点，按回车键可结束该线条的绘制。

（2）分次绘制同一线条：用"选择工具"选中相应的线条，然后切换至贝塞尔曲线等工具才能从该线条的某一端点开始进行进一步的绘制，处理线条比较多的时候，此方法需要在贝塞尔曲线工具和选择工具间来回切换。

（3）节点撤销操作：CorelDRAW 的撤销机制（快捷键 Ctrl+Z）从最后一个节点开始，逐次直至整条线条被撤销。

（4）选择节点或线段（曲线）：用"形状工具"单击选中目标节点或线段（曲段）。

（5）调整节点或线段（曲线位置）：用"形状工具"拖拽目标节点或线段（曲线）至目标位置。

（6）增加节点：用"形状工具"双击线条的任意非节点位置。

（7）删除节点：用"形状工具"双击待删除节点。

（8）裁断线条：用"形状工具"单击线条需断开位置，执行"断开曲线"命令后再执行"排列/拆分曲线"（Ctrl+K）命令断开线条。

（9）调整曲线弯曲控度和方向：选中目标线条，使用"形状工具"调整控制柄。

2）线状要素符号的制作方法

线状要素符号是指在抽象意义下定位于几何上的线的地图符号。制作线状要素符号时，根据其复杂程度不同，分为简单线状要素符号、虚线线状要素符号、复合线状要素符号、图形线状要素符号四类。简单线状要素符号是指仅需设置其线条颜色和线条宽度的地图符号；虚线线状要素符号是指用虚线的形式表示的线状要素符号；复合线状要素符号是指使用多条线相叠加的形式表示的线状要素符号；图形线状要素符号是指用某一图形重复显示的方式表示的符号。

（1）简单线状要素符号制作。

简单线状要素符号制作仅需绘制出线条，设置其线条颜色和线条宽度即可，颜色和宽度在对象属性的轮廓属性窗口进行设置，轮廓对象属性窗口如图 1-8 所示。如图所示"单线河"线状要素符号，首先画一条曲线，宽度设置为 0.1mm，然后设置颜色，点击下拉框，点击"更多"，颜色模式选择"CMYK"，如图 1-9 所示，然后在右侧输入 CMYK 值为 C100 M0 Y0 K0，效果如图 1-10 所示。

图 1-8　对象属性窗口　　　　　　　　　　图 1-9　颜色设置

图 1-10　"单线河"要素符号

（2）虚线线状要素符号制作。

虚线线状要素符号主要用来表示时令河、小路和境界线等地理要素。制作虚线线状要素符号分为两个步骤：设置虚线的颜色和宽度，设置虚线线型。设置虚线颜色和宽度的方法与设置简单线状要素符号的相同。设置虚线线型时可在线条样式库查找，若没有相同线型，可选择相似线型，然后对其样式进行修改编辑，如图 1-11 所示。如"省界"要素符号，其最小重复单元为一条长线、两条短线、三个间隙，效果如图 1-12 所示。

（3）复合线状要素符号制作。

复合线状要素符号是指由两条或两条以上线条相叠加的形式表示的线状要素符号。设置复合线状要素符号时，根据该符号叠加的线的条数复制数据，复制的数据和原数据严格重叠，并分别设置线的宽度、颜色及线型。线条宽度大的线在下层，线条宽度小的线在上层。如"铁路"要素符号由一条 0.8mm 宽的黑色实线和一条 0.6mm 宽的白色虚线叠加而成，制作该符号时，将铁路数据复制两层，底层设置为 0.8mm 宽的黑色实线，顶层设置为 0.6mm 宽的白色虚线，效果如图 1-13 所示。

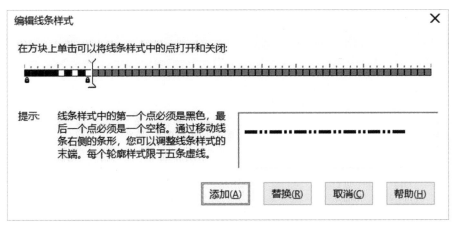

图 1-11　编辑线条样式

图 1-12　省界要素符号的制作

图 1-13　铁路要素符号的制作

（4）图形线状要素符号制作。

制作图形线状要素符号时，先使用图形工具绘制出该图形线状要素符号的重复单元，框选绘制的符号，点击"艺术笔工具"，窗口上方将弹出"艺术笔属性栏"，如图 1-14 所示。点击"保存"按钮，保存为"艺术笔触"，选择保存路径，输入文件名，此时该图形线状要素符号自定义完成，若想重复绘制，即可点击"艺术笔工具栏"，找到自定义的图形线状要素符号，进行绘制。如图 1-15 所示"城墙"符号，首先制作成"城墙"艺术笔触，然后可重复使用用艺术笔触绘制"城墙"，如图 1-16 所示。上述三种线状要素符号类型，均可通过此种方式绘制，方便重复使用。

图 1-14　艺术笔属性栏

3）道路网的制作

图 1-15　城墙要素符号的制作

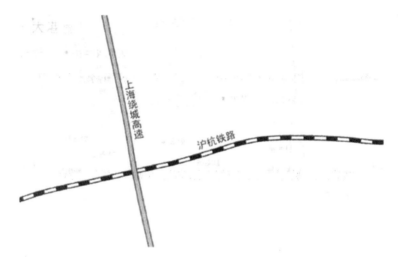

图 1-16　艺术笔触制作的城墙符号

线状要素制作以图 1-17 所示高速公路和铁路要素为例，首先将铁路和高速公路要素分别设置为两个图层，高速公路要素在上层，铁路要素在下层。

图 1-17　高速公路和铁路要素符号

制作高速公路要素符号的步骤如下：

（1）先将图层名称命名为"高速公路"，然后用手绘工具，沿高速公路中心线绘制一条实线，图 1-18（a）表示未设置任何样式的高速公路数据；

（2）选中要编辑的高速公路对象，点击右侧"对象属性"设置宽度为 1.5mm，轮廓色点击"更多"，颜色选择"CMYK"模式，设置为 C48 M84 Y100 K17，效果如图 1-18（b）所示；

（3）拷贝高速公路一次原位粘贴，宽度设为 1.0mm，描边色为 C2 M29 Y94 K0，得最终效果如图 1-18（c）所示。

铁路要素符号的制作步骤与高速公路符号的基本相同，区别在于具体参数的设置：

（1）首先新建一个图层，命名为"铁路"，然后用手绘工具，绘制一条铁路实线；

（2）选中要编辑的铁路对象，设置宽度为 1.0mm，轮廓色为黑色；

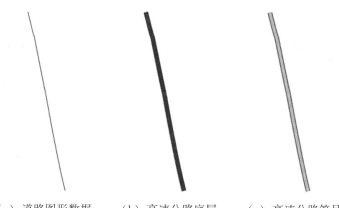

(a) 道路图形数据　　　　(b) 高速公路底层　　　　(c) 高速公路符号

图 1-18　高速公路符号的制作

（3）拷贝上一步骤得到的线条原位粘贴，设置宽度为 0.7mm，实虚部均为 3.5mm 的虚线，轮廓色为白色。

为铁路和高速公路分别添加图层名称，便于地图数据组织和管理，图层界面如图 1-19（a）所示，最终效果如图 1-19（b）所示。

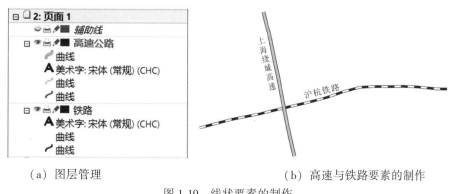

（a）图层管理　　　　　　　　　　（b）高速与铁路要素的制作

图 1-19　线状要素的制作

2. 面状要素符号的制作

面状要素符号通常用来表示地图上呈片状分布或存在的地理实体要素。不同的绘图软件制作各种面状要素符号的过程和方法基本相同，先绘制面状要素轮廓，并赋予一定的线型、宽度和颜色，然后在轮廓线范围内填充颜色或图案等。面状要素符号的轮廓为线条，绘制、编辑方法和线状要素符号的操作方法基本相同。对于面状要素内部的填充，根据其所围成区域填充要素的不同，可分为颜色填充和图样填充两大类。颜色填充指使用某一种颜色填充该面状要素符号所围成的区域，如"湖泊"符号，该符号使用浅蓝色 C15 填充。图案填充指使用某一图案填充该面状要素符号所围成的区域，如图 1-20 所示"水田"地类面状符号，根据第三次全国国土调查工作中水田地类符号的设计规范，该符号由一个向下的绿色箭头的图案填充，内部的颜色填充设置为 C0 M15 Y60 K0。

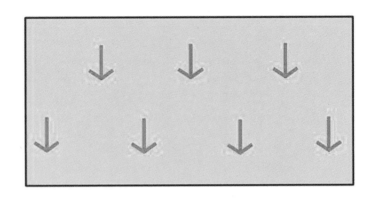

图 1-20　"水田"地类符号的填充

1）面状要素的填充方法

CorelDRAW 提供的填充工具有三种：均匀填充、渐变填充和图样填充，图样填充又分为向量图样填充、位图图样填充和双色图样填充，如图 1-21 所示。

（1）均色填充：

均色填充是地图面状要素符号应用得最多的填充方式，在行政分区填色、植被、湖泊和水库设色等表示方法中经常用到。CorelDRAW 中可以利用调色板、颜色泊坞窗、颜色滴管等工具给面状对象填充纯色。

例如，湖泊、水库及池塘等面状要素的填充可采用均色填充的方法。首先绘水涯线，水涯线颜色设置为 C100 M0 Y0 K0，然后绘其他地物，再用均色填充工具对水面色进行填充，水面颜色设置为 C25 M0 Y0 K0，如图 1-22 所示。水面若有岛屿则先绘岛屿，后绘水涯线，然后将水涯线和岛屿进行合并。当水面较为复杂时，应尽可能多地设置一些封闭面，如遇到桥梁、水闸或者支流分叉处可以封闭，然后剪断，再连接成一个大封闭面。

（2）渐变填充：

渐变填充是地图编制中最常用到的另一种标准填充方式。CorelDRAW 提供四种渐变填充类型：线性渐变、辐射渐变、锥形渐变和方形渐变，在"渐变填充"对话框中可以选择任意一种渐变方式，还可以自己定义渐变的颜色、方向，得到想要的颜色，若要完成多种颜色的渐变则无法控制两颜色中点位置。

（3）图样填充：

图样填充是一种将预先定义的图样进行整体平铺的填充方式。针对不同类型的图样填充方式，CorelDRAW 有不同的操作方式。在"图样填充"对话框中可以选择向量图样、位图图样和双色图样中的一种。针对选中的填充类型，既可选择图样库中的图样进行填充，也可以"装入"外部图像，双色填充类型下还可以在"双色图案编辑器"中创建新的填充图像，在此基础上，可设置填充图样的位置、尺寸、变换等属性参数，针对应用图样填充图形，还可根据需要重新设置这些参数以调整图样填充样式。

2）居民地晕线制作方法

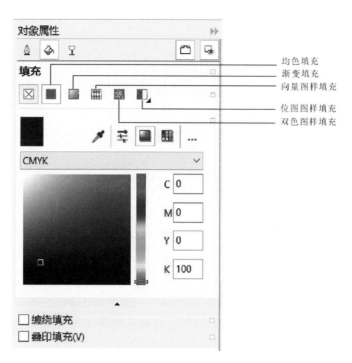

均色填充
渐变填充
向量图样填充
位图图样填充
双色图样填充

图 1-21 填充工具窗口

图 1-22 湖泊水面颜色的填充

针对图样填充，这里以绘制居民地晕线为例，了解图样填充的方法。可以把晕线当作面状填充符号，只要事先设置好符号属性，并保存在图样填充样式库中就能自动填充晕线。在居民地上填充晕线的方法和步骤具体如下：

（1）按住 Ctrl 键绘制一条水平线，线宽设置为 0.1mm，颜色设置为 C0 M0 Y0 K100（图 1-23）。

（2）在属性栏里给出 45°的旋转角度，使水平线成 45°的斜线（图 1-24）。

图 1-23　绘制一条水平线

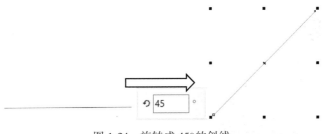

图 1-24　旋转成 45°的斜线

（3）打开"对象"菜单里的"变换"子菜单中的"位置"工具。点击 45°的斜线，在"位置"工具窗口"x"后的数据框内输入晕线间距为"1mm"，在"副本"数据框内输入"10"，再单击"应用"按钮（图 1-25），将向右侧等间距复制 10 条晕线。然后将这些晕线选中，点击右键，用"组合对象"功能，组合成一个图形对象（图 1-26）。

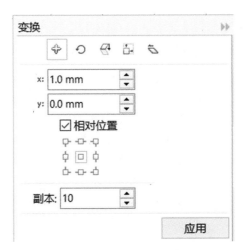

图 1-25　"位置"工具窗口

（4）然后点击菜单"工具"，创建"图样填充"，选择图样类型为"位图"，点击"确定"按钮，然后用鼠标框选设计的图样区域，框选完成后，点击下方"接受"，如图 1-27 所示，然后设置图样的颜色模式、分辨率等参数，对图样的名称和标签进行填写，点击"OK"按钮，居民地的晕线填充图样设计完成。

（5）用绘图工具绘出居民地闭合范围线，用"选取工具"选中此范围线，在位图图样填充样式中，找到上一操作步骤中设计的居民地填充晕线样式，点击"应用"，填充效果如图 1-28 所示。

14

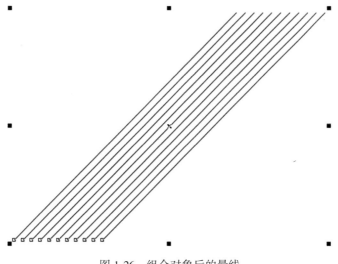

图 1-26　组合对象后的晕线

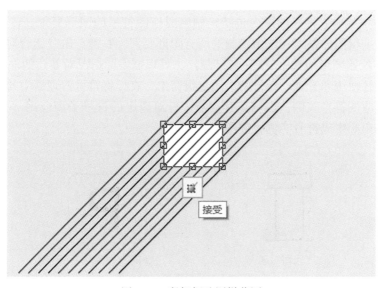

图 1-27　鼠标框选图样范围

3. 点状要素符号的制作

点状要素符号通常用来表示地图上呈点状分布或存在的地理实体要素。符号的尺寸与地图比例尺无关,在图中的位置由一个点来决定,即符号的定位点,该点通常为符号的几何中心点或符号底部的中心点。常用的点状要素符号主要有几何符号、象形符号、字母符号和统计图表四种,计算机针对不同的符号类型有着不同的模拟方法,但设计时都要遵循方圆、挺直、齐整、对称、均匀等原则。

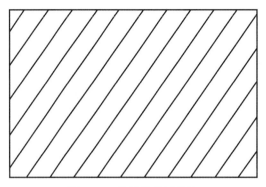

图 1-28 带晕线的居民地

CorelDRAW 是非专业地图制图软件，没有专门针对地图点状要素符号的功能。直到2011 年 CorelDRAW 的 X5 版本问世，软件中才增加了"符号管理器"，以支持建立应用各种符号。

1）点状要素符号制作方法

CorelDRAW 建立点状要素符号的主要步骤包括：

（1）绘制点状要素符号图形，包括绘制组成地图符号的图形要素，设置图形要素的大小和颜色；编辑图形要素；选中绘制的所有图形要素，右键点击"组合对象"。

（2）选中绘制图形拖拽入"符号管理器"，可根据实际情况对新建的地图符号进行命名，以方便后续使用和管理。符号的应用也很简单，直接将符号管理器中的符号拖入页面中即可新建相应的符号实例；也可在管理器中针对选定的符号类型应用"插入符号"命令，将在页面中心生成符号实例，如图 1-29 所示。

（a）"水塔"符号   （b）"停车场"符号

图 1-29 点状要素符号的制作

建立的地图符号可以再次进行编辑，采用的方法有三种：①选定页面中任一符号实例，右键点击"编辑符号"；②选定"符号管理器"中符号源，单击"编辑符号"图标；③Ctrl +单击符号实例。

2）点状要素符号建成入库

点状要素符号建成入库，必须符合以下两个基本条件：①新绘制的符号内部必须呈单一的图形对象，否则建库时会提示"对象太多不能导出"，这可以通过把所有的线段合并或焊接来完成，有的线段还需转成曲线才能合并；②符号的各个组成部分都必须独自封闭，即使是再细的线条也必须封闭，否则建库时会提示"对象未关闭"。直线封闭有两个

16

方法：①用矩形工具绘，即两条边线要重叠；②利用经线工具往返重复绘一次，也就是说，绘线到终点后再回到起点上单击即可成为封闭线。

点状要素符号的入库较为方便，只要单击工具菜单里的"对象"下拉菜单中的"新建符号"，输入符号名称，确定后新绘制的符号便自动存入符号库。如果是在原有符号的基础上重新描绘新点状要素符号，那么最好另外设置图层，而且描绘好后必须删去原符号的图层，否则不能入库。建好的符号库自动置入 Windows 的"FOTNS"文件夹里。

第二节　ArcGIS 使用基础

一、概述

1. ArcGIS 软件简介

ArcGIS Desktop 是 ArcGIS 的桌面端软件产品，主要由 ArcMap、ArcCatalog 和 ArcToolbox 三个既可以独立运行又可协同操作的应用程序组成。通过协调一致地调用这三个应用，用户可以实现任何从简单到复杂的 GIS 任务，包括地图数据编辑、数据管理、地图投影变换、数据转换、地理空间分析和制图输出等。

在 ArcGIS Desktop 中，ArcMap 提供数据的编辑、处理、显示、查询和地图制作功能，ArcCatalog 提供空间和非空间数据的管理、生成和组织以及基本的数据转换功能，ArcToolbox 提供了对数据的空间分析处理功能。

1）ArcMap 简介

ArcMap 是 ArcGIS Desktop 的核心应用。它把传统的空间数据编辑、查询、显示、分析，报表生成和地图制图等 GIS 功能集成到一个简单的可扩展的应用框架内。

在 ArcMap 应用环境中，有两种地图视图类型：数据视图和版面视图。在数据视图中，可以对图层进行符号化、分析和编辑 GIS 数据集等操作。在版面视图中（图 1-30），可以进行地图排版，添加地图元素，如比例尺、图例、指北针等。

2）ArcCatalog 简介

ArcCatalog 有两个主要的可视化组件，分别为显示内容列表的目录树和提供三种数据浏览方式的选项卡窗口。目录树中包含以特殊图标显示的 GIS 数据集。选项卡窗口显示目录树中选择的内容项，选项卡窗口顶部的标签为用户提供内容模式、预览模式和描述模式共三种方式浏览内容项。内容模式选项卡可以列表显示选择的工作空间或 SDE 数据库中的要素数据集、要素类（Feature Class）、Shapefile 或 Info 表中的属性项（图 1-31）。预览模式选项卡可以较为详细地显示被选择的数据集内容，并提供缩放和漫游工具。描述模式选项卡供用户利用 XML 创建和显示被选择数据集的元数据。

3）ArcToolbox 简介

ArcToolbox 是一个空间处理工具的集合，具有许多复杂的空间处理功能，包括：编辑工具、地理编码工具、矢量分析工具、数据管理工具、数据转换工具和空间统计工具等（图 1-32）。

图 1-30　ArcMap 版面视图界面

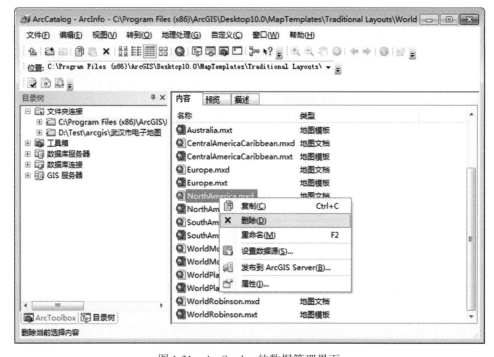

图 1-31　ArcCatalog 的数据管理界面

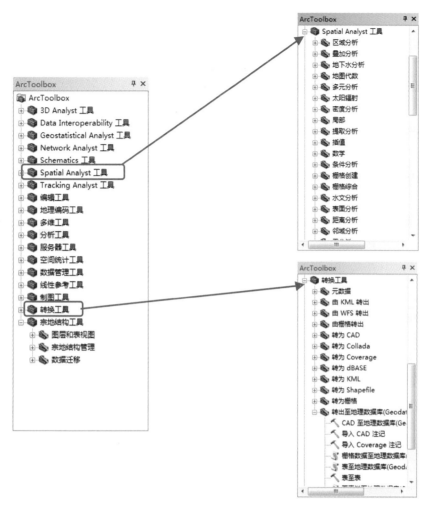

图 1-32　ArcToolbox（包括用于空间处理和数据转换）工具界面

2. ArcMap 基本操作

启动 ArcMap，打开地图文档并浏览。点击"开始"→"所有程序"→ArcGIS→ArcMap，打开 ArcMap。如果是第一次打开 ArcMap，在弹出的对话框左侧列表中选择"浏览更多"。单击之后，便可以打开浏览地图文档的对话框，选中地图文档，点击"打开"按钮。

当打开某一地图编辑文档时，屏幕就会显示该文档的工作界面，如图 1-33 所示。ArcMap 工作界面主要包括如图 1-33 所示的七大部分。

1）常用菜单栏

常用菜单栏①包括了一些基本的数据管理与编辑操作。如"File"用于文件读取与保存、地图文档的保存、设置地图输出格式、添加数据、发布 ArcGIS Server 服务，"View"用于视图切换，"Insert"用于在布局视图中添加指南针、图例、比例尺等，"Geoprocessing"

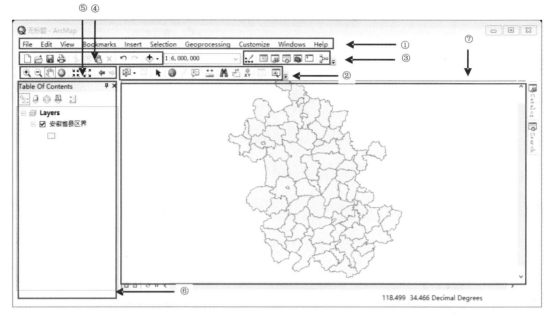

图 1-33   ArcMap 操作界面

用于数据简单地剪切、求交集、求并集、融合等操作，"Customize" 用于工具集的管理，"Windows" 用于 Catalog、Table of Contents、Search 窗口的管理，"Help" 用于提供帮助文档等。

2）选择与查看元素菜单栏

选择与查看元素菜单栏②常用于元素的选择、识别、查找、测量等。空间位置坐标查询，点击输入 X，Y 坐标后，可转到坐标点对应的位置。点击常用菜单栏上的 "Selection" 下拉菜单，输入 X，Y 坐标后可实现选中坐标点上对应的要素类。根据属性查询，点击选中要查询的图层，输入属性值即可查询。此外，还有用于测量两点之间距离的尺子工具。

3）窗口管理与矢量数据菜单

窗口管理与矢量数据菜单③用于管理 Table of Contents、矢量数据编辑工具、Python 编写窗口、ArcToolbox 工具箱、ModelBuilder 工具的显示与隐藏。打开矢量数据编辑工具，如图 1-34 所示，点击 "Editor" 下拉菜单中 "Start Editing"，选择将要编辑的矢量数据文件即可。

完成以上操作后，"Editor" 工具栏会变亮，表示此时数据为可编辑状态。选中要编辑的要素时，先点击再双击要编辑的数据。此时该要素处于被选中状态，随后的编辑对象就是该要素。双击的同时编辑顶点（Edit Vertices）工具栏（图 1-35）也会被打开，可以修改顶点位置，添加或删除顶点。不同的点击次数会有不同的作用，第一次点击时，选中要素上的某点后，该要素可以围绕要素类上的红色顶点进行缩放与旋转操作，操作时要素整体形状不变。在此状态下，第二次点击后，可以独立移动该要素某一顶点。

20

图 1-34 矢量数据编辑工具

图 1-35 开始编辑矢量数据

点击创建要素窗口 (Create Features)，在创建要素窗口中选择构造工具 (Construction Tools) 下的某一工具就可以直接在⑥窗口中构造要素，此时变为激活状态，可以创建线段、创建圆弧形边缘、跟踪点创建线段。点击右侧下拉菜单会有更多的创建顶点的方法。

可以输入一条线段，将选中要素切成若干部分，可以保留从第一个切点逆时针方向连续的顶点形成的面要素，也可以删除顺时针方向连续的顶点形成的面要素。

此外，将图形数据围绕几何中心旋转一定角度，还能编辑要素图形的属性。

4）文件与文档编辑工具栏

文件与文档编辑工具栏④用于新建地图文档、添加数据，以及保存和打印当前编辑的文档。

5）缩放平移工具栏

缩放平移工具栏⑤用于浏览地图，可以进行数据的平移浏览。利用放大工具可以点击或者拉框放大地图数据。利用缩小工具，可以点击或者拉框缩小地图数据。当放大或缩小查看地图数据后，想回退到全图状态时，可以点击全图工具按钮。

6）图层管理

图层管理⑥分别表示以绘制顺序显示、以数据来源显示、以可见性显示、以被选中数据优先显示等显示方式。这是非常重要的功能，通过图层管理能够实现地图数据的有效组织。

7）数据展示窗口

数据展示窗口⑦用来浏览、展示地图数据。

3. ArcCatalog 基本操作

ArcCatalog 与 Windows 资源管理器类似，ArcCatalog 界面的左侧是目录树，右侧是内容显示区域。但不同的是，ArcCatalog 不会自动地将所有物理盘符添加至目录树，而需要用户手动地连接到某文件夹（图 1-36）。

1）ArcCatalog 浏览数据信息

ArcCatalog 界面的右侧是信息浏览区域，可以预览数据的空间信息、属性信息以及元数据信息。

在左侧目录树中定位到需要查看的数据，将右侧调整为"预览"标签（图 1-37），即可预览到相应的信息。可以通过界面下方的"预览"下拉列表选择预览的内容。

若界面下方的"预览"选择为"地理"，则预览的是该数据的空间信息；若选择的是"表"，则预览的是其属性信息。

ArcGIS 使用标准的元数据格式记录了空间数据的一些基本信息，如数据的主题、关键字、成图目的、成图单位、成图时间、完成或更新状态、坐标系统、属性字段等。

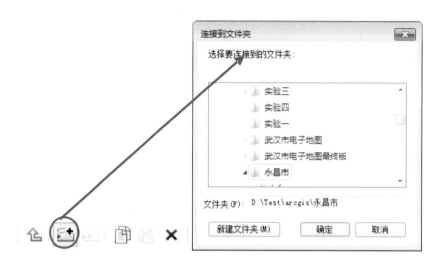

图 1-36　ArcCatalog 连接到文件夹

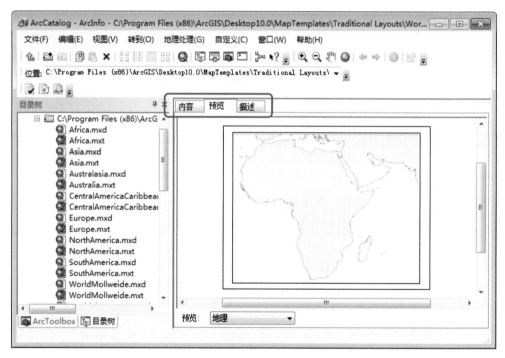

图 1-37　预览地理空间信息

2）ArcCatalog 管理空间数据

由于大部分 GIS 数据是由多文件组成的，所以若要对其进行复制、粘贴、删除或重命名之类的操作时，需要对其所有支撑文件进行统一修改。而 ArcCatalog 能将所有支撑文件联合识别，读取为一个空间数据，所以在 ArcCatalog 中能方便地对空间数据进行管理。在 ArcCatalog 左侧目录树中选中需要处理的数据，在右键菜单中即可看见这些管理选项（图

1-38）。

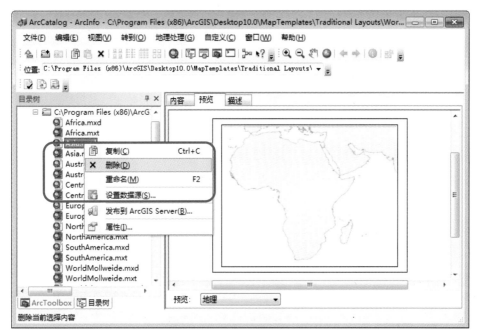

图 1-38　管理空间数据

4. ArcToolbox 基本操作

ArcToolbox 是 ArcGIS Desktop 中的一个软件模块。内嵌在 ArcCatalog 和 ArcMap 中，由多个工具集构成，能够完成许多复杂的空间处理功能，主要工具集有：编辑工具、地理编码工具、矢量分析工具、数据管理工具、数据转换工具和空间统计工具等。

ArcToolbox 中每一个工具集都由很多小工具组成，这些小工具已经按不同功能类型进行合理分组。当运行某种处理功能时，只需要在 ArcToolbox 工具集中相应的位置找到这个工具即可。打开工具对话框，填写相应的参数后就可以运行，并以此来实现所需的功能。ArcToolbox 工具集中有几百个工具，其使用方法类似，本节只选取基于矢量数据的操作工具中的融合进行介绍。

例如，在大比例尺地图中，数字化的公路线状要素是以带有轮廓和一定宽度的线条形式来表示的。当同一图层的两条同级公路相交的时候，会产生压盖的现象（图 1-39），这不符合实际情况。执行"融合"操作可以改正错误。

打开 ArcToolbox，执行"数据管理工具"→"制图综合"→"融合"命令，在"融合"对话框中，选择输入要素为需要融合的一级公路，融合字段设定为"OBJECTID"（图 1-40）。

单击"确定"按钮，地图数据修改后如图 1-41 所示，公路变得通达连贯，与实际相符。

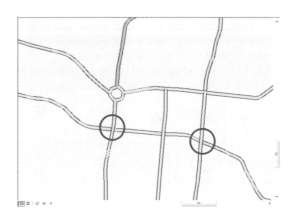

图 1-39 同级公路相交产生压盖现象

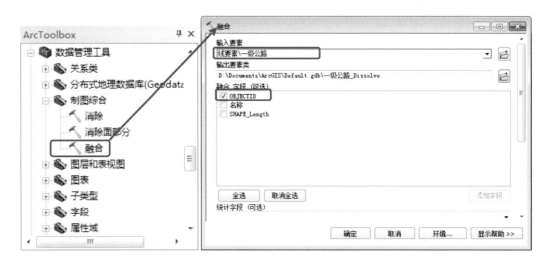

图 1-40 "融合"操作

二、基本功能

ArcGIS 的主要功能包括地理空间数据输入、地图数据编辑与制作、地理编码、数据管理、地图投影变换、地图数据转换、元数据管理、地理空间分析和地图制图输出等。

1. ArcMap 基本功能

ArcMap 是 ArcGIS 中使用的主要应用程序,用于执行各种常见的 GIS 任务以及特定于用户的特殊任务。ArcMap 的主要功能为数据的显示与识别、数据编辑、空间位置和属性查询、空间数据管理与格式转换、空间分析、建立数据处理流程、地图符号制作、地图的排版与输出。

1)数据输入与转换

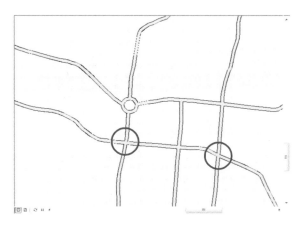

图 1-41　同一级交叉道路融合后的效果

　　数据输入与转换是将从外部各种渠道收集所得的原始数据输入 ArcGIS 内部并转换为系统便于处理的内部格式的过程。数据输入包括对空间数据和属性数据的输入。

　　数据转换包括将常用的其他软件文件转换到 ArcGIS 中，通过多个软件之间的联动获取比单纯用 ArcGIS 输入来得到更丰富的外界数据信息，例如将 DWG 格式文件转到 ArcGIS 中，此外还有通过 ArcToolbox 的工具集进行的 ArcGIS 内部的矢量数据和栅格数据之间的转换。

　　2）空间图形数据编辑

　　空间图形数据编辑是对已有的数据进行修改更新以及建立它们之间联系的过程。主要包括拓扑关系的建立、数据的投影变换、扭曲拉伸、裁剪、拼接和提取以及坐标校正等。其中可以借助拓扑关系来编辑空间图形数据和检验数据质量。

　　3）数据的储存与管理

　　ArcGIS 的这项功能可提供空间数据与属性数据的储存和灵活调用。随着数据容量和复杂度不断增大，对数据储存速度的要求越来越高，ArcGIS 的储存功能也在不断发展，于是出现了网络 GIS 数据储存、基于微电子机械系统的储存器等新功能、新产品。

　　4）数据的查询

　　数据的查询包括两个方面功能，一是通过空间位置查属性，即"某个特定位置有什么"；二是通过属性查询空间位置，即"某个特定要素在哪里"。

　　2. ArcCatalog 基本功能

　　ArcCatalog 是地理数据的资源管理器，可以通过 ArcCatalog 来组织、管理和创建 GIS 数据。它包含一组工具用于浏览和查找地理数据、记录和浏览元数据、快速显示数据集以及为地理数据定义数据结构。

　　3. ArcToolbox 基本功能

　　ArcToolbox 内嵌在 ArcCatalog 和 ArcMap 等应用程序中，可以直接在 ArcCatalog 和

ArcMap 中调用。它能提供空间数据处理功能，如地图投影变换，产生高质量的数据，以及进行建模与分析。

三、ArcGIS 在地图制作中的应用

利用地理信息数据制作地图数据的过程，主要包括数据处理、数据编辑、地图符号和注记配置。

1. ArcGIS 在地图数据处理中的应用

通常用 ArcGIS 进行空间坐标系变换、地图投影变换和数据格式转换。

1）空间坐标系和地图投影变换

制作地图所需要的数据源往往来源于不同的途径，所以数据的空间坐标系也会不同。制作地图时需要将不同数据的坐标系转换成同一种坐标系。按照定义和坐标表达的不同可将坐标系分为空间坐标系和地图投影坐标系。坐标系转换包括空间变换和地图投影变换，空间变换是一种在空间坐标系（基准面）间转换数据的方法，当将矢量数据从一个坐标系统变换到另一个坐标系统下时，如果矢量数据的变换涉及基准面的改变，需要通过空间变换来实现。投影变换指当系统所使用的数据是来自不同地图投影的地图数据时，需要将一种投影的地图数据转换成另一种投影的地图数据，这就需要进行地图投影变换。

在 ArcGIS 中的地理变换工具和投影变换工具均在 ArcToolbox→Data Management Tools →Projections and Transformations 工具箱中，地理变换和投影变换使用的工具都是 Project（图 1-42）。要注意，当涉及地理坐标系的转换时，要给出 Project 工具中 Geographic Transformation（Optional）参数的转换模型。一些常见的地理坐标系的转换模型 ArcGIS 已经给出，所以可直接选择。如果要使用的转换模型 ArcGIS 中并没有定义，就需要使用 Create Custom Geographic Transformation 工具（图 1-43）定义地理坐标系转换模型。如果已经知道使用的数据坐标系不正确或者没有定义坐标系，在知道数据正确坐标系的前提下可以使用 Define Projection 工具（图 1-44）来重新定义数据的坐标系。注意，栅格数据的坐

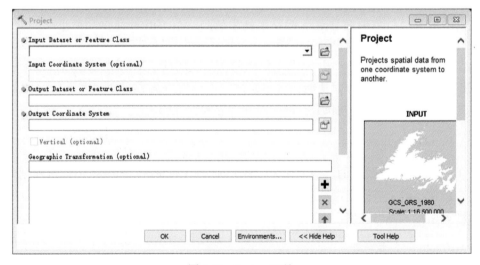

图 1-42　Project 工具

标系转换工具是 ArcToolbox →Data Management Tools→Projections and Transformations→Raster→ Raster Project（图 1-45）。

图 1-43　Create Custom Geographic Transformation 工具

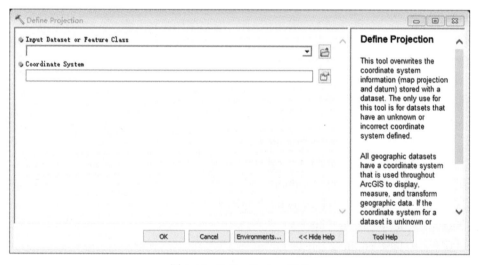

图 1-44　Define Project 工具

例如，利用 1：100 万数字地形图编制 1：250 万《中华人民共和国全图》（挂图）。1：100 万地形图矢量数据采用地理坐标记录空间数据，需对其进行投影转换，把地理坐标转换成挂图所需要的平面坐标。挂图选用正轴等角割圆锥投影。投影方式及参数为：采用双标准纬线正等角圆锥投影，中央经线为 110°00′，双标准纬线分别为北纬 25°00′和北纬 47°00′。

投影变换是在 ArcGIS 中完成的，利用 ArcGIS 中的地图投影变换功能，只需知道新编图的投影方式及投影参数，就可以快速、方便地进行地图投影变换。新编挂图的投影参数

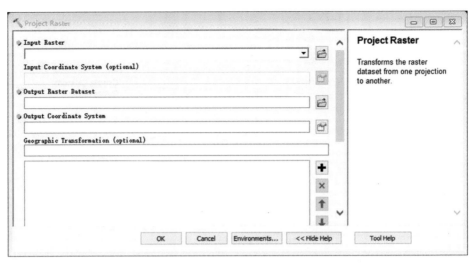

图 1-45　Raster Project 工具

设置如下：

Projection	LAMBERT
Zunits	NO
Units	METERS
Spheroid	KRASOVSKY
Xshift	0. 0000000000
Yshift	0. 0000000000
Parameters	

25　0　0. 000 ∕ * 1st standard parallel

47　0　0. 000 ∕ * 2nd standard parallel

110　0 ˙ 0. 000 ∕ * central meridian

0　0　0. 000 ∕ * latitude of projection's origin

0. 00000 ∕ * false easting（meters）

0. 00000 ∕ * false northing（meters）

2）地图数据格式转换

如果现有的制图资料数据是 ArcGIS 环境下 mdb 格式的矢量数据，制作地图使用的是 CorelDRAW 图形软件。ArcGIS 中能输出的数据格式和 CorelDRAW 能打开的数据格式多种多样，为了保证 mdb 格式的矢量数据转换到 CorelDRAW 的 cdr 格式不受损失，利用 AutoCAD 软件下的 DXF 的数据格式作为两种不同数据之间转换的桥梁，可以将现有的矢量数据转换成 CorelDRAW 中能直接利用的数据。将 DXF 格式的数据作为中间格式数据进行数据格式转换时，处理方法和步骤一般是：

（1）打开 ArcGIS，建立一个新的地图文件；

（2）导入需要转换的矢量数据图层；

（3）对于每一个需要转换的数据图层，先显示标注，即 Label Features；

（4）将标注转换为注记，即 Convert Labels to Annotation；

（5）利用 ArcGIS 中的转换工具将其输出为 DXF_R2000 格式的文件数据（图 1-46）；

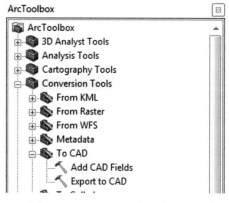

图 1-46　ArcToolbox 中的数据格式

（6）在 CAD 中将导出的数据另存为 DXF_R2004 版本的数据；

（7）在 CorelDRAW 中直接打开 DXF_R2004 格式的数据，另存为 ∗.cdr 数据。

利用上述方法只能将线状和面状的矢量数据转换成 CorelDRAW 能读取的数据格式，而所有的点状数据通过该方法进行数据格式转换时，还要先将其缓冲成面数据，然后进行转换。ArcGIS 中提供了将点直接转换成面的工具，即缓冲区功能；在 ArcGIS 的工具栏中选择 Analysis Tools，在下拉菜单中选择 Proximity 中的 Buffer 就可以对点状矢量数据进行缓冲，并将其转换成面状数据。

2. 基于 ArcMap 地图要素的制作方法

1）点状地图要素的制作

点击菜单栏"自定义"，在"样式管理器"窗口中单击"样式引用"按钮，出现"样式引用"对话框，单击"创建新样式"，指定新样式的存储位置并给新样式命名（图 1-47），单击"确定"，返回上一级，继续单击"确定"。

最后，新建好的样式会在"样式管理器"列表中生成（图 1-48）。

选择符号种类为"标记符号"，在右侧空白区域单击鼠标右键，选择"新建"→"标记符号"（图 1-49），出现"符号属性编辑器"对话框，这时就可以设计制作点状要素符号了。

在"类型"下拉框中选择"字符标记符号"，在"单位"下拉框将单位设置为毫米。点击"字符标记"标签，进入字符标签选项卡，在"子集"下拉框中选择"Geometric Shapes"，再在"Size"下拉框中将文字大小设置为 2（如果符号尺寸是 2mm），如果用五角星表示点状地图要素（如市政府），字符形状就选择五角星，颜色设置为 M100 Y100（图 1-50）。在"图层"选项组中点击添加图层按钮，添加一个新图层，该图层设置与上一个图层相同，选择文字。最后，点击"确定"，符号制作完成。样式 MyStyle 内添加了一个新建的地图符号，给符号命名。

图 1-47 "样式引用"对话框和指定新样式的存储位置

图 1-48 新建好的样式在"样式管理器"列表中生成

2）线状地图要素的制作

以地级行政区界线为例，介绍线状地图要素的制作方法。选择符号种类为"线符号"，在右侧空白区域单击鼠标右键，选择"新建"→"线符号"，出现"符号属性编辑器"对话框，如果线状地图要素符号宽度是 0.3mm，颜色 K100，设置"简单线"宽度为0.3（图 1-51）。

图 1-49 选择符号种类为"标记符号"

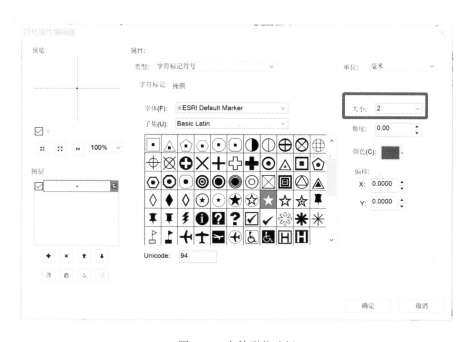

图 1-50 字符形状选择

添加一个新图层，在"图层组"中点击选中新添加的线状图层，点击"模板"标签，进入"标签"选项卡，把灰色方格移到 28 格子处，每 9 个方格黑白颜色替换，"间隔"值设为 1，如图 1-52 所示，点击"确定"，完成地级行政区界线符号制作。

31

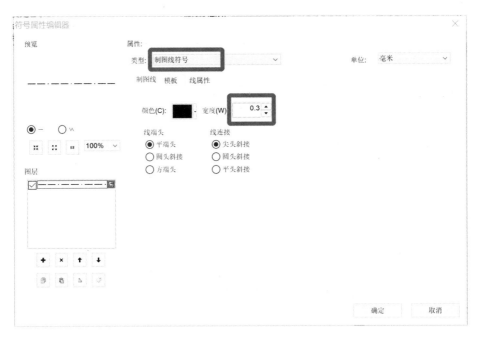

图 1-51　"符号属性编辑器"对话框

图 1-52　地级行政区界线要素符号的制作

3）面状地图要素的制作

本节以稻田符号为例，介绍面状地图要素的制作方法。选择符号种类为"填充符号"，在右侧空白区域单击鼠标右键，选择"新建"→"填充符号"，出现"符号属性编辑器"对话框，选择"标记填充符号"，设置"填充属性"颜色 C100 Y100（图 1-53）。

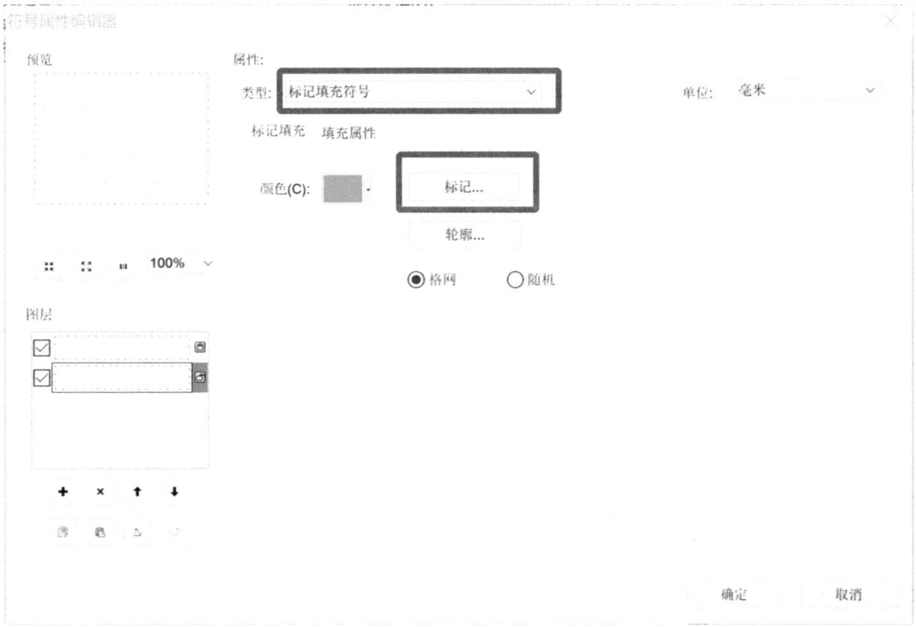

图 1-53 "符号属性编辑器"对话框的设置

在"图层组"中点击选中新添加的一个点状图层,在"类型"下拉框中选择"字符标记符号"。在"符号选择器"中选中需要的符号(图 1-54),符号尺寸是 1.5mm,设置的角度为 180°。

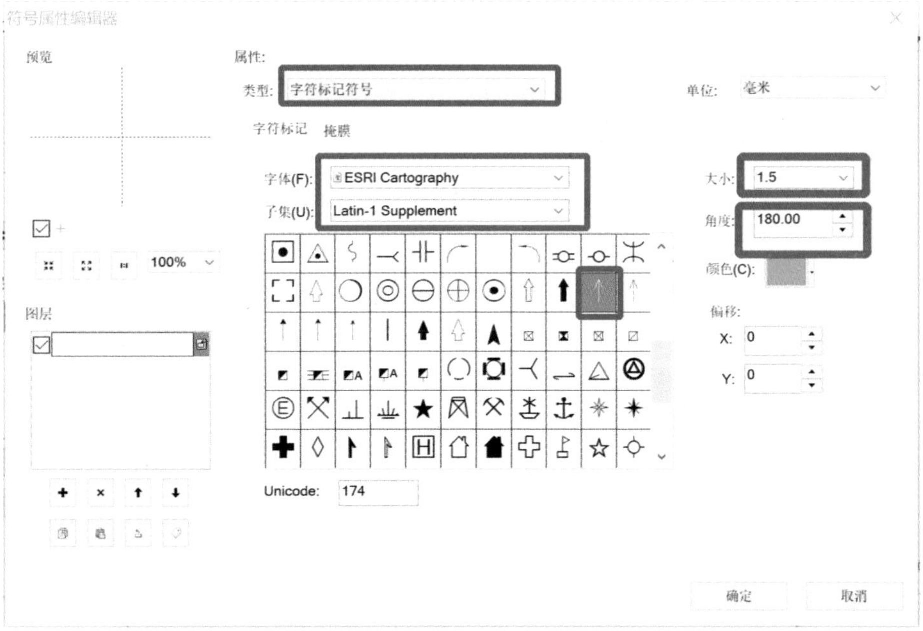

图 1-54 稻田单个符号的制作

首先，填充稻田没有偏移的各行符号（图 1-55）。

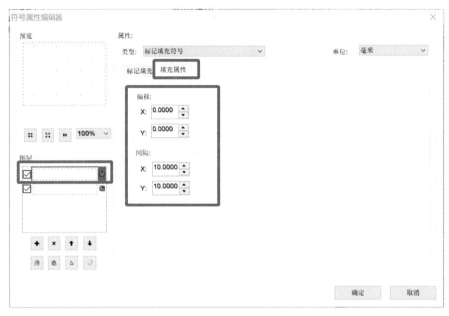

图 1-55　填充没有偏移的各行符号

然后，填充稻田有偏移的各行符号（图 1-56），最后单击"确定"，稻田面状地图要素符号制作完成。

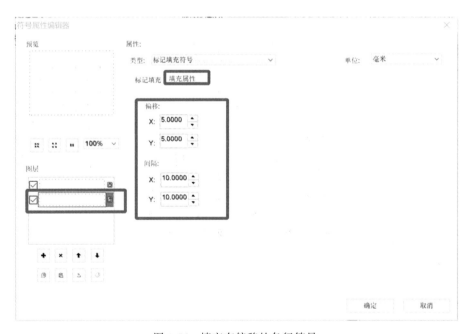

图 1-56　填充有偏移的各行符号

第三节　Photoshop 使用基础

一、概述

1. Photoshop 简介

Photoshop 是由 Adobe 开发和发行的图像处理软件。该软件可以在 Windows 和 MacOS 环境中编辑和合成多个图层中的位图，支持图层遮罩、图像合成和包含 RGB、CMYK、CLELAB、专色通道和双色调等多种颜色模式。Photoshop 图像处理软件支持多种图形文件格式，它也可以使用自己的 PSD 和 PSB 文件格式来支持上述所有功能。除了位图之外，它还可以编辑或渲染文本、矢量图形（特别是通过剪辑路径）、3D 图形和视频。Photoshop 的功能可以通过 Photoshop 插件、独立于 Photoshop 图像处理软件开发和分发的程序来扩展，这些程序可以在其内部运行并提供增强的或者全新的功能。其在地图的编辑出版中较常见的应用是扫描高质量的彩色图像，可以对扫描图像的色彩亮度、饱和度、色相做相当大的调整，对地图原稿不大满意的作品，可适当修改、调整以提高质量。此外，利用 Photoshop 可以制作色彩丰富的地图符号（象形符号、写实符号）以及绘制出版物中的各种插图。

2. Photoshop 基础操作

1）Photoshop 工作页面
Photoshop 工作页面主要由菜单栏、工具栏、属性栏和图像编辑窗口组成（图 1-57 所示）。

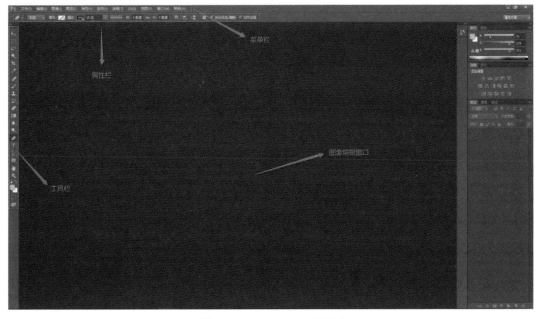

图 1-57　Photoshop 工作页面

（1）菜单栏：为整个环境下所有窗口提供菜单控制，包括文件、编辑、图像、图层、选择、滤镜、视图、窗口和帮助等。Photoshop 中通过两种方式执行所有命令，一是菜单，二是快捷键。

（2）工具栏：又称工具箱。工具箱中的工具可用来选择、绘画、编辑以及查看图像。拖动工具箱的标题栏，可移动工具箱；单击可选中工具或移动光标到该工具上，属性栏会显示该工具的属性。有些工具的右下角有一个小三角形符号，这表示在工具位置上存在一个工具组，其中包括若干个相关工具。

（3）属性栏：又称工具选项栏。选中某个工具后，属性栏就会改变成相应工具的属性设置选项，可更改相应的选项。

（4）图像编辑窗口：中间窗口是图像窗口，是 Photoshop 的主要工作区，用于显示图像文件；图像窗口带有自己的标题栏，提供了打开文件的基本信息，如文件名、缩放比例、颜色模式等。如同时打开两幅图像，可通过单击图像窗口进行切换。图像窗口切换也可使用 Ctrl+Tab 键完成。

2）新建图像文件

点击桌面上的 Photoshop 软件，双击打开。进入 Photoshop 主界面，点击界面上方的"文件"选项中的"新建"，就可以新建画布。在完成画布的新建之后，就可以对画布的大小以及分辨率进行设置（图1-58）。

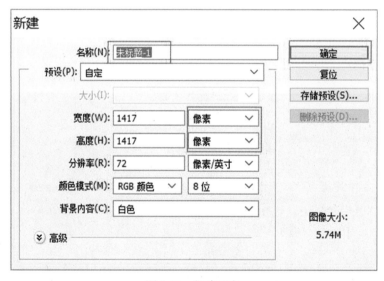

图 1-58　新建画布

我们可以调节界面下方的分辨率，通常情况下选择 72（图1-59）。

对于颜色模式，制作电子地图时，选择"RGB 颜色"（图1-60）；制作纸质地图时，一定要选择"CMYK 颜色"。

在"背景内容"中，通常选择"白色"或者"透明"（图1-61）。

把所有的选项设置好了以后，点击界面右上角的"确定"按钮（图1-62）。这时，系统会提醒"新建画布成功"。

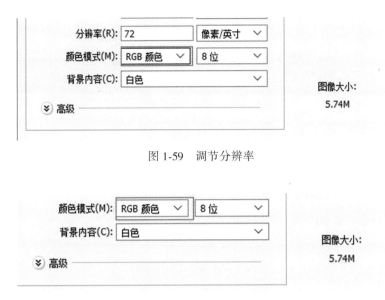

图 1-59　调节分辨率

图 1-60　颜色模式的选择

图 1-61　背景内容的选择
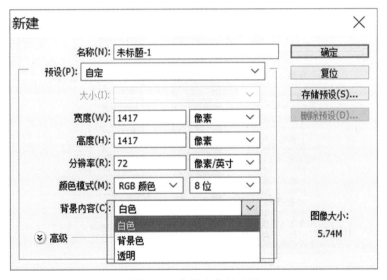

3）工具栏简介

Photoshop 的工具栏拥有 60 多个工具，如果把所有的工具展开放到面前，恐怕会眼花缭乱（图 1-63）。所以只有理解掌握每个工具的具体作用和使用方法，才能在实际应用中非常快速地决定和选择恰当的工具来处理相应的问题。

（1）移动工具：用"移动工具"，可以移动选中图案的位置。

（2）选框工具：选框工具用于选择用户想要移动的区域，按住鼠标左键即可框中。

（3）套索工具：比较自由的选区选择工具，可以框中你任何想要的图形。可任意按

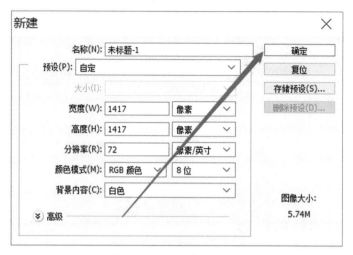

图 1-62　完成新建图像文件

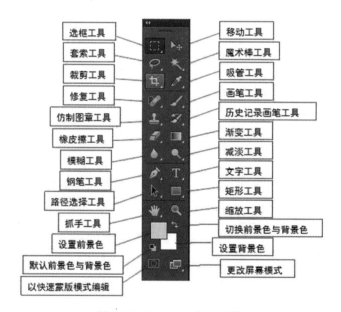

图 1-63　Photoshop 的工具栏

住鼠标不放并拖动光标选择一个不规则的选择范围，一般对于一些粗略的选择可用。

（4）快速选择工具：这是从 Photoshop CS3 版本开始增加的一个工具，它可以通过调整画笔的笔触、硬度和间距等参数而快速通过单击或拖动创建选区。拖动时，选区会向外扩展并自动查找和跟随图像中定义的边缘。

（5）裁剪工具：用于去除多余的图像。

（6）吸管工具：主要用来吸取图像中某一种颜色，并将其变为前景色，一般要用到相同的颜色，而在色板上又难以找到相同的颜色时，宜用该工具。用鼠标对着该颜色单击一下即可吸取。

（7）修复工具：用于对图片的修复。

（8）画笔工具：主要用来上色、画线等。

（9）仿制图章工具：专门的修图工具，可以用来消除人物脸部斑点、背景部分不相干的杂物、填补图片空缺等。

（10）历史纪录画笔工具：这是一款复原工具。主要作用是恢复图像最近保存或打开原来的面貌，如果对打开的图像操作后没有保存，使用此工具可以恢复这幅图上次打开的状态；如果对图像保存后再继续操作，使用此工具则会恢复保存后的状态。

（11）橡皮擦工具：主要用来擦除不必要的像素，如果对背景层进行擦除，则背景色是什么颜色，擦出来的就是什么颜色；如果对背景层以上的图层进行擦除，则会将这层颜色擦除，显示出下一层颜色。擦除笔头的大小可以根据需要在右边的画笔中选择一个合适的笔头。

（12）渐变工具：这是一款运用非常广泛的工具。这款工具可以把较多的颜色混合在一起，邻近的颜色间相互形成过渡。这款工具使用起来并不难，选择这款工具后，在属性栏设置好渐变方式，如线性、放射、角度、对称、菱形等，然后选择好起点，点击鼠标左键并拖动到终点松开即可拉出想要的渐变色。

（13）模糊工具：主要是对图像进行局部加模糊，按住鼠标左键不断拖动即可操作，一般用于相邻颜色之间比较生硬的地方加以柔和，也用于两种颜色过渡比较生硬的地方。

（14）减淡工具：也称加亮工具，主要是对图像进行加光处理以达到对图像的颜色进行减淡的目的。

（15）钢笔工具：属于矢量绘图工具，其优点是可以勾画平滑的曲线，在缩放或者变形之后仍能保持平滑效果。钢笔工具画出来的矢量图形称为路径，矢量的路径允许是不封闭的开放状，如果把起点与终点重合绘制就可以得到封闭的路径。

（16）文字工具：是专门用来输入文字的工具。横排就是横向排列的文字，竖排就是竖向排列的文字，运用 Photoshop 中的文字蒙版工具，可以给文字创造不同的效果。

（17）路径选择工具：用来选择整条路径工具。使用的时候只需要在任意路径上点一下，就可以移动整条路径。同时还可以框选一组路径进行移动。用这款工具在路径上单击右键还会有一些路径的常用操作功能出现，如删除锚点、增加锚点、转为选区、描边路径等。同时按住 Alt 键可以复制路径。

（18）矢量工具：包括矩形工具、圆角矩形工具、椭圆工具、多边形工具、直线工具、自定义形状工具。

（19）抓手工具：主要用来翻动图像，但前提条件是当图像未能在 Photoshop 文件窗口中全部显示出来时使用，一般用于勾边操作。当选为其他工具时，按住空格键不放，光标会自动转换成抓手工具。

（20）缩放工具：主要用来放大缩小图像。

（21）前景色和背景色：在 Photoshop 工具栏中，有前景色和背景色的设置图标。默认的前景色为黑色，背景色为白色。

二、基本功能

Photoshop 主要处理像素构成的数字图像，借助其众多的编修与绘图工具，可以更有效地进行图片编辑工作。独特的历史记录浮动视窗和可编辑的图层效果功能使用户可以方便地测试效果。对各种滤镜的支持更令使用户能够轻松创造出各种奇幻的效果。Photoshop 最强大的功能就是选择、合成、调色。在很多时候运用 3D 素材时都需要用 Photoshop 进行润色，使得图像更加真实。地图数据，特别是影像数据、艺术符号、图集中照片的后期再加工，艺术创作是 Photoshop 最强大的功能。

1. 图像绘制与编辑功能

Photoshop 的图像绘制与编辑功能是图像处理的基础，包括绘制图像和对图像进行变换、修饰美化和修复处理等。例如，对地图影像数据的色调进行调整，利用亮度/对比度、色阶调整色调，利用色相/饱和度调整色彩组成。对图像进行修饰美化和修复处理常应用在数码照片的处理上，例如去除人物脸上的瑕疵、污点或修复旧照片中的破损处等。

2. 选择功能

Photoshop 提供了一些与矢量图形有关的功能。在工具栏中有选框系列工具（图 1-64），如矩形选框、椭圆选框、行列选框等，还有套索系列工具（图 1-65），如多边形套索工具、磁性套索工具和普通套索工具，以及魔棒系列工具（图 1-66），如魔棒工具、快速选择工具等。

图 1-64　选框系列工具

图 1-65　套索系列工具

图 1-66　魔棒系列工具

其中选框系列工具使用非常简单，只要按照需要选择工具，按住鼠标左键在图像内拖动，光标勾勒的轨迹就是选择的边界。而套索工具则是针对不规则的选区，相较于选框系列工具，套索工具能够更精确地定义选区边界。魔术棒工具则是根据图像的颜色与色调建立选区。当对象轮廓清晰，颜色与背景色差异较大时，可以快速、高效地选择对象。选择范围由其容差值决定。有些地图影像水系由于被污染，在影像上显示接近黑色，这种情况用魔棒工具选出相应水域，并根据选区周围的环境设置合适的容差。

3. 合成功能

Photoshop 的合成功能在图像处理中占有重要地位，制作广告海报、插画、墙纸等平面设计作品都会运用到合成功能。合成不是简单地拼凑，它需要运用各种素材，通过组织、处理、修饰、融合等得到新的设计作品。同样在地理信息系统领域，Photoshop 的合成功能也发挥着巨大的作用。通过遥感获得的卫星影像往往包含大量的信息，无法快速获得所需信息，因此可以通过 Photoshop 的合成功能，将卫星影像和各种矢量要素合成起来，从而突出显示卫星影像的某方面信息。

4. 调色功能

Photoshop 对影像、照片调色的方法有很多，对卫星影像调色常用的功能有六种，分别是曲线、色阶、亮度对比度、颜色平衡、暗部高光和锐化清晰（图1-67）。

图 1-67　调色功能

（1）调整曲线：菜单栏"图像"→"调整"→"曲线"打开对话框，这里用它来调整图像的亮度。用鼠标在曲线上拖动会出现一个控制点，把控制点向左上方拖动可调亮图像；把控制点向右下方拖动可调暗图像（图1-68）。

（2）调整色阶：菜单栏"图像"→"调整"→"色阶"命令，这里用它来调整亮度值比较集中的图像。图像的色阶根据亮度强弱从暗到亮被分成 0~255 的范围。有些图像中应该黑暗部分不暗，应该明亮的部分又不亮，亮度比较集中，给人的感觉是灰蒙蒙的。通过色阶可把这类图像中应该黑暗的部分调暗，把应该明亮的部分调亮（图1-69）。

（3）调整亮度对比度：菜单栏"图像"→"调整"→"亮度对比度"可打开对话框。这个对话框中常用的是"对比度"，而调整图像亮度通常用的是"曲线"功能。增加对比度可让图像更鲜明，更突出主题，但也可能会让明亮部分过度曝光，因此要根据照片来适度调整对比度（图1-70）。

图 1-68　调整曲线

图 1-69　调整亮度/对比度

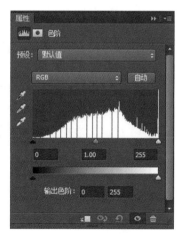

图 1-70　调整色阶

5. 图层功能

在 Photoshop 中引入了图层的概念，使用图层可以在不影响图像中其他图像元素的情

41

况下处理某一图像元素，透过图层的透明区域看到下面的图层。通过更改图层的顺序和属性，可以改变图像的合成。调整图层、填充图层和图层样式这样的特殊功能还可用于创建复杂效果。

为了更好地组织和管理图层，还可以将具有相同属性的图层进行编组，形成图层组；可以使用图层组来按逻辑顺序排列图层，并减轻"图层"调板中的杂乱情况；可以将组嵌套在其他组内；还可以使用组将属性和蒙版同时应用到多个图层。

6. 绘制矢量图形

Photoshop 提供了一些与矢量图形有关的功能。使用工具栏中的矩形工具、椭圆工具、多边形工具可以绘制任意形状的矢量图形；使用钢笔工具可以创建直线和平滑流畅的曲线，可以组合使用钢笔工具和形状工具以创建复杂的形状。

在 Photoshop 中还可以从 Illustrator 中导入路径，对已绘制的路径进行删除锚点、添加锚点、在平滑点和角点之间进行转换等操作。使用 Photoshop 中的"栅格化路径"可以将矢量图形转换为位图图像。

7. 特殊效果

利用 Photoshop 中的滤镜、通道并结合绘图工具等，可以完成图像特殊效果的制作，以使图像表现出特殊的创意。利用特殊效果制作地图特效符号，可以提高地图的表现力。

三、基于 Photoshop 的地图影像数据处理方法

用于制作影像地图的影像来源不同，加之获取影像的效果直接受大气、云层、地表地物反射率和折射率的影响，不同时间段和不同气候下所获得的影像色彩和色调也是不一致的，不同地区的影像数据也存在明显的色彩差异。因此，需要对影像色彩和色调进行处理，消除数据之间的色差。

制作影像地图对遥感影像的处理内容主要包括影像的显示、影像图尺寸的调整、影像图色调的处理等方面。

Photoshop 是一个强有力的图像处理与编辑工具，它将选择工具、绘画、编辑工具、彩色调整工具及各种特殊效果功能有机地结合在一起，可以使用 CMYK 和 RGB 等多种彩色模式，对影像数据进行各种有效的处理，提高地图影像数据的信息量和表现力。

1. 影像数据的显示处理

制作影像地图的影像数据来源不同，影像质量的高低也不尽相同，原始影像数据中存在无法显示其图面内容而只呈现一片黑色的情况（图 1-71（a）），还存在黑白底片的情况（图 1-71（c））。

针对上述情形的影像数据，处理方法通常如下：

（1）分离通道。窗口→通道→分离通道。

（2）合并通道。窗口→通道→合并通道，在合并通道时要选择 RGB 模式。

（3）自动调整色调。图像→自动色调，该过程需要连续进行两次，即可完成影像的

图面内容的显示，而黑白底片的影像只需要进行分离通道和合并通道即可（图 1-71）。

（a）阿拉提（新疆维吾尔自治区）调整前

（b）阿拉提（新疆维吾尔自治区）调整后

（c）霍城（新疆维吾尔自治区）调整前

（d）霍城（新疆维吾尔自治区）调整后

图 1-71　影像数据显示处理

2. 影像图尺寸的调整

制图影像数据的采集阶段，在获取影像数据之后，对相应的制图区域的影像进行裁剪时，只考虑了制图区域的范围而忽视了对所有的影像图的尺寸进行统一的调整，因此在对影像数据进行处理时，首先要将所有的影像处理成相同的大小，即按照地图幅面设计中所设计的大小来统一不同幅面大小的影像。

在 Photoshop CS5 中，调整图片大小一般在工具栏中选择图像，再选择图像大小，通过图 1-72 显示的对话框编辑"图像大小"窗口中的"文档大小"来改变图片的尺寸。

3. 影像图色调的处理

由于受天气、环境和拍摄条件等诸多客观因素的影响，还原后的真彩色影像并不能完全真实地反映自然景观。如某一块区域影像色调偏暗、反差过小，致使影像模糊等，这都需要通过使用 Photoshop 下的调色工具和编辑工具来改善和提高影像色调质量。

影像图色调的处理是影像图处理中最重要的一个步骤，一般影像的色调，主要为灰绿、蓝绿、黄绿（图 1-73）。为保证影像挂图的协调美观，通常将所有影像的色调处理成蓝绿色调，这样既能充分表现地图影像和谐统一的特征，又能准确反映绿化状况，同时还能给读图者一种清新自然而又平和宁静的视觉感受。下面以特克斯县城（新疆）影像（图 1-73）为例，来介绍影像色调的处理方法和步骤。

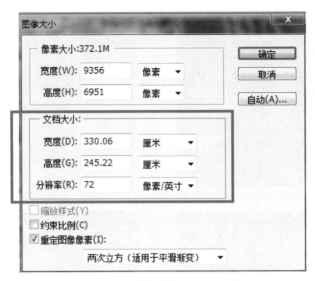

图 1-72　地图影像数据尺寸调节窗口

图 1-73　特克斯县城（新疆维吾尔自治区）原始影像

　　Photoshop 中处理影像色调的工具有很多，常见的有色阶、色彩平衡、色相/饱和度、亮度/对比度等。色阶亮度/对比度主要用来调节影像的亮度，而色彩平衡、色相/饱和度则用来调节影像的色彩组成。影像图的色调处理步骤如下：

　　（1）亮度处理。对比待处理的影像和样图，若两者的亮度存在明显的差异，利用色

44

阶或亮度/对比度工具来调整。一般而言，色阶工具相对于亮度/对比度工具而言，效果更为明显。

（2）色彩组成调整。影像底图的色彩组成不一样导致了视觉上的差异，因此需要通过色彩平衡或色相/饱和度工具来调节其色彩成分，使其与样图相似。

通常根据视觉感受，若待处理的影像相对偏黄，需要在色彩平衡对其进行减黄处理，即将图 1-74 色彩平衡的对话窗口中的黄蓝平衡棒中的中心点向黄色那边移动。

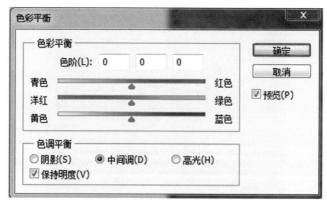

图 1-74　色彩平衡窗口

如果图片的整体色调需要调整时，也可以采用图 1-75 的色相/饱和度工具来调节，该工具既可以针对整幅图的色调进行统一调整，也可以针对某个色调专门调节。

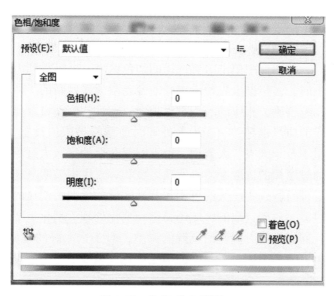

图 1-75　色相/饱和度窗口

（3）亮度处理。调节了影像的色彩组成之后，图像的亮度又可能会发生变化，需再对其亮度进行调整。重复步骤（2）（3），使其与样图色调尽可能一致。

大部分影像数据经过上述步骤即可完成色调的处理，达到预想的效果，但是有些影像不是简单的整体色彩的调节就可以处理好的（图1-76）。此时，需要利用魔棒工具来提取具有相同背景的区域，分块对其进行色调的处理。

图1-76　整体色调调色后的特克斯县城（新疆维吾尔自治区）影像

魔棒工具提取背景区域时，是将相同颜色或者相近颜色的规则或不规则图形选择出来。当选择魔棒工具，在图像中单击需要选择的颜色区域，即可得到需要的选区。但魔棒在提取相近颜色范围时，是根据事先预设定好的容差限值来判断的。一般而言，容差设置得越小，提取的范围越精确，相应的工作量也越大；相反，容差设置得越大，提取的范围也越粗糙，得到结果的质量也越差。在影像处理时通常将该限值设置为20，这样既保证了影像处理的工作量不至于太大、太繁琐，也不至于获取的区域太过粗糙而得不到预想的实验效果。此外，通过魔棒的选取会使得所选区域和背景区域被明显地分隔开，导致在对选中区域进行色调处理时，选中区域的色调和背景区域的色调有明显的跳跃感。为了减少图面色调的不自然过渡，对于选取的区域还要进行羽化处理，羽化主要是使选取的边缘模糊，缓和边界地带。同时为了方便后面色调的调整，对于选取好的区域，将其存储选区，若是需要再调整色调，只需直接对存储好的选区进行编辑即可，而不需要再次通过魔棒选取。

色调调整能准确反映绿化状况，但这又导致某些其他地物色彩与实际不符，如河流表现为暗色调。而某一区域河网的疏密及其结构既是重要的自然特征，也体现了该区域水资源状况和河流运输的构架，是影像图要表现的重要信息，因此需要把河流突出显示出来。经多次试验比较后，将水域设为深蓝色，这种设色既能保留原来水面质感，也能活跃和衬托图面效果，使图面明亮轻快，富有动感（图1-77）。

图 1-77　水系调色后的特克斯县城（新疆维吾尔自治区）影像

而对水域色调的处理，不仅可以用 Photoshop 下的"魔棒工具"选取大面积水域并予以赋色，使其保持边线的柔和感，还可以利用 Photoshop 中的"笔工具"（其功能类似于CorelDRAW 中的贝塞尔曲线），通过描绘水域面的边界来选取相应的面状区域并进行设色。

通过使用 Photoshop 的选取工具、编辑工具和调色工具对地图影像进行处理，影像质量得到了很大的改善，基本达到以下几点要求：

（1）影像清晰；

（2）影像色调真实、自然，反差适中，细节得到表现；

（3）影像色调层次感鲜明、立体感强，给人直观、真实的感觉；

（4）有利于与境界、地图注记等矢量数据融合。

但是由于在获取影像的过程中，合并通道时选择的是 RGB 模式。它是一种加色模式，尽管它色彩多，但不利于地图印刷和打印。因此，在进行纸质地图印刷时，还是需要将其转换成减色的最佳印刷和打印模式，即 CMYK 色彩模式。在 Photoshop 中对地图影像模式的转换，只需要在"图像"→"模式"的下拉菜单中选择 CMYK 模式即可。

第二章　地图基础知识实习

第一节　地图的初步认识

一、实习目的

（1）通过阅读各种地图，与遥感影像、照片和风景画等进行对比，对地图有较全面的了解，建立地图的基本概念，掌握地图的定义及基本特性。

（2）通过阅读分析地图数学要素、地理要素和图外辅助要素，掌握地图的基本内容。

（3）通过阅读各种类型地图，了解地图的各种分类，掌握普通地图与专题地图的区别。

二、实习内容

（1）从地图的定义出发，分析图 2-1 至图 2-4 是否属于地图，比较图 2-5 与这些图的区别，指出地图具有哪些基本特性，论述这些特性是如何形成的。

图 2-1　武汉主城区遥感影像

（2）地图的基本内容包括数学要素、地理要素和图外辅助要素，阅读分析图 2-6、图 2-7，并分别指出两图中哪些地图内容属于数学要素、地理要素和图外辅助要素，列出的

图 2-2　武汉街景摄影像片

内容越多越好、越全面越好。有条件的学校可以在资料室阅读大量地图,加深理解。

图 2-3　陕北黄土高原

图 2-4　田野风景画

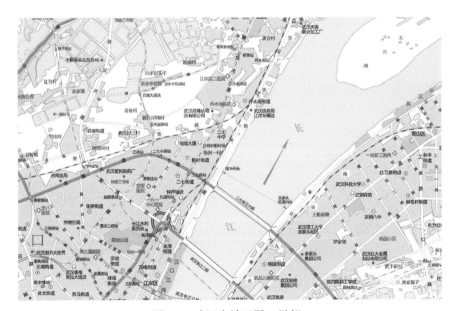

图 2-5　武汉市城区图(局部)

图 2-6　四川省电子地图（Esri 中国（北京）有限公司首届 GIS 制图大赛作品，www.ixxin.cn）

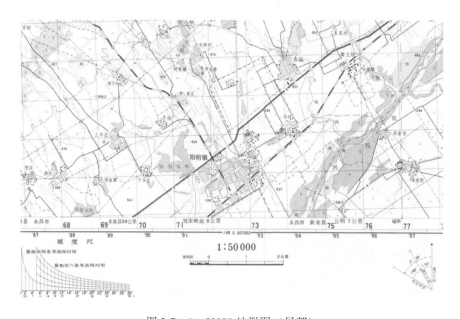

图 2-7　1∶50000 地形图（局部）

（3）按照内容来分，地图分为普通地图和专题地图，对图 2-8 至图 2-11 进行分析判别，分别属于什么类别，并说明理由。

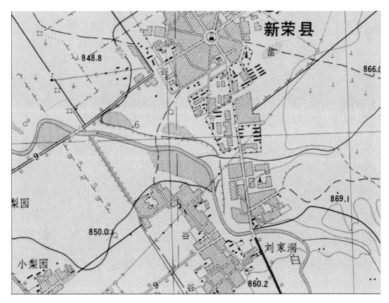

图 2-8 新荣县地图

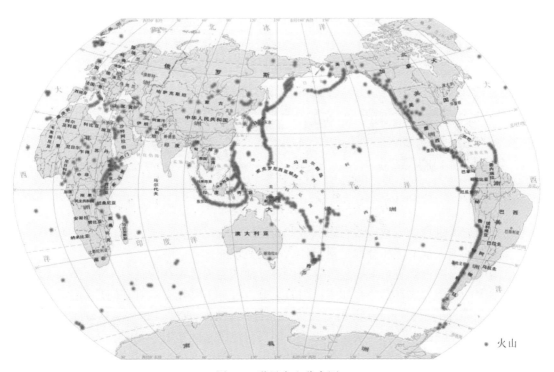

图 2-9 世界火山分布图

三、实习要求

（1）完成全部实习内容，并写成实习报告。

（2）在完成实习内容过程中，应重点论述和思考以下问题：

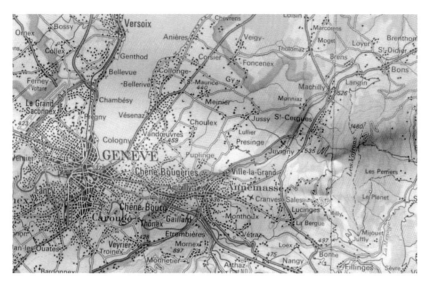

图 2-10　瑞士地图

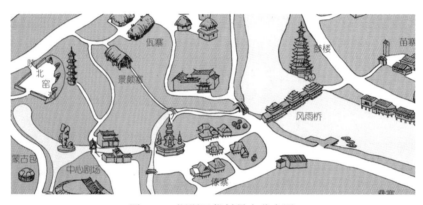

图 2-11　深圳民俗村景点分布图

①地图与风景画、照片、遥感影像有什么区别？

②地图的三大基本特征分别是通过什么手段实现的？

③地图的要素有哪些？主要包含哪些内容？地图能传达哪些信息？

④地图的分类方式有哪些？如果按内容来分，可分为哪几类？对它们是如何定义的？

（3）有条件的学校可以在资料室阅读大量地图，加深理解。学生从认识地图的角度阅读地图和思考问题，结合本次实习感受，谈谈对地图基础知识学习的收获和理解，并撰写一份实习报告，要求内容翔实、条理清晰和图文并茂，不少于 1000 字。

第二节　地形图分幅编号计算

一、实习目的

（1）掌握我国地形图分幅编号的方法。

（2）根据某点的地理坐标能够熟练地计算各种比例尺地形图编号。

（3）培养学生根据制图区具体位置查找收集各种地形图资料数据的能力。

二、实习内容

1. 地形图分幅编号方法

我国的地形图是按照国家统一制定的编制规范和图式图例，由国家统一组织测制的，提供各部门、各地区使用，所以称为国家基本比例尺地图。

国家标准《国家基本比例尺地形图的分幅和编号》（GB/T 13989—2012）在 2012 年发布的，代替 GB/T 13989—1992。2012 年以后制作的地形图，按此标准进行分幅和编号。

我国基本比例尺地图的分幅和编号系统，是以 1∶100 万地形图为基础的（图 2-12）。1∶100 万地形图采用行列式编号，其他比例尺地形图也是采用行列加行列编号。

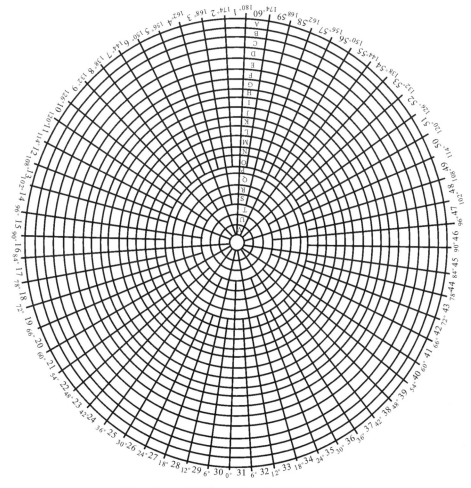

图 2-12 北半球的 1∶100 万地形图分幅编号

1）1∶100万地形图的分幅编号

1891年在瑞士开展的第五届国际地理学会议上提出了编制百万分之一世界地图的建议，1909年和1913年相继在伦敦和巴黎举行了两次国际百万分之一地图会议，就该图的类型、规格、投影、表示方法、内容选择等作了一系列的规定。百万分之一地图逐渐成了国际性的地图。

国际1∶100万地图的标准分幅是经差6°，纬差4°；由于随纬度增高，地图面积迅速缩小，所以规定在纬度60°至76°之间双幅合并，在纬度76°至88°之间由四幅合并，纬度88°以上单独为一幅（图2-12）。我国1∶100万地形图的分幅、编号均按照国际1∶100万地形图的标准进行，其他各种比例尺地形图的分幅编号均建立在1∶100万地形图的基础上。

每幅1∶100万地形图所包含的范围为经差6°、纬差4°。从赤道算起，每4°为一行，至南、北纬88°，各为22行，北半球的图幅在列号前面冠以N，南半球的图幅冠以S，我国地处北半球，图号前的N全省略；依次用英文字母A、B、C…V表示其相应的行号；从180°经线算起，自西向东每6°为一列，全球分为60列，依次用阿拉伯数字1、2、3…60表示（图2-12）。这样，由经线和纬线围成的每一个图幅就有一个行号和一个列号，结合在一起为"行号列号"的形式，即该图幅的编号。如北京所在的1∶100万地形图编号为NJ50，一般记为J50。高纬度的双幅、四幅合并时，图号照写，如NP33、34，NT25、26、27、28。

2）1∶5000～1∶50万比例尺地形图的分幅

每幅1∶100万地形图划分为2行2列，共4幅1∶50万地形图，每幅1∶50万地形图的分幅为经差3°、纬差2°（图2-13）。

每幅1∶100万地形图划分为4行4列，共16幅1∶25万地形图，每幅1∶25万地形图的分幅为经差1°30′、纬差1°。

每幅1∶100万地形图划分为12行12列，共144幅1∶10万地形图，每幅1∶10万地形图的分幅为经差30′、纬差20′。

每幅1∶100万地形图划分为24行24列，共576幅1∶5万地形图，每幅1∶5万地形图的分幅为经差15′、纬差10′。

每幅1∶100万地形图划分为48行48列，共2304幅1∶2.5万地形图，每幅1∶2.5万地形图的分幅为经差7′30″、纬差5′。

每幅1∶100万地形图划分为96行96列，共9216幅1∶1万地形图，每幅1∶1万地形图的分幅为经差3′45″、纬差2′30″。

每幅1∶100万地形图划分为192行192列，共36864幅1∶5000地形图，每幅1∶5000地形图的分幅为经差1′52.5″、纬差1′15″（图2-13）。

3）1∶5000～1∶50万比例尺地形图的编号

这七种比例尺地形图的编号都是在1∶100万地形图的基础上进行的，它们的编号都由10位代码组成的，其中前三位是所在的1∶100万地形图的行号（1位）和列号（2位），第四位是比例尺代码，如表2-1所示，每种比例尺都有一个自己的代码。后六位分为两段，前三位是图幅的行号数字码，后三位是图幅的列号数字码。行号和列号的数字码编码方法是一致的，行号按从上而下、列号按从左到右的顺序编排，不足三位时前面加

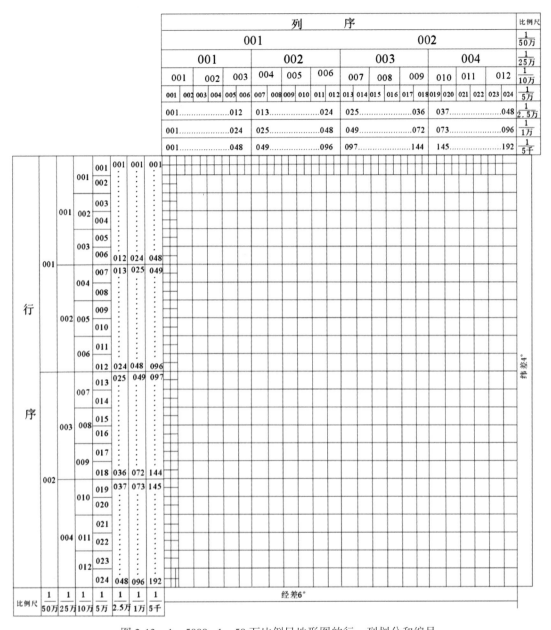

图 2-13　1∶5000~1∶50 万比例尺地形图的行、列划分和编号

"0"。图号的构成如图 2-14 所示。

表 2-1　　　　　　　　　　　　　　　比例尺代码

比例尺	1∶50 万	1∶25 万	1∶10 万	1∶5 万	1∶2.5 万	1∶1 万	1∶5000
代码	B	C	D	E	F	G	H

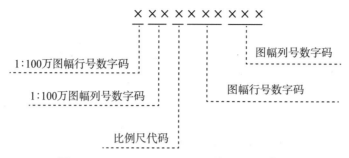

图 2-14 1：5000~1：50 万地形图图号的构成

2. 20 世纪 70—80 年代我国基本比例尺地形图的分幅与编号

20 世纪 70—80 年代，我国基本比例尺地形图的分幅和编号系统是以 1：100 万地形图为基础，延伸出 1：50 万、1：25 万、1：10 万三种比例尺；在 1：10 万以后又分为 1：5 万—1：2.5 万一支，及 1：1 万的一支（图 2-15）。1：100 万地形图采用行列式编号，其他比例尺地形图都是采用行列—自然序数编号。1：100 万地形图的编号与现行的 1：100 万地形图的编号没有实质性的区别，只是由"行列"式变为"行-列"。例如，图号"J50"变为"J-50"。

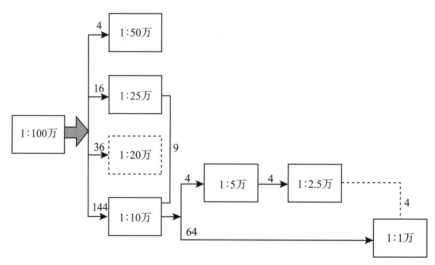

图 2-15 20 世纪 70—80 年代我国基本比例尺地形图的分幅编号系统

1）1：50 万、1：25 万和 1：10 万地形形图的分幅编号

这三种地图编号都是在 1：100 万地形图图号上加上自己的代号形成的（图 2-16）。

每一幅 1：100 万地形图分为 2 行 2 列，共 4 幅 1：50 万地形图，分别以 A、B、C、D 表示，如 J-50-A。

每一幅 1：100 万地形图分为 4 行 4 列，共 16 幅 1：25 万地形图，分别以 [1]，

[2]，…，[16] 表示，如 J-50-[2]。

每一幅 1：100 万地形图分为 12 行 12 列，共 144 幅 1：10 万地形图，分别以 1，2，…，144 表示，如 J-50-5。

每幅 1：50 万地形图包括 4 幅 1：25 万地形图，36 幅 1：10 万地形图；每幅 1：25 万地形图包括 9 幅 1：10 万地形图；但是它们的图号间都没有直接的联系。

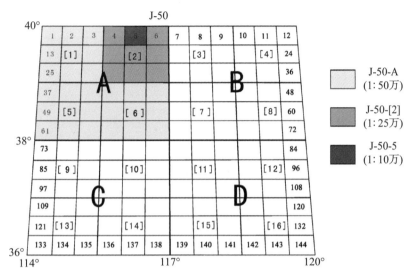

图 2-16　1：50 万、1：25 万和 1：10 万地形图的分幅编号

2）1：5 万和 1：2.5 万地形图的分幅编号

这两种地形图编号都是在 1：10 万地形图图号的基础上延伸出来的（图 2-17）。

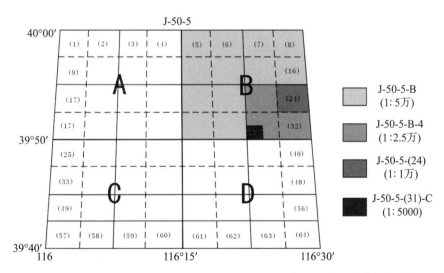

图 2-17　1：5 万、1：2.5 万、1：1 万、1：5000 比例尺地形图的分幅与编号

每一幅 1∶10 万地形图分为 2 行 2 列，共 4 幅 1∶5 万地形图，分别以 A、B、C、D 表示，如 J-50-5-B。

每一幅 1∶5 万地形图分为 2 行 2 列，共 4 幅 1∶2.5 万地形图，分别以 1、2、3、4 表示，如 J-50-5-B-4。

3) 1∶1 万和 1∶5000 地形图的分幅编号

每一幅 1∶10 万地形图分为 18 行 18 列，共 64 幅 1∶1 万地形图，分别以（1），（2），…，（64）表示，如 J-50-5-（24）（图 2-17）。

每一幅 1∶1 万地形图分为 2 行 2 列，共 4 幅 1∶5000 地形图，分别以 a、b、c、d 表示，如 J-50-5-（31）-c（图 2-17）。

3. 求已知某点（经纬度）的图幅编号

1）用解析法求已知点的图幅编号

解析法步骤如下：

（1）计算 1∶100 万图幅编号：

$$a = \left[\frac{\varphi}{4°}\right] + 1$$
$$b = \left[\frac{\lambda}{6°}\right] + 31$$

$$(2\text{-}1)$$

式中：［ ］表示分数值取整；

　　　a 为 1∶100 万图幅所在的纬度带的行号（字符）所对应的数字码；

　　　b 为 1∶100 万图幅所在的经度带的列号所对应的数字码；

　　　λ 为某点的经度或图幅西南图廓点的经度；

　　　φ 为某点的纬度或图幅西南图廓点的纬度。

（2）计算所求比例尺地形图在 1∶100 万图号后的行、列编号：

$$c = \frac{4°}{\Delta\varphi} - \left[\left(\frac{\varphi}{4°}\right) \div \Delta\varphi\right]$$
$$d = \left[\left(\frac{\lambda}{6°}\right) \div \Delta\lambda\right] + 1$$

$$(2\text{-}2)$$

式中：（ ）表示商取余；

　　　［ ］表示分数值取整；

　　　c 为所求比例尺地形图在 1∶100 万地形图编号后的行号；

　　　d 为所求比例尺地形图在 1∶100 万地形图编号后的列号；

　　　λ 为某点的经度或图幅西南图廓点的经度；

　　　φ 为某点的纬度或图幅西南图廓点的纬度；

　　　$\Delta\lambda$ 为所求比例尺地形图分幅的经差；

　　　$\Delta\varphi$ 为所求比例尺地形图分幅的纬差。

例：已知某点位于北纬 27°56′，东经 112°46′，求该点所在 1∶50 万和 1∶10 万及 1∶5 万图上的编号。

计算图幅编号时，先按式（2-1）计算 1∶100 万的图幅行列号，再按照式（2-2）计算其他比例尺后面的行、列编号。

解： ①按式（2-1）求该点所在 1：100 万图幅的编号为

$$行号 = \left[\frac{\varphi}{4°}\right] + 1 = \left[\frac{27°56'}{4°}\right] + 1 = 6 + 1 = 7, \quad 对应字母为 G$$

$$列号 = \left[\frac{\lambda}{6°}\right] + 31 = \left[\frac{112°46'}{6°}\right] + 31 = 18 + 31 = 49$$

该点所在 1：100 万图幅的图号为 G49。

②求 1：50 万新的图幅编号，所求比例尺，纬差为 2°，经差为 3°，比例尺代码 B，所求比例尺地形图在 1：100 万图号后的行、列编号 c，d 为

$$c = \frac{4°}{2°} - \left[\left(\frac{27°56'}{4°}\right) \div 2°\right] = 1$$

$$d = \left[\left(\frac{112°46'}{6°}\right) \div 3°\right] + 1 = 2$$

则 1：50 万地形图图号为 G49B001002。

③求 1：10 万的图幅编号，所求比例尺的纬差为 20′，经差为 30′，比例尺代码 D，所求比例尺地形图在 1：100 万图号后的行、列编号 c，d 为

$$c = \frac{4°}{20'} - \left[\left(\frac{27°56'}{4°}\right) \div 20'\right] = 1$$

$$d = \left[\left(\frac{112°46'}{6°}\right) \div 30'\right] + 1 = 10$$

则 1：10 万地形图图号为 G49D001010。

④求 1：5 万的图幅编号，所求比例尺的纬差为 10′，经差为 15′，比例尺代码 E，所求比例尺地形图在 1：100 万图号后的行、列编号 c，d 为

$$c = \frac{4°}{10'} - \left[\left(\frac{27°56'}{4°}\right) \div 10'\right] = 1$$

$$d = \left[\left(\frac{112°46'}{6°}\right) \div 15'\right] + 1 = 20$$

则 1：5 万地形图图号为 G49E001020。

2）用图解法求已知点的图幅编号

图解法步骤如下：

（1）计算该点所在的 1：100 万地形图的编号；

（2）绘出该 1：100 万图幅经纬度范围略图，计算和划分出该 1：100 万地形图包含相应比例尺地图的图幅数，注明相应的经纬度；

（3）根据实际点的经纬度，即可判定该点所在的比例尺地形图的编号。

3）用解析法求已知点的 20 世纪 70—80 年代图幅编号

按式（2-1）求该点所在 1：100 万图幅的编号，再按照公式（2-3）计算其他比例尺下后面的图幅代号。

$$W = V - \left[\frac{\left(\dfrac{纬度}{基本比例尺纬差}\right)}{所求比例尺纬差}\right] \times n + \left[\left(\frac{经度}{基本比例尺经差}\right) \div 所求比例尺经差\right] \tag{2-3}$$

式中，W 为所求图幅代号；V 为划分为该比例尺图幅后，左下角一幅图的代号数；n 为划分为该比例尺图的列数，（ ）表示分数取余；［ ］表示分数取整。

例：已知某点位于北纬 27°56′，东经 112°46′，求该点所在 1：50 万和 1：10 万及 1：5 万地形图上的编号。

（1）按式（2-1）求该点所在 1：100 万图幅的编号：

根据上述可得，该点所在 1：100 万图幅的图号为 G-49。

（2）求 1：50 万的图幅编号，这时基本比例尺是 1：100 万，纬差为 4°，经差为 6°，所求比例尺，纬差为 2°，经差为 3°，一幅 1：100 万的地形图可划分为 2×2 个 1：50 万地形图，所以 $n=2$，$V=3$，

$$W = V - \left[\frac{\left(\dfrac{\varphi}{4}\right)}{2°}\right] \times 2 + \left[\frac{\left(\dfrac{\lambda}{6}\right)}{3°}\right] = 3 - \left[\frac{3°56′}{2°}\right] \times 2 + \left[\frac{4°46′}{3°}\right] = 3 - 2 + 1 = 2, \quad \text{为 B}$$

则 1：50 万地形图编号为 G-49-B。

（3）求 1：10 万旧的图幅编号，这时基本比例尺为 1：100 万，纬差为 4°，经差为 6°，所求比例尺 1：10 万的纬差为 20′，经差为 30′，一幅 1：100 万的地形图可划分为 12×12 个 1：10 万地形图，则 $n=12$，$V=133$

$$W = V - \left[\frac{\left(\dfrac{\varphi}{4°}\right)}{20′}\right] \times 12 + \left[\frac{\left(\dfrac{\lambda}{6°}\right)}{30′}\right] = 133 - \left[\frac{3°56′}{20′}\right] \times 12 + \left[\frac{4°46′}{30′}\right] = 133 - 11 \times 12 + 9 = 10$$

则 1：10 万地形图编号为 G-49-10。

（4）求 1：5 万的图幅编号，基本比例尺为 1：10 万，纬差为 20′，经差为 30′，所求比例尺 1：5 万的纬差为 10′，经差为 15′。一幅 1：100 万的地形图可划分为 2×2 个 1：5 万地形图，则 $n=2$，$V=3$，

$$W = V - \left[\frac{\left(\dfrac{\varphi}{20′}\right)}{10′}\right] \times 12 + \left[\frac{\left(\dfrac{\lambda}{30′}\right)}{15′}\right] = 3 - \left[\frac{16′}{10′}\right] \times 2 + \left[\frac{16′}{15′}\right] = 3 - 2 + 1 = 2, \quad \text{为 B}$$

则 1：5 万地形图编号为 G-49-10-B。

三、实习要求

（1）掌握我国地形图分幅编号的方法，主要是现行地形图编号方法。

（2）计算实习内容中的已知点的 1：25 万、1：2.5 万、1：1 万和 1：5000 图幅编号。

（3）用图解方法求出实习内容中的已知点的 1：25 万、1：2.5 万、1：1 万和 1：5000 图幅编号。

（3）理清各种比例尺图幅数量关系，培养学生根据地理信息工程区域查找收集各种比例尺地形图资料数据的能力。

（4）在完成上述实习内容的基础上，理解图幅编号的计算过程与方法，并编程自动实现图幅编号的计算。

四、源程序示例（基于 **Java** 实现图幅编号计算）

1. 实现环境

开发工具：IntelliJ IDEA 2020.1 x64
Jdk：1.8.0_201

2. 具体代码

1）工具类

```java
import java.util.HashMap;
import java.util.Map;

/**
 * Utils
 * 工具类
 */
public class Utils {

    /**
     * 数字转大写字母
     */
    public static String NumToA(int number) {
        return (char)(number+64)+"";
    }

    /**
     * 大写字母转数字
     */
    public static int AToNum(char number) {
        return (int)number-64;
    }

    /**
     * 获取图幅编号指定位置字符串并转换为整型
     */
    public static int StrToInt(String number,int beginIndex,int endIndex){
        String str=number.substring(beginIndex,endIndex);
        //如果是大写字母,则字符转整型
        if (beginIndex == 0 || beginIndex == 3) {
```

```java
        return AToNum(str.charAt(0));
    }
    return Integer.valueOf(str).intValue();
}


/**
*数字转小写字母
*/
public static String NumToa(int number) {
    return (char)(number+96)+"";
}
/**
    *不足两位整数前面补零
    */
    public static String NumToStr_2(int number) {
        if(0<=number&&number<=9) {
            return "0"+number;
        }
        else {
            return number+"";
        }
    }


    /**
    *不足三位整数前面补零
    */
    public static String NumToStr_3(int number) {
        if(0<=number&&number<=9) {
            return "00"+number;
        }
        else if(10<=number&&number<=99){
            return "0"+number;
        }
        else {
            return number+"";
        }
    }


    /**
    *输入的经纬度字符串转换成度
```

```
 * 输入格式:112°12′50″
 * 输出 double
 */
public static Double DFMtoDouble(String str) {
    //定义 Map 对象对应存入度分秒
    Map<String, Double> map = new HashMap<String, Double>();
    //是否有°
    if (str.contains("°")) {
        String dStr = str.substring(str.indexOf(""),
str.indexOf("°"));
        //获取度数
        double d = Double.parseDouble(dStr);
        //存入 map 对象
        map.put("d", d);
        //是否有′
        if (str.contains("′")) {
            String fStr = str.substring(str.indexOf("°") + 1,
str.indexOf("′"));
            //获取分
            double f = Double.parseDouble(fStr);
            //存入 map 对象
            map.put("f", f);
            String mStr = str.substring(str.indexOf("′") + 1);
            //是否有″
            if (str.contains("″")) {
                //获取秒
                double m = Double.parseDouble(mStr.substring
(0,mStr.indexOf("″")));
                //存入 map 对象
                map.put("m", m);
            }
            else {
                //若秒为空,秒赋值为 0
                map.put("m", 0.00);
            }
        } else {
            //若分秒都为空,分秒赋值为 0
            map.put("f", 0.00);
            map.put("m", 0.00);
```

```
                }
            } else {
                //若度分秒都为空,度分秒赋值为0
                map.put("d", 0.00);
                map.put("f", 0.00);
                map.put("m", 0.00);
            }
            //度分秒转换成度
            double d = map.get("d") + map.get("f")/60.0 + map.get("m")
/3600.0;
            return d;
        }


        /**
         * 获取度分秒
         * 输入的经纬度字符串转换成度分秒 Map 对象
         * 输入格式:112°12′50″
         * 输出 Map 对象 key 分别对应:d 表示度,f 表示分,m 表示秒
         * /
        public static Map getDFM(String str) {
            Map<String, Double> map = new HashMap<String, Double>();
            //是否有°
            if (str.contains("°")) {
                String dStr = str.substring(str.indexOf(""), str.indexOf
("°"));

                double d = Double.parseDouble(dStr);
                map.put("d", d);
                //是否有′
                if (str.contains("′")) {
                    String fStr = str.substring(str.indexOf("°") + 1,
str.indexOf("′"));
                    double f = Double.parseDouble(fStr);
                    map.put("f", f);
                    String mStr = str.substring(str.indexOf("′") + 1);
                    //是否有″
                    if (str.contains("″")) {
                        double m = Double.parseDouble(mStr.substring
(0,mStr.indexOf("″")));
                        map.put("m", m);
```

```
            }
        else {
                map.put("m", 0.00);
            }
        } else {
            map.put("f", 0.00);
            map.put("m", 0.00);
        }
    } else {
        map.put("d", 0.00);
        map.put("f", 0.00);
        map.put("m", 0.00);
    }
    return map;
}


/**
 * 度转换成度分秒
 * 输出格式,如:112°12′54″
 */
public static String DtoDFM(double number) {
    //定义变量度
    int d = (int) number;
    String s = number + "";
    //取小数部分计算分
    String result = "0." + s.split("\\.")[1];
    //计算分
    double dF = Double.parseDouble(result) * 60;
    int f = (int) dF;
    s = dF + "";
    //继续取小数部分计算秒
    result = "0." + s.split("\\.")[1];
    double dM = Double.parseDouble(result) * 60;
    //保留两位有效数字
    String m = String.format("% .2f", dM);
    //是否为60分,是则度加一
    if (m.equals("60.00")){
        f = f+1;
        return d + "°" + f + "′" + 0 + "″";
```

```
        }
        else {
            return d + "°" + f + "'" + m + "\"";
        }
    }
```

2）图幅编号实现

（1）图幅对象类：

```java
/**
 * 图幅经纬度差编号关系表
 */
public class NewMapNumber {

    private String scale;//比例尺
    private String scaleCode;//比例尺代号
    private Double longitude;//经差
    private Double latitude;//纬差
    private int row;//行数
    private int columns;//列数
    private int baseFraming;//基础分幅

    public void setScale(String scale) {
        this.scale = scale;
    }

    public String getScaleCode() {
        return scaleCode;
    }

    public void setScaleCode(String scaleCode) {
        this.scaleCode = scaleCode;
    }

    public Double getLongitude() {
        return longitude;
    }

    public void setLongitude(Double longitude) {
        this.longitude = longitude;
    }
```

```java
    public Double getLatitude() {
        return latitude;
    }

    public void setLatitude(Double latitude) {
        this.latitude = latitude;
    }

    public int getRow() {
        return row;
    }

    public void setRow(int row) {
        this.row = row;
    }

    public int getColumns() {
        return columns;
    }

    public void setColumns(int columns) {
        this.columns = columns;
    }

    public int getBaseFraming() {
        return baseFraming;
    }

    public void setBaseFraming(int baseFraming) {
        this.baseFraming = baseFraming;
    }
}
```

（2）图幅编号实现类：

```java
/**
 * NewMapNumberCalculate
 * 图幅编号计算类
 */
public class NewMapNumberCalculate {
```

```
/** 图幅各比例尺经差、纬差赋值给 NewMapNumber 对象
 * 比例尺包括 100 50 25 10 5 2.5 1 5000
 * 对应 1 :100 万 1 :50 万 1 :25 万 1 :10 万 1 :5 万 1 :2.5 万 1 :1 万
1 :5000
 * /
    public final List < NewMapNumber > listNewMapNumber =
Collections.unmodifiableList(new ArrayList<NewMapNumber>() {
        private static final long serialVersionUID = 1L;
        {
            add(new NewMapNumber("100","A",6.0,4.0,1,1,1));
            add(new NewMapNumber("50","B",3.0,2.0,2,2,4));
            add(new NewMapNumber("25","C",1.5,1.0,4,4,16));
            add(new NewMapNumber("10","D",0.5,1.0/3.0,12,12,144));
            add(new NewMapNumber("5","E",0.25,1.0/6.0,24,24,576));
            add(new NewMapNumber("2.5","F",0.125,5.0/60.0,48,48,2304));
            add(new NewMapNumber("1","G",0.0625,2.0/60+30.0/3600,
96,96,9216));
            add(new NewMapNumber("5000","H",0.03125,1.0/60+15.0/
3600,192,192,36864));


        }
});


    /**
     * 获取指定比例尺的对象
     * 参数 [比例尺]
     * /
    public NewMapNumber getNewMapNumberByScale(String scale) {
        for (int i = 0; i < listNewMapNumber.size();i++) {
            if (listNewMapNumber.get(i).getScale().equals
(scale)){
                return listNewMapNumber.get(i);
            }
        }
        return null;
    }
    /**
     * 1 :100 万比例尺图幅编号计算
```

```
 *参数[经度,纬度]
  * /
public   String NewNumber_100Scale(String longitude,String
latitude){
        NewMapNumber newMap = getNewMapNumberByScale("100");
        //纬度计算行号
        double r=Utils.DFMtoDouble(latitude)/newMap.getLatitude
()+1;
        int row=(int)(r);
        //经度计算列号
         double c=Utils.DFMtoDouble(longitude)/newMap.getLongitude
()+31;
        int columns=(int)(c);
        return Utils.NumToA(row)+Utils.NumToStr_2(columns);
    }
    /**
    *1 :100 万以下比例尺图幅编号计算
    *参数[比例尺, 经度, 纬度]
    *比例尺包括 100 50 25 10 5 2.5 1 5000
    *对应 1 :100 万 1 :50 万 1 :25 万 1 :10 万 1 :5 万 1 :2.5 万 1 :1 万
1 :5000
    * /
public String NewNumber_Scale(String Scalar,String longitude,
String latitude) {
        NewMapNumber newMap=getNewMapNumberByScale(Scalar);
        //计算行号
         int  c = ( int ) ( 4 /newMap.getLatitude ( ) - ( int )
((Utils.DFMtoDouble(latitude)% 4)/newMap.getLatitude()));
        //计算列号
         int  d = ( int ) (( Utils.DFMtoDouble ( longitude )% 6 )/
newMap.getLongitude())+1;
         String  newNumber = NewNumber _ 100Scale ( longitude,
latitude ) + newMap.getScaleCode ( ) + Utils.NumToStr _ 3 ( c ) +
Utils.NumToStr_3(d);
        return newNumber;
    }

    /**
    *指定比例尺图幅编号输出
```

```
    * 参数[比例尺, 经度, 纬度]
    * 比例尺包括 100 50 25 10 5 2.5 1 5000
    * 对应 1:100 万 1:50 万 1:25 万 1:10 万 1:5 万 1:2.5 万 1:1 万
1:5000
    */
    public    String  NewNumberCalculate ( String  scale, String
longitude,String latitude) {
        String number = "";
        switch (scale) {
            case "100":
                number = NewNumber_100Scale(longitude, latitude);
    break;
            case "50":
            case "25":
            case "10":
            case "5":
            case "2.5":
            case "1":
            case "5000":
                number =NewNumber_Scale(scale, longitude, latitude);
            break;
            default:
                number = "输入的比例尺格式不对!";
                break;
        }
        return number;
    }
}
```

3)20 世纪 70—80 年代图幅编号实现

(1)图幅对象类:

```
/**
 * OldMapNumber
 *旧图幅经纬度差编号关系表对象
 */
public class OldMapNumber {
    private String scale;//比例尺
    private Double longitude;//经差
    private Double latitude;//纬差
    private String baseScale;//基础比例尺
```

```java
private int baseFraming;//基础分幅
private String lastCode;//最后代号

public String getScale() {
    return scale;
}

public void setScale(String scale) {
    this.scale = scale;
}

public Double getLongitude() {
    return longitude;
}

public void setLongitude(Double longitude) {
    this.longitude = longitude;
}

public Double getLatitude() {
    return latitude;
}

public void setLatitude(Double latitude) {
    this.latitude = latitude;
}

public String getBaseScale() {
    return baseScale;
}

public void setBaseScale(String baseScale) {
    this.baseScale = baseScale;
}

public int getBaseFraming() {
    return baseFraming;
}
```

```java
    public void setBaseFraming(int baseFraming) {
        this.baseFraming = baseFraming;
    }

    public String getLastCode() {
        return lastCode;
    }

    public void setLastCode(String lastCode) {
        this.lastCode = lastCode;
    }
}
```

（2）图幅编号计算实现类：

```java
/**
 *旧图幅编号计算类
 */
public class OldMapNumberCalculate {

    /**旧图幅各比例尺经差、纬差赋值给 OldMapNumber 对象
     * 比例尺包括 100 50 20 10 5 2.5 1 5000
     * 对应 1∶100 万 1∶50 万 1∶20 万 1∶10 万 1∶5 万 1∶2.5 万 1∶1 万 1∶5000
     */

    public final List < OldMapNumber > listOldMapNumber =
Collections.unmodifiableList(new ArrayList<OldMapNumber>() {
        private final long serialVersionUID = 1L;
        {
            add(new OldMapNumber("100",6.0,4.0,"100",1,""));
            add(new OldMapNumber("50",3.0,2.0,"100",2,"A"));
            add(new OldMapNumber("20",1.0,40.0/60,"100",6,"["));
            add(new OldMapNumber("10",0.5,20.0/60,"100",12,"1"));
            add(new OldMapNumber("5",0.25,10.0/60,"10",2,"A"));
            add(new OldMapNumber("2.5",7.0/60+30.0/3600,5.0/60,"5",2,"1"));
            add(new OldMapNumber("1",3.0/60+45.0/3600,2.0/60+30.0/3600,"10",8,"("));
            add(new OldMapNumber("5000",1.0/60+52.5/3600,1.0/60+15.0/3600,"1",2,"a"));
        }
```

```
        });

        /**
         * 获取指定比例尺的 OldMapNumber 对象
         * 比例尺
         */
        public OldMapNumber getOldMapNumberByScale(String scale){
            for(int i = 0;i < listOldMapNumber.size();i++){
                    if(listOldMapNumber.get(i).getScale().equals
(scale)){
                        return listOldMapNumber.get(i);
                    }
                }
            return null;
        }


        /**
         *1:100万比例尺计算
         *参数(经度,纬度)如:("112°15′54","30°24′12")
         */
        public String OldNumber_100Scale(String longitude,String
latitude){
            //获取指定比例尺对应的对象
            OldMapNumber oldMap = getOldMapNumberByScale("100");
            //纬度计算行号
            double r = Utils.DFMtoDouble(latitude)/oldMap.getLatitude
()+1;
            int row=(int)(r);
            //经度计算列号
                    double    c   =   Utils.DFMtoDouble(longitude)/
oldMap.getLongitude()+31;
            int columns=(int)(c);
            return Utils.NumToA(row)+"-"+columns;
        }


        /**
         *W公式
         *参数(比例尺,经度,纬度)
         *比例尺包括 100 50 20 10 5 2.5 1 5000
         *对应1:100万 1:50万 1:20万 1:10万 1:5万 1:2.5万 1:1万
```

```
1：5000
        */
     public int W(String Scalar,String longitude,String latitude){
          //获取所求比例尺
          OldMapNumber oldMap = getOldMapNumberByScale(Scalar);
          //获取基础比例尺
                  OldMapNumber  baseMap  =  getOldMapNumberByScale
(oldMap.getBaseScale());
            int V =oldMap.getBaseFraming()*(oldMap.getBaseFraming
()-1)+1;
          int n=oldMap.getBaseFraming();
          //纬度公式计算
                  double  a  =  ( Utils.DFMtoDouble ( latitude )%
baseMap.getLatitude())/oldMap.getLatitude();
          //经度公式计算
                  double  b  =  ( Utils.DFMtoDouble  ( longitude )%
baseMap.getLongitude())/oldMap.getLongitude();
          //代入 W 公式
          int W=V-(int)(a)*n+(int)(b);
          return W;
     }


     /**
      *1：50 万比例尺 最后一位编号计算
      *参数(经度,纬度)如:("112°15′54″","30°24′12″")
      */
     public String OldNumber_50Scale( String longitude, String
latitude){
          //代入 W 公式
          int W=W("50",longitude,latitude);
          //数字转大写字母并返回
          return Utils.NumToA(W);
     }


     /**
      *1：20 万比例尺 最后一位编号计算
    *参数(经度,纬度)如:("112°15′54″","30°24′12″")
      */
     public String OldNumber_20Scale( String longitude, String
```

```
latitude) {
        int W=W("20",longitude,latitude);
        return "["+W+"]";
    }


    /**
     *1:10万比例尺 最后一位编号计算
     *参数(经度,纬度)如:("112°15′54″","30°24′12″")
     */
     public  int  OldNumber _ 10Scale ( String  longitude, String
latitude) {
        int W=W("10",longitude,latitude);
        return W;
    }


    /**
     *1:5万比例尺 最后一位编号计算
     *参数(经度,纬度)如:("112°15′54″","30°24′12″")
     */
    public  String  OldNumber _ 5Scale ( String  longitude, String
latitude) {
        int W=W("5",longitude,latitude);
        //数字转大写字母并输出
        return Utils.NumToA(W);
    }


    /**
     *1:2.5万比例尺 最后一位编号计算
     *参数 [经度,纬度]
     */
    public    int OldNumber _2 _5Scale ( String  longitude, String
latitude) {
        int W=W("2.5",longitude,latitude);
        return W;
    }


    /**
     *1:1万比例尺 最后一位编号计算
     *参数(经度,纬度)如:("112°15′54″","30°24′12″")
```

```
    */
        public   String OldNumber _1Scale(String longitude,String
latitude){
            int W=W("1",longitude,latitude);
            return "("+W+")";
        }


    /**
     *1:5000 比例尺 最后一位编号计算
      *参数(经度,纬度)如:("112°15′54″","30°24′12″")
     */
        public String OldNumber _5000Scale(String longitude,String
latitude){
            int W=W("5000",longitude,latitude);
            return Utils.NumToa(W);
        }


    /**
     *   指定比例尺图幅编号输出
     *参数[比例尺,经度,纬度]
     *比例尺包括 100 50 20 10 5 2.5 1 5000
     *对应1:100万1:50万1:20万1:10万1:5万1:2.5万1:1万1:5000
     */
        public   String OldNumberCalculate(String  scale,String
longitude,String latitude){
            String number = "";
            switch(scale){
                case "100":
                    number = OldNumber_100Scale(longitude, latitude);
                    break;
                case "50":
                    number = OldNumber_100Scale(longitude, latitude) +
"-" + OldNumber_50Scale(longitude, latitude);
                    break;
                case "20":
                    number = OldNumber_100Scale(longitude, latitude) +
"-" + OldNumber_20Scale(longitude, latitude);
                    break;
                case "10":
```

```
                number = OldNumber_100Scale(longitude, latitude) +
"-" + OldNumber_10Scale(longitude, latitude);
                break;
            case "5":
                number = OldNumber_100Scale(longitude, latitude) +
"-" + OldNumber_10Scale(longitude, latitude) + "-" + OldNumber_5Scale
(longitude, latitude);
                break;
            case "2.5":
                number = OldNumber_100Scale(longitude, latitude) +
"-" + OldNumber_10Scale(longitude, latitude) + "-" + OldNumber_5Scale
(longitude, latitude) + "-" + OldNumber_2_5Scale (longitude,
latitude);
                break;
            case "1":
                number = OldNumber_100Scale(longitude, latitude) +
"-" + OldNumber_10Scale(longitude, latitude) + "-" + OldNumber_1Scale
(longitude, latitude);
                break;
            case "5000":
                number = OldNumber_100Scale(longitude, latitude) +
"-" + OldNumber_10Scale(longitude, latitude) + "-" + OldNumber_1Scale
(longitude, latitude) + "-" + OldNumber_5000Scale (longitude,
latitude);
                break;
            default:
                number = "输入的比例尺格式不对!";
                break;
        }
        return number;
    }
}
```

第三节　图幅角点坐标计算（相邻图幅编号推断）

一、实习目的

（1）掌握图幅角点坐标的计算方法。

（2）根据地形图分幅编号方法，进行相邻图幅编号推断。

（3）培养学生根据具体图幅查找、收集邻近各种比例尺地形图资料数据的能力。

二、实习内容

1. 求已知图号图幅的四个角点经纬度

已知图幅图号为 J49B001002，计算图幅四个角点的经纬度。
已知图号，求西南图廓点的经纬度坐标公式为

$$\lambda = (b - 31) \times 6° + (d - 1) \times \Delta\lambda \qquad (2\text{-}4)$$

$$\varphi = (a - 1) \times 4° + \left(\frac{4°}{\Delta\varphi} - c\right) \times \Delta\varphi \qquad (2\text{-}5)$$

其中，a 为 1∶100 万图幅所在纬度带的字符的数字码，b 为 1∶100 万图幅所在经度带的数字码，c 为该比例尺地形图在 1∶100 万地形图编号后的行号，d 为该比例尺地形图在 1∶100 万地形图编号后的列号。

计算出西南图廓点的经纬度坐标后，可以按照该比例尺的经差、纬差推算出其他三个角点的经纬度坐标。

例如，设某地形图西南图廓点的经纬度坐标为（λ_0，φ_0），则西北图廓点的经纬度为（λ_0，$\varphi_0 + \Delta\varphi$），东南图廓点的经纬度为（$\lambda_0 + \Delta\lambda$，$\varphi_0$），东北图廓点的经纬度为（$\lambda_0 + \Delta\lambda$，$\varphi_0 + \Delta\varphi$）。其中，（$\Delta\lambda$、$\Delta\varphi$）为该尺度下的经差和纬差。

1）西南图廓点的经纬度坐标的计算

首先按照式（2-4）、式（2-5）计算出西南图廓点的经纬度坐标。这里，$a = 10$，$b = 49$，$c = 1$，$d = 2$，$\Delta\lambda = 3°$，$\Delta\varphi = 2°$。

则

$$\lambda = (49 - 31) \times 6° + (2 - 1) \times 3° = 111°$$

$$\varphi = (10 - 1) \times 4° + \left(\frac{4°}{2°} - 1\right) \times 2° = 38°$$

即西南图廓点的经纬度坐标为 $\lambda_0 = 111°$，$\varphi_0 = 38°$。

2）其他三个角点的经纬度坐标的推算

（1）西北图廓点的经纬度为

$$\lambda_0 = 111°，\varphi_0 + \Delta\varphi = 38° + 2° = 40°$$

（2）东南图廓点的经纬度为

$$\lambda_0 + \Delta\lambda = 111° + 3° = 114°，\varphi_0 = 38°$$

（3）东北图廓点的经纬度为

$$\lambda_0 + \Delta\lambda = 111° + 3° = 114°，\varphi_0 + \Delta\varphi = 38° + 2° = 40°$$

2. 求已知制图区域的图幅编号

已知制图区域的经纬度范围如图 2-18 所示，编制该地区的地图时，需收集 1∶10 万地形图作为新编图资料，请算出所需 1∶10 万图号及相邻图幅编号。

根据制图区域某个角点的经纬度，可推出其他各角点经纬度；按式（2-1）、式（2-2）计算出各角点的图幅编号；再根据地形图的分幅编号方法，推出相邻图幅的编号。

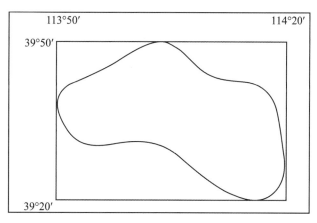

図 2-18　制図区域范围

1）确定制图区域角点坐标

该制图区域为矩形区域。在制图区域中，西北角点经度为 113°50′，纬度为 39°50′，东北角经度为 114°20′，西南角纬度为 39°20′。可以推算出制图区域的经差为 50′，纬差为 30′，则东北角经纬度为（114°20′，39°50′），西南角经纬度为（113°50′，39°20′），东南角的经纬度为（114°20′，39°20′）。

2）计算出各角点的图幅编号

按式（2-1）、式（2-2）计算出各角点的图幅编号。以计算西北角点的图幅编号为例：

$$a = \left[\frac{\varphi}{4°}\right] + 1 = \left[\frac{39°\,50′}{4°}\right] + 1 = 10 \text{ 对应字母 J}$$

$$b = \left[\frac{\lambda}{6°}\right] + 31 = \left[\frac{113°50′}{6°}\right] + 31 = 49$$

1：10 万比例尺图幅 $\Delta\varphi = 20′$，$\Delta\lambda = 30′$

$$c = \frac{4°}{\Delta\varphi} - \left[\left(\frac{\varphi}{4°}\right) \div \Delta\varphi\right] = \frac{4°}{20′} - \left[\left(\frac{39°\,50′}{4°}\right) \div 20′\right] = 1$$

$$d = \left[\left(\frac{\lambda}{6°}\right) \div \Delta\lambda\right] + 1 = \left[\left(\frac{113°50′}{6°}\right) \div 30′\right] + 1 = 12$$

则西北角点的图幅编号为 J49D001012。

同理，可将其他三个角点的图幅编号求出，分别为 J50D001001、J49D002012 和 J50D002001，如图 2-19 所示。

3）推断相邻的图幅编号

因每幅 1：100 万地形图划分为 12 行 12 列，共 144 幅 1：10 万地形图，也就是说 1：10 万图幅编号中 c、d 的值的范围在 001~012 之间，J49D001012 在 1：100 万 J49 的图幅中，为第一行最后一列的图幅编号，紧邻其右边的是 J50 的第一行第一列图幅编号，为 J50D001001；J49D001012 紧邻其下方的为 1：100 万 J49 的第二行最后一列的图幅编号，为 J49D002012，而 J49D002012 紧邻其右边的图幅编号为 J50D002001。由此可知，这四个

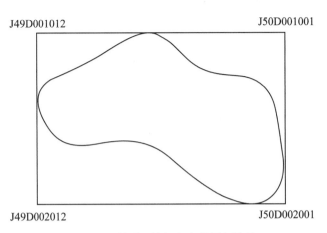

图 2-19　制图区域各角点的图幅编号

角点所在的图幅都是相邻的，如图 2-20 中的阴影部分所示，可直接填入表中，见表 2-2。如果计算出的图幅不是相邻的，则中间的图幅资料也需要收集，在表中补齐。

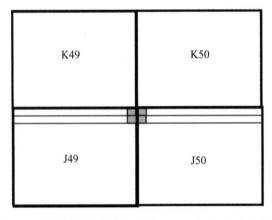

图 2-20　制图区域各角点图幅在 1：100 万图幅位置关系

表 2-2　　　　　　　　　　　　　　**四个角点的图幅编号**

	J49D001012	J50D001001	
	J49D002012	J50D002001	

同样的方法，可以将这四个图幅的相邻图幅，即图 2-21 中外围红色区域图幅编号推断出来，其图幅编号见表 2-3。

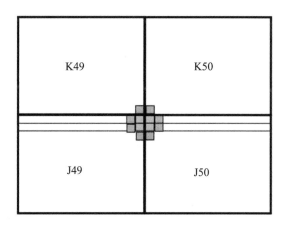

图 2-21　制图区域相邻图幅（红色区域）

表 2-3　　　　　　　　　　　　制图区域四个角点及相邻图幅编号

	K49D012012	K50D012001	
J49D001011	J49D001012	J50D001001	J50D001002
J49D002011	J49D002012	J50D002001	J50D002002
	J49D003012	J50D003001	

三、实习要求

（1）掌握根据图幅编号能够进行图幅角点坐标计算的方法，并能编程自动实现。

（2）列出求其他三个角点图幅编号的计算过程，并能编程自动实现。

（3）根据地形图分幅编号方法，能熟练地进行相邻图幅编号推断，完成表 2-3 中没有填的图幅编号。

（4）在完成上述实习内容的基础上，提高学生根据地理信息工程区域查找收集各种比例尺地形图资料数据的能力。

第三章　地图投影实习

地图投影是利用一定的数学法则把地球表面的地理坐标转换为地图上平面坐标的理论和方法，是地图的数学基础之一。我国地图常用的投影方法有高斯-克吕格投影（横轴等角切椭圆柱投影）、双标准纬线正轴等角割圆锥投影（Lambert 投影）、墨卡托（Mercator）投影（等角正圆柱投影）等。我国现行的大于等于 1：50 万的各种比例尺地形图，都采用高斯-克吕格投影；我国分省（区）地图投影常用宽带高斯-克吕格投影（经差可达 9°）。我国 1：100 万地形图采用双标准纬线正轴等角圆锥投影，我国分省（区）地图投影也常采用该投影。我国海图常采用墨卡托（Mercator）投影。近年来，Web 墨卡托投影方式广泛应用于网络地图发布，我国的百度地图、"天地图" 和高德地图等在线地图服务均采用了该投影。

本章实习内容主要包括常用地图投影的判读、常用投影的解析计算方法、地图投影的数值变换方法等。

第一节　地图投影的判读

一、实习目的

通过本次实习，使学生初步了解地图投影判读的意义、内容和方法，对地图投影的概念、投影变形性质等内容的理解，对常用地图投影经纬网形状的变化特点的了解，掌握常用地图投影的判读方法，能够快速判别出地图投影的类别和变形性质。

二、实习内容

由于球面是一个不可展曲面，无论采用什么投影方法，必然发生投影变形。因此，认识各种投影变形的大小和分布规律，是指导投影应用的重要依据。投影判读实习，就是要通过投影变形的观察与判读，认识各类投影的变形特点与规律，进而明确常用投影的应用场合。例如，一般不能在小比例尺等角和等面积投影图上量算距离，不能在等面积投影图上观察区域形状特征。一般来说，制图区域越大，地图比例尺越小，地图上表示的经纬网形状越完整，就越容易判别地图投影类型和特征。

1. 地图投影种类的判别方法

一般是在正轴情况下，根据经纬线网形状来判别地图投影的种类。其他情况，如横轴、斜轴，经纬线网形状较复杂，比较难判别。

（1）纬线形状是平行直线，经线是与纬线垂直的平行直线，是圆柱投影。如果等纬差间经线等长，是等距离正圆柱投影。如果等纬差间经线随纬度增大而增大，是等角正圆柱投影。如果等纬差间经线随纬度增大而减小，是等面积正圆柱投影。

（2）纬线形状是同心圆，经线为同心圆的半径，是方位投影。如果等纬差间经线等长，是等距离方位投影。如果等纬差间经线由地图中心向南、北方向逐渐增大，是等角方位投影。如果等纬差间经线由地图中心向南、北方向逐渐减小，是等面积方位投影。

（3）纬线形状是同心圆弧，经线是放射状直线，是圆锥投影。如果等纬差间经线等长，是等距离圆锥投影。如果等纬差间经线由地图中心向南、北方向逐渐增大，是等角圆锥投影。如果等纬差间经线由地图中心向南、北方向逐渐减小，是等面积圆锥投影。

一些常用地图投影的经纬线形状特征见表3-1。

表 3-1　　　　　　　　　一些常用地图投影的经纬线形状特征

投影名称	经纬线形状		中央经线上纬线间隔的变化	主要制图区域
	经线	纬线		
等差分纬线多圆锥投影	中央经线为直线，其余经线为对称于中央经线的曲线	赤道为直线，其余纬线为对称于赤道的同轴圆弧	从赤道向两极稍有增大	世界图
墨卡托投影	间隔相等的平行直线	与经线垂直的平行直线	由低纬向高纬急剧增大	世界图、东南亚地区图
等距离圆锥投影	放射状直线	同心圆弧	相等	中纬度地区分国图
等角圆锥投影	放射状直线	同心圆弧	由地图中心向南、北方向逐渐增大	中纬度地区分国图
等面积圆锥投影	放射状直线	同心圆弧	由地图中心向南、北方向逐渐缩小	大洲图
彭纳投影	中央经线为直线，其他经线为对称于中央经线的曲线	同心圆弧	相等	亚洲图、欧洲图
桑逊投影	中央经线为直线，其他经线为对称于中央经线的曲线	经纬线为平行直线	相等	非洲图、南美洲图
正轴等距离方位投影	放射状直线	同心圆	相等	南北极地区图，南、北半球图
横轴等面积方位投影	中央经线为直线，投其他经线为与中央经线对称的曲线	赤道为直线，其他纬线为与赤道对称的曲线	赤道向两极逐渐缩小	东、西半球图，非洲图

投影名称	经纬线形状		中央经线上纬线间隔的变化	主要制图区域
	经线	纬线		
斜轴等面积方位投影	中央经线为直线,投其他经线为与中央经线对称的曲线	任意曲线	从地图中心向外逐渐缩小	水、陆半球图,大洲图,东、西半球图
横轴等角方位投影	中央经线为直线,其他经线为圆弧	赤道为直线,其他纬线为与赤道对称的圆弧	从赤道向两极逐渐扩大	东、西半球图

2. 地图投影变形性质的判别方法

根据经纬线网形状特征,可以判别地图投影的变形性质。

(1)经纬线不成直角相交,肯定不是等角投影。

(2)在同一条纬度带内,经差相同的各个梯形面积不相等,可以确定不是等面积投影。

(3)在同一条经线上,相同纬差间的经线段不相等,可以确定不是等距离投影。

3. 地图投影的判读

根据《地图学》教材内容和上述地图投影判别方法,对图 3-1 至图 3-6 的地图投影进行判读,并论述下列问题:

(1)属正轴等面积方位投影的是其中哪一幅地图?沿其经纬线方向的变形特点如何?

(2)属正轴等距离方位投影的是其中哪一幅地图?沿其经纬线方向的变形特点如何?

(3)属正轴等面积圆锥投影的是其中哪一幅地图?沿其经纬线方向的变形特点如何?

(4)属正轴等角方位投影的是其中哪一幅地图?沿其经纬线方向的变形特点如何?

(5)属正轴等面积圆柱投影的是其中哪一幅地图?沿其经纬线方向的变形特点如何?

(6)属墨卡托投影的是其中哪一幅地图?沿其经纬线方向的变形特点如何?

三、实习要求

(1)了解常用地图投影的基本情况,特别是高斯-克吕格投影和双标准纬线正轴等角割圆锥投影,包括地图投影的公式、中央经线、标准纬线、投影中心、投影常数、经纬线形状变形分布规律等特点。

(2)撰写地图投影判别的分析报告,详细说明图 3-1 至图 3-6 的地图投影判别方法及结果。

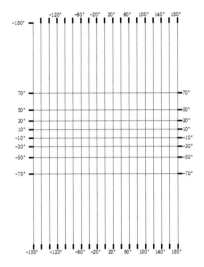

图 3-1 世界地图（一）

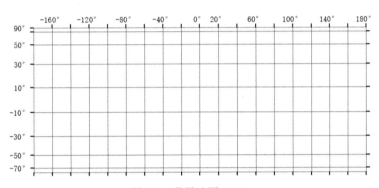

图 3-2 世界地图（二）

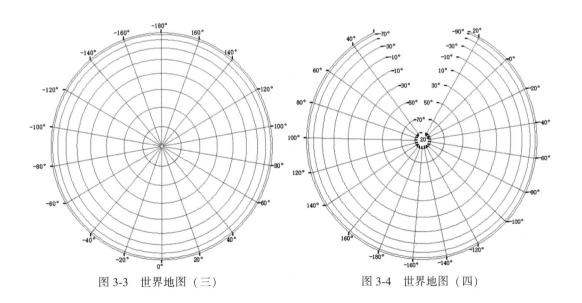

图 3-3 世界地图（三）　　　　　图 3-4 世界地图（四）

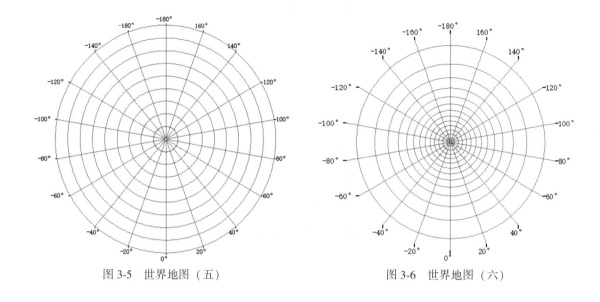

图 3-5　世界地图（五）　　　　　　图 3-6　世界地图（六）

第二节　高斯-克吕格投影的坐标计算

一、实习目的

通过本次实习，加深对高斯-克吕格投影的概念、数学原理、变形性质及变形分布规律的认识与理解，掌握其投影计算方法中各待定参数的确定方法，以及运用计算机程序实现高斯-克吕格投影坐标计算的方法。

二、实习内容

1. 高斯-克吕格投影在我国的应用

高斯-克吕格投影，用于我国大中比例尺地图的制作，1∶2.5 万~1∶50 万比例尺地形图采用经差 6° 分带，大于等于 1∶1 万比例尺的地形图采用经差 3° 分带，我国分省（区）地图投影常采用宽带高斯-克吕格投影（经差可达 9°）。

由于高斯-克吕格投影分带的特性，为了保证地图的精度，在进行投影工作前需要首先确定目标区域所在的投影带及其中央经线。按分带方式的不同，对带号及中央经线的计算也有所不同。

当高斯-克吕格投影以 6° 带进行分带时，此时自 0° 经线起每隔 6° 自西向东进行分带，同时自 1 开始递增编号，以 N 表示带号，L_0 表示中央子午线的经度，其关系为

$$L_0 = 6N-3 \tag{3-1}$$

当高斯-克吕格投影以 3° 带进行分带时，此时自 1.5° 经线起每隔 3° 自西向东进行分带，同时自 1 开始递增编号，以 N 表示带号，L_0 表示中央子午线的经度，其关系为

$$L_0 = 3N \tag{3-2}$$

2. 高斯-克吕格投影坐标计算方法

高斯-克吕格投影坐标计算公式为

$$x = X + \frac{N}{2}t\cos^2 B\, l^2 + \frac{N}{24}t\cos^4 B(5 - t^2 + 9\eta^2 + 4\eta^4)\, l^4 + \frac{N}{720}t\cos^6 B(6l - 58t^2 +$$
$$t^4 + 270\eta^2 - 330\eta^2 t^2)\, l^6 \tag{3-3}$$

$$y = N\cos Bl + \frac{N}{6}\cos^3 B(l - t^2 + \eta^2)\, l^3 + \frac{N}{120}\cos^5 B(5 - 18t^2 + t^4 + 14\eta^2 - 58t^2\eta^2)\, l^5$$
$$\tag{3-4}$$

式中：

B 为投影点的大地纬度；

$l = L - L_0$，L 为投影点的大地经度，L_0 为轴子午线的大地经度；

$N = \dfrac{a}{\sqrt{1 - e^2\sin^2 B}}$ 为投影点的卯酉圈曲率半径；

$e^2 = \dfrac{a^2 - b^2}{a^2}$，$a$ 为地球椭球的长半轴，b 为短半轴；

$t = \tan B$，$\eta = e\cos B$，e 为椭球的第二偏心率。

X 为 $l = 0$ 时，从赤道起算的子午线弧长，计算公式为

$$X = a(1 - e^2)(A_0 B + A_2\sin^2 B + A_4\sin^4 B + A_6\sin^6 B + A_8\sin^8 B + \cdots\cdots) \tag{3-5}$$

其中，系数

$$A_0 = 1 + \frac{3}{4}e^2 + \frac{45}{64}e^4 + \frac{350}{512}e^6 + \frac{11025}{16384}e^8$$

$$A_2 = -\frac{1}{2}\left(\frac{3}{4}e^2 + \frac{60}{64}e^4 + \frac{525}{512}e^6 + \frac{17640}{16384}e^8\right)$$

$$A_4 = \frac{1}{4}\left(\frac{15}{64}e^4 + \frac{210}{512}e^6 + \frac{8820}{16384}e^8\right)$$

$$A_6 = -\frac{1}{6}\left(\frac{35}{512}e^6 + \frac{2520}{16384}e^8\right)$$

$$A_8 = \frac{1}{8}\left(\frac{315}{16384}e^8\right)$$

e 为椭球的第一偏心率。

实习主要内容是编程实现高斯-克吕格投影的坐标计算。按照提供的高斯-克吕格投影计算公式，采用 Python 或其他程序设计语言，实现高斯-克吕格投影的坐标计算方法。参考代码如下：

（1）CGCS2000 椭球参数：

```
a = 6378137    #长半径
b = 6356752.3141   #短半径
p = 1/298.257222101   #扁率
e1 = 0.0818191910428   #第一偏心率
```

e2 = 0.0820944381519　#第二偏心率

（2）根据式（3-3）、式（3-4）和式（3-5）计算各参数：

l＝math.radians((L－Get3DL0(L)[0]))#计算3°带中央经线,6°带中央经线计算参考公式

N＝a/math.sqrt(1-e1*e1*math.sin(math.radians(2*B))*math.sin(math.radians(B)))

t＝math.tan(math.radians(B))

Nita＝e2*math.cos(math.radians(B))

A0＝1+3/4*e1**2+45/64*e1**4+350/512*e1**6+11025/16384*e1**8

A2＝-1/2*(3/4*e1**2+60/64*e1**4+525/512*e1**6+17640/16384*e1**8)

A4＝1/4*(15/64*e1**4+210/512*e1**6+8820/16384*e1**8)

A6＝-1/6*(35/512*e1**6+2520/16384*e1**8)

A8＝1/8*(315/16384*e1**8)

X＝a*(1-e1*e1)*(A0*math.radians(B)+A2*math.sin(math.radians(2*B))+A4*math.sin(math.radians(4*B))+A6*math.sin(math.radians(6*B))+A8*math.sin(math.radians(8*B)))

（3）将各参数代入式（3-3）和式（3-4），计算地图投影坐标 x，y：

x＝X+N/2*t*math.cos(math.radians(B))**2*l**2+N/24*t*math.cos(math.radians(B))**4*(5-t*t+9*Nita**2+4*Nita**4)*l**4+N/720*t*math.cos(math.radians(B))**6*(61-58*t*t+t**4+270*Nita**2-330*Nita**2*t**2)*l**6

y＝N*math.cos(math.radians(B))*l+N/6*math.cos(math.radians(B))**3*(1-t**2+Nita**2)*l**3+N/120*math.cos(math.radians(B))**5*(5-18*t**2+t**4+14*Nita**2-58*t**2*Nita**2)*l**5+500000

3. Shapefile 数据文件读写方法

从程序设计的角度，各类地图投影计算及转换，实际上是平面或空间中图形坐标点的一一映射关系计算，而这些图形坐标存储于地图数据文件中。本章所采用的实习地图数据均来源于"全国地理信息资源目录服务系统"（https：//www.webmap.cn/main.do？method＝index）。所下载地图数据通常以 Shapefile 格式存储，因此实验中需要读写 Shapefile 文件。下面介绍采用 Python 第三方开源库 GDAL（https：//gdal.org/）对实习中地图数据进行读写的编程方法。

GIS 中 Shapefile 数据组织逻辑如图 3-7 所示。GIS 中有多种数据源，Shapefile 文件就是其中最常用的一种。一个 Shapefile 文件中的数据被加载到地图窗口中就显示为一个图层，而一个图层是由多个地理空间对象构成的一个集合，即地理要素的集合，其中每个要素由图形和属性两个部分构成，图形可以进一步分为点、线、面三种。地图投影计算或投

影转换就是对其中的图形坐标的变换操作。因此，实验中我们首先要能够——读取这些图形对象中的坐标点数据，然后采用对应的投影计算公式将它们映射到对应的坐标系中。

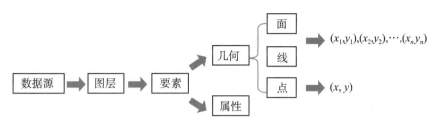

图 3-7　Shapefile 数据组织方式

GDAL 中 Shapefile 数据的读取主要调用其中的 OGR 模块，并且遵循图 3-7 中的数据组织逻辑。主要步骤及代码如下：

（1）加载数据驱动。通过 OGR 读取数据，首先需根据加载的数据类型进行数据驱动的初始化，如打开源 Shapefile 文件，创建用于输出结果的 Shapefile 文件。这些操作均需加载 ESRI Shapfile 数据驱动。

```
#注册驱动
driver = ogr.GetDriverByName("ESRI Shapefile")
#打开源 Shapefile 文件
inDs=ogr.Open(str(in_file_shp))
#创建一个用于输出结果的 Shapefile 文件
if os.path.exists(out_file_shp):
        driver.DeleteDataSource(out_file_shp)
outds = driver.CreateDataSource(out_file_shp)
```

（2）获取图层。通过数据驱动打开数据源后，可通过数据源的 GetLayer 方法获取数据源中的图层对象。同时，通过输出数据源对象的 CreateLayer 方法创建一个新图层，用于存储投影变换的结果。

```
layer = inDs.GetLayer(0)
#创建一个用于输出结果的 Shapefile 文件(以线图层为例)
outlayer = outDs.CreateLayer ('out _ shp', geom _ type = ogr.
wkbLineString)
```

（3）获取要素。通过数据图层的 GetFeature 方法获取要素数据。一个图层中的要素构成一个集合，所以需要通过 GetNextFeature 进行循环迭代，获取每一个要素。

```
#获取当前要素
feature=layer.GetNextFeature()
#遍历 layer 里的所有要素
while feature:
    #获取图层几何形状
      geom = feature.GetGeometryRef()
```

#···········此处对当前对象的几何图形进行投影转换处理···········

#获取下一个要素

```
feature＝layer.GetNextFeature()
```

（4）获取几何对象及其坐标。通过要素对象的 GetGeometryRef 方法即可获取其几何对象，在 OGR 中可针对不同的地图要素几何类型，分别实现对几何对象的获取。然后，通过 GetX 和 GetY 方法读取几何对象上每个点的坐标。以下代码以线要素中坐标点的读取为例：

```
for i in range(geom.GetPointCount()):
    x_Raw = geom.GetX(i)     #获取 x 坐标
    y_Raw = geom.GetY(i)     #获取 y 坐标
    #········进行坐标转化，并将结果存入新创建的输出········
```

（5）坐标转化。调用所实现的坐标投影函数，将每个点依次转为目标坐标系下的新坐标。此处的投影函数可以是本章实习中所实现的某种投影计算函数或投影变换函数。

（6）几何对象创建。由于 OGR 中无法直接对图形本身的坐标进行修改，故需创建新的图形对象用于存储计算结果。分别按点、线、面要素类型，创建对应的几何对象，然后将坐标转换结果组织成新的图形，并赋予新要素。关于线以及面对象的创建，需注意其不同的组成方式，具体内容可参考"https://www.osgeo.cn/pygis/ogr-ogrwrite.html"中的示例实现。

（7）属性数据赋值。在完成图形创建的同时需要将该图形所属要素的属性数据存储到要素中去，以保证数据的完整性。

以下代码以线要素为例说明坐标转换、几何对象创建和属性数据赋值的具体过程：

```
line = ogr.Geometry(ogr.wkbLineString) #创建线图形对象
for i in range(geom.GetPointCount()):
L = geom.GetX(i)     #获取精度坐标
B = geom.GetY(i)     #获取纬度坐标
    list_Tran = Pro_Tran.guss_Tran(B,L)     #进行高斯-克吕格坐标计算
    line.AddPoint(list_Tran[1], list_Tran[0])   #将新坐标添加至对象中
    outfeature.SetGeometry(line)   #将几何图形添加至 Feature 中
    outfeature = ogr.Feature(outfielddefn)   #将属性表添加至输出的 Feature 中
#添加属性记录至属性表
for i in range(len(field_list)):
        outfeature.SetField(field_list[i], feature.GetField(field_list[i]))
```

（8）要素添加至新图层。在完成上述操作后，将创建的新要素加入输出图层即可。

```
outlayer.CreateFeature(outfeature)
```

（9）释放要素和数据源对象。最终将操作过程中的要素对象和打开的数据源对象释放。

#释放要素和数据源对象

```
feature.Destroy()
outfeature.Destroy()
inDs.Destroy()
outDs.Destroy()
```

4. 武汉市高斯-克吕格投影坐标的计算

实习数据为武汉市政区图。武汉市位于湖北省东部，地理位置为北纬 29°58′—31°22′，东经 113°41′—115°05′，整体位于中央经线为东经 114°的 3°投影带中（图 3-8）。

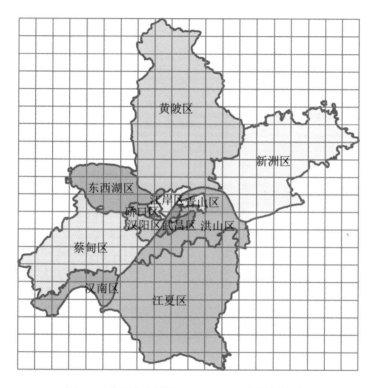

图 3-8　武汉市政区图（CGCS2000 地理坐标系）

采用上述的 Shapefile 数据读取方法，读入实习数据的经纬度坐标（表 3-2）。实习数据点分布如图 3-9 所示。为了方便学生验证投影坐标计算的结果，表 3-2 给出了均匀分布于武汉市政区图中的 25 个经纬网格中心点坐标。

表 3-2　　　　　　　　　　　　　　　武汉市实习数据点坐标

序号	经纬度		高斯-克吕格投影坐标	
	L	B	x（纵坐标）	y（横坐标）
1	113.8346202°	30.1108493°	3332412.96	484051.04

序号	经纬度		高斯-克吕格投影坐标	
	L	B	x（纵坐标）	y（横坐标）
2	114.1107206°	30.1108493°	3332406.59	510677.71
3	114.386821°	30.1108493°	3332464.59	537304.50
4	114.6629214°	30.1108493°	3332586.97	563931.73
5	114.9390218°	30.1108493°	3332773.73	590559.70
6	113.8346202°	30.3891719°	3363266.94	484095.84
7	114.1107206°	30.3891719°	3363260.54	510647.72
8	114.386821°	30.3891719°	3363318.86	537199.73
9	114.6629214°	30.3891719°	3363441.91	563752.16
10	114.9390218°	30.3891719°	3363629.70	590305.32
11	113.8346202°	30.6674945°	3394122.24	484141.01
12	114.1107206°	30.6674945°	3394115.80	510617.48
13	114.386821°	30.6674945°	3394174.43	537094.07
14	114.6629214°	30.6674945°	3394298.15	563571.07
15	114.9390218°	30.6674945°	3394486.96	590048.79
16	113.8346202°	30.9458171°	3424978.86	484186.56
17	114.1107206°	30.9458171°	3424972.38	510586.98
18	114.386821°	30.9458171°	3425031.33	536987.53
19	114.6629214°	30.9458171°	3425155.70	563388.48
20	114.9390218°	30.9458171°	3425345.50	589790.12
21	113.8346202°	31.2241397°	3455836.80	484232.48
22	114.1107206°	31.2241397°	3455830.29	510556.24
23	114.386821°	31.2241397°	3455889.54	536880.11
24	114.6629214°	31.2241397°	3456014.55	563204.37
25	114.9390218°	31.2241397°	3456205.34	589529.33

原始地图数据采用 CGCS2000 地理坐标系，需要投影到高斯-克吕格坐标系中。武汉市地理位置范围为北纬29°58′—31°22′，东经113°41′—115°05′，整体位于中央经线为东经114°的3°投影带中。

调用以上实现的投影坐标计算方法，完成武汉市政区图和对应的经纬网格投影坐标计算，并写入新的 Shapefile 文件。投影后的地图如图3-10所示。学生可借助 ArcGIS 中提供的投影转换功能实现这一操作，并与上述结果进行对比验证。

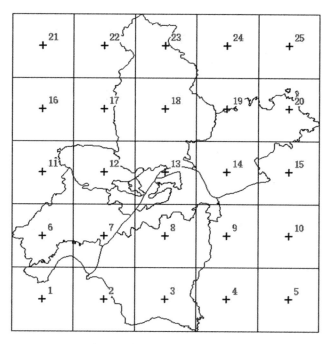

图 3-9 武汉市实习数据点分布

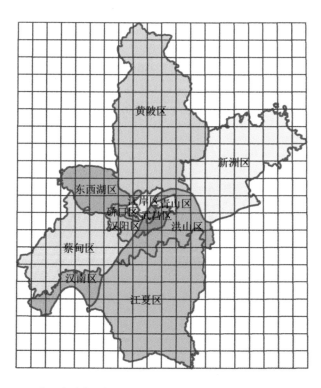

图 3-10 武汉市高斯-克吕格投影结果图 (3°带，中央经线为 114°E)

三、实习要求

（1）掌握高斯-克吕格投影的基本概念、数学原理、变形性质及变形分布规律，了解该投影在我国的应用情况。

（2）掌握高斯-克吕格投影公式中各待定系数的计算方法，熟练计算经纬网线的平面直角坐标 x、y。

（3）编程实现高斯-克吕格投影坐标计算方法，并上交计算结果及源代码。

第三节　正轴圆锥投影的坐标计算

一、实习目的

通过本次实习，加深对正轴等角割圆锥投影的基本概念、数学原理、变形性质及变形分布规律的认识与理解，掌握投影计算方法中各投影常数的确定方法，能运用计算机程序实现正轴等角割圆锥投影和正轴等面积割圆锥投影的计算方法。

二、实习内容

1. 正轴等角割圆锥投影坐标计算方法

我国 1∶100 万地形图采用正轴等角割圆锥投影，我国的航空图和各省（区）地图中常用该投影方法。因此有必要重点学习其变形性质、变形分布规律和计算方法。

正轴等角割圆锥投影坐标计算公式如式（3-6）所示。

$$\begin{cases} \alpha = \dfrac{\ln r_1 - \ln r_2}{\ln U_2 - \ln U_1} \\[2mm] C = \dfrac{r_1 U_1^{\alpha}}{\alpha} = \dfrac{r_2 U_2^{\alpha}}{\alpha} \\[2mm] \rho = \dfrac{C}{U^{\alpha}} \\[2mm] \delta = \alpha \cdot l \\[2mm] x = \rho_s - \rho\cos\delta \\[2mm] y = \rho\sin\delta \\[2mm] \mu = m = n = \dfrac{\alpha \cdot C}{r \cdot U^{\alpha}} \\[2mm] P = \mu^2 \end{cases} \tag{3-6}$$

式中：

（1）α 为比例常数，$0<\alpha<1$；C 为另一常数，当 $B=0°$ 时，$U=1$，此时 $C=\rho_{赤}$，即 C 为赤道的投影半径；$U=\tan\left(\dfrac{\pi}{4}+\dfrac{B}{2}\right)\left(\dfrac{1-e\sin B}{1+e\sin B}\right)^{\frac{e}{2}}$。$U_1$、$U_2$ 的计算方法仅需将 U 的计

94

算公式中纬度 B 替换为两条标准纬线的纬度 B_1、B_2 即可；r_1、r_2 分别是两条标准纬线圈的曲率半径，其计算方法为：$r = N\cos B$。N 为卯西圈曲率半径，它随着纬度 B 的变化而变化，与纬度之间的关系为：$N = \dfrac{a}{(1 - e^2 \sin^2 B)^{\frac{1}{2}}}$。$a$，$e$ 分别为椭球体长半径和第一偏心率，当椭球体选定后，a，e 均为常数。

（2）ρ 为纬线圈的投影半径，δ 为两经线在投影平面上的夹角，l 为与中央经线的经差：$l = L - L_0$。

（3）x，y 为点的平面直角坐标，ρ_s 为区域最低纬度 B_s 的投影半径，它在特定的投影中为一常数。

（4）μ 为长度比，m 为沿经线方向的长度比，n 为沿纬线方向的长度比，P 为面积比。若该投影在 B_0 处的纬线长度比 n_0 最小，则称 B_0 为最小纬度，n_0 为最小纬度的长度比。其计算方法为：$B_0 = \arcsin\alpha$，$n_0 = \dfrac{C}{N_0 \cot B_0 \, U_0^\alpha}$。

2. 制图范围与投影参数的确定

将我国各省（区）作为单幅地图制图区域进行正轴圆锥投影时，一般采用表 3-3 列出的制图范围和标准纬线。

表 3-3　　　　中国主要省（区）正轴圆锥投影范围和标准纬线推荐参数

省（区）	制图区域范围				标准纬线	
	最小纬度	最大纬度	最小经度	最大经度	B_1	B_2
湖北省	29°00′	33°20′	108°30′	116°20′	30°30′	32°30′
河北省	36°00′	42°40′	113°30′	120°00′	37°30′	41°00′
内蒙古	37°30′	53°30′	97°00′	127°00′	40°00′	51°00′
山西省	34°33′	40°45′	110°00′	114°40′	36°00′	40°00′
辽宁省	38°40′	43°30′	118°00′	126°00′	40°00′	42°00′
吉林省	40°45′	46°15′	121°55′	131°30′	42°00′	46°00′
黑龙江省	43°00′	54°00′	120°00′	136°00′	46°00′	51°00′
江苏省	30°40′	35°20′	116°00′	122°30′	31°30′	34°00′
浙江省	27°00′	31°30′	118°00′	123°30′	28°00′	30°30′
安徽省	29°20′	34°40′	114°40′	119°50′	30°30′	33°30′
江西省	24°30′	30°30′	113°30′	118°30′	26°00′	29°00′
福建省	23°20′	28°40′	115°40′	120°50′	24°00′	27°30′
山东省	34°10′	38°40′	114°20′	123°40′	35°00′	37°30′
广东省	18°10′	25°30′	108°40′	117°30′	19°30′	24°30′
广西	25°50′	26°30′	104°30′	112°00′	22°30′	25°30′
湖南省	24°30′	30°10′	108°40′	114°20′	26°00′	29°00′

省（区）	制图区域范围				标准纬线	
	最小纬度	最大纬度	最小经度	最大经度	B_1	B_2
河南省	31°23′	36°21′	110°20′	116°40′	32°30′	35°30′
四川省	26°00′	34°00′	97°20′	110°10′	27°30′	33°00′
云南省	21°30′	29°20′	97°20′	116°30′	22°00′	28°30′
贵州省	24°30′	29°30′	103°30′	109°30′	25°20′	28°30′
西藏	26°30′	36°30′	78°00′	99°00′	27°30′	35°00′
陕西省	31°40′	39°40′	105°40′	111°00′	33°00′	38°00′
甘肃省	32°30′	42°50′	92°10′	108°50′	34°00′	41°00′
青海省	31°30′	39°30′	89°30′	103°10′	33°30′	38°00′
新疆	34°00′	49°10′	70°00′	96°00′	36°30′	48°00′
宁夏	35°10′	39°30′	104°10′	107°40′	36°00′	39°00′
台湾省	21°50′	25°30′	119°30′	122°30′	22°30′	25°00′

实习所选择的制图范围为湖北省政区图（图3-11）。湖北省地处中国中部地区，位于北纬29°01′53″—33°6′47″、东经108°21′42″—116°07′50″之间，东西长约740km，南北宽约470km，总面积18.59万平方千米，占中国总面积的1.94%。实习采用的投影参数如下：

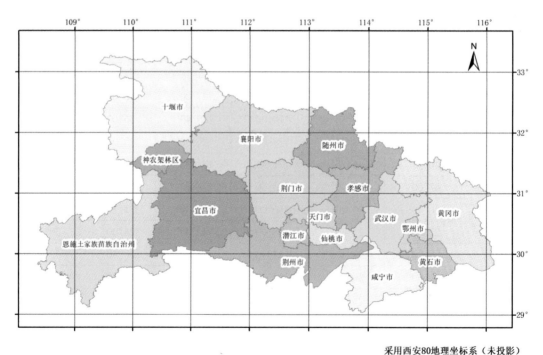

采用西安80地理坐标系（未投影）

图3-11 投影前的湖北省地图

①制图区域范围：$B = 29°$—$33°20'$（N），$L = 108°30'$—$116°20'$（E）；

②标准纬线：$B_1 = 30°30'(N)$，$B_2 = 32°30'(N)$；

③中央经线：$L_0 = 112°25'(E)$；

④椭球体：IAG75。

3. 投影坐标计算方法的主要代码

根据式（3-6），采用 Python 实现正轴等角割圆锥投影的坐标计算方法，主要代码如下：

1）IAG75 椭球参数

```
a = 6378140  #长半径
b = 6356755.2882  #短半径
p = 1/298.257  #扁率
e1 = 0.08181922145553573  #第一偏心率
e2 = 0.08209446887257386  #第二偏心率
```

2）投影参数

```
arcB1 = math.radians(B1)  #第一条标准纬线(弧度值)
arcB2 = math.radians(B2)  #第二条标准纬线(弧度值)
arcB0 = math.radians(B0)  #最小纬度值(弧度值)
arcL0 = math.radians(L0)  #中央经线(弧度值)
arcB = math.radians(B)  #纬度值(弧度值)
arcl = math.radians(L) - arcL0  #与中央经线的经差(弧度值)
```

3）式（3-6）中各参数计算

```
#计算 U
U1 = math.tan(Pi /4 + arcB1 /2) * ((1 - e1 * math.sin(arcB1)) /(1 + e1 * math.sin(arcB1))) ** e1 /2
U2 = math.tan(Pi /4 + arcB2 /2) * ((1 - e1 * math.sin(arcB2)) / (1 + e1 * math.sin(arcB2))) ** e1 /2
U = math.tan(Pi /4 + arcB /2) * ((1 - e1 * math.sin(arcB)) /(1 + e1 * math.sin(arcB))) ** e1 /2
U0 = math.tan(Pi /4 + arcB0 /2) * ((1 - e1 * math.sin(arcB0)) /(1 + e1 * math.sin(arcB0))) ** e1 /2
#计算 N
N1 = a /math.sqrt(1 - e1 * e1 * math.sin(arcB1) * math.sin(arcB1))
N2 = a / math.sqrt(1 - e1 * e1 * math.sin(arcB2) * math.sin(arcB2))
#计算纬线圈的曲率半径 r
r1 = N1 * math.cos(arcB1)
r2 = N2 * math.cos(arcB2)
#计算 比例常数 α
```

```
alph=(math.log(r1,e)-math.log(r2,e))/(math.log(U2,e)-math.log
(U1,e))
```

　　#计算赤道的投影半径 *C*

```
C=(r1*(U1**alph))/alph
C2=(r2*(U2**alph))/alph
```

　　#计算纬线圈的投影半径 ρ

```
rou = C/(U**alph)
rou0 = C/(U0**alph)
```

　　#计算两经线在投影平面上的夹角 δ

```
omg = alph * arcl
```

　　4）计算投影坐标 *x*，*y*

```
x = rou0-rou*math.cos(omg)
y = rou*math.sin(omg)
```

4. 湖北省正轴等角割圆锥投影坐标的计算

　　采用上述 Shapefile 数据读取方法，读入实习数据的经纬度坐标（表3-4）。实习数据点分布如图3-12所示，为了便于学生验证投影计算结果，表3-4列出了均匀分布于湖北省范围的 30 个经纬网格中心点坐标。

表 3-4　　　　　　　　　　　　　　　　湖北省实习数据点坐标

序号	经纬度		Lambert 投影坐标	
	L	*B*	*x*（纵坐标）	*y*（横坐标）
1	109.0101°	29.45678°	55561.71	−330572.07
2	110.3051°	29.45678°	52383.84	−204923.32
3	111.6002°	29.45678°	50697.45	−79245.70
4	112.8952°	29.45678°	50502.79	46443.08
5	114.1903°	29.45678°	51799.87	172125.32
6	115.4853°	29.45678°	54588.52	297783.31
7	109.0101°	30.3048°	149067.05	−327651.82
8	110.3051°	30.3048°	145917.25	−203113.04
9	111.6002°	30.3048°	144245.76	−78545.65
10	112.8952°	30.3048°	144052.82	46032.81
11	114.1903°	30.3048°	145338.44	170604.78
12	115.4853°	30.3048°	148102.45	295152.72
13	109.0101°	31.15282	242564.21	−324731.82
14	110.3051°	31.15282°	239442.48	−201302.92

序号	经纬度		Lambert 投影坐标	
	L	B	x（纵坐标）	y（横坐标）
15	111. 6002°	31. 15282°	237785. 89	−77845. 66
16	112. 8952°	31. 15282°	237594. 66	45622. 57
17	114. 1903°	31. 15282°	238868. 83	169084. 37
18	115. 4853°	31. 15282°	241608. 21	292522. 35
19	109. 0101°	32. 00084°	336073. 66	−321811. 44
20	110. 3051°	32. 00084°	332980. 01	−199492. 56
21	111. 6002°	32. 00084°	331338. 31	−77145. 58
22	112. 8952°	32. 00084°	331148. 81	45212. 27
23	114. 1903°	32. 00084°	332411. 52	167563. 76
24	115. 4853°	32. 00084°	335126. 26	289891. 64
25	109. 0101°	32. 84887°	429616. 06	−318890. 04
26	110. 3051°	32. 84887°	426550. 50	−197681. 57
27	111. 6002°	32. 84887°	424923. 70	−76445. 25
28	112. 8952°	32. 84887°	424735. 92	44801. 84
29	114. 1903°	32. 84887°	425987. 16	166042. 61
30	115. 4853°	32. 84887°	428677. 26	287260. 00

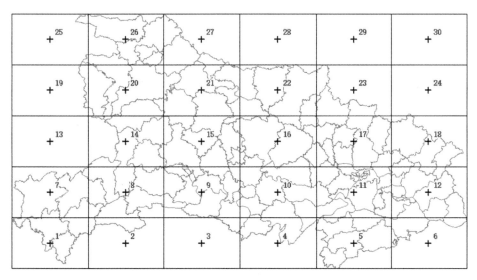

图 3-12　湖北省实习数据采集位置分布图

正轴等角割圆锥（Lambert）投影范围覆盖整个湖北省，介于北纬 29. 03°—33. 27°、东经 108.36°—116.13°之间。调用以上实现的正轴等角割圆锥投影坐标计算方法，完成湖北省地图图层和经纬网图层中所有点的投影坐标计算，并写入新的 Shapefile 文件。投影后的地图如图 3-13 所示，学生可借助 ArcGIS 中提供的投影转换功能实现这一操作，并与上述结果进行对比验证。

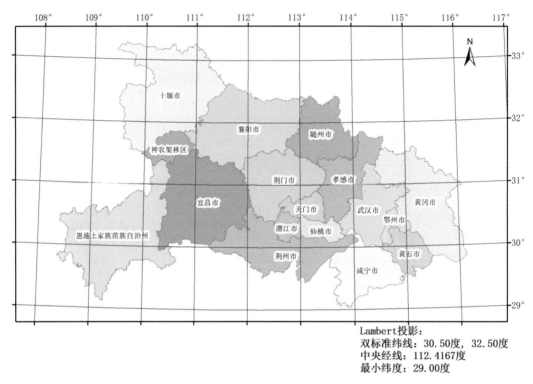

Lambert投影：
双标准纬线：30.50度，32.50度
中央经线：112.4167度
最小纬度：29.00度

图 3-13　正轴等角割圆锥（Lambert）投影后的湖北省地图

在设计对面积精度要求较高的自然社会经济地图时，如土地利用图、地籍图、土地规划图，要选择等面积投影。我国曾经出版的 1：400 万、1：600 万和 1：800 万中华人民共和国地图采用了正轴等面积割圆锥（Albers）投影。正轴等面积割圆锥（Albers）投影采用类似的思路实现投影坐标的计算，Albers 投影与 Lambert 投影原理类似，相关计算公式请学生查阅相关资料，此处不再赘述。正轴等面积割圆锥（Albers）投影效果如图 3-14 所示。

三、实习要求

（1）掌握圆锥投影的基本概念、数学原理、变形性质及变形分布规律，了解该投影在我国的应用情况。

（2）掌握投影常量 α 和 C，最小纬度线 B_0 及对应的最小纬线长度比 n_0 的计算方法。

（3）计算经纬网交点处的长度比 μ 和面积比 P，掌握投影变形参数计算的相关方法。

（4）编程实现双标准纬线等角割圆锥投影和双标准纬线等面积割圆锥投影的坐标计算方法，通过实例验证投影效果，并提交源程序代码。

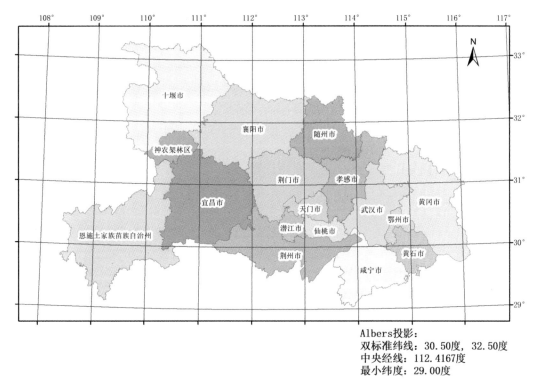

Albers投影：
双标准纬线：30.50度，32.50度
中央经线：112.4167度
最小纬度：29.00度

图 3-14　正轴等面积割圆锥（Albers）投影后的湖北省地图

第四节　地图投影的数值变换

一、实习目的

通过本次实习，加深对地图投影变换的理解和认识，熟悉使用二元三次多项式进行投影变换的计算过程，并编程验证该方法的效果。初步掌握数字环境下，不同投影坐标系之间的数值投影变换方法。

二、实习内容

当系统所使用的数据来自不同地图投影的图幅时，需要将一种投影的地理数据转换成另一种投影的地理数据，这就要进行地图投影变换，可以采用解析或数值变换的方式实现。

地图投影变换的目的是实现由一种地图投影点的坐标变换为另一种地图投影点的坐标，其实质是建立两个平面场之间点的一一对应函数关系，其主要方法包含了解析变换法、数值变换法等，本次实习中的投影变换采用数值变换法来实现。

数值变换法是利用两投影间的若干相互对应的离散点，采用数值逼近的理论和方法来建立两投影坐标系之间的关系式。因此，数值变换的关键是逼近函数的构建，一般选用多项式逼近，本实习采用二元三次多项式进行投影变换，变换式为：

$$\begin{cases} X = a_0 + a_1x + a_2y + a_3x^2 + a_4xy + a_5y^2 + a_6x^3 + a_7x^2y + a_8xy^2 + a_9y^3 \\ Y = b_0 + b_1x + b_2y + b_3x^2 + b_4xy + b_5y^2 + b_6x^3 + b_7x^2y + b_8xy^2 + b_9y^3 \end{cases} \tag{3-7}$$

式（3-7）中有 10 对未知系数，所以至少需要知道新旧坐标系统之间的 10 组控制点坐标才能求解出这 10 对系数，从而完成对应的数值关系建立。这些系数的求解过程是一个线性方程组的解算过程。求得系数后，再将这些系数代入式（3-7）中，即可构建两个投影之间的数值变换式。

采用 Python 科学计算函数库 NumPy 可简化程序实现，其主要代码如下：

1）建立系数矩阵和常数矩阵

```
#将控制点坐标分别放入列表,方便下面计算
    list_control_x=[x1,x2,x3,x4,x5,x6,x7,x8,x9,x10]
    list_control_y=[y1,y2,y3,y4,y5,y6,y7,y8,y9,y10]
    list_control_X=[X1,X2,X3,X4,X5,X6,X7,X8,X9,X10]
    list_control_Y=[Y1,Y2,Y3,Y4,Y5,Y6,Y7,Y8,Y9,Y10]
    list_XS=[]
i=0
while i<=9:list_inner=[1,list_control_x[i],list_control_y[i],
        list_control_x[i]**2,list_control_x[i]*list_control_y
        [i],list_control_y[i]**2,list_control_x[i]**3,list_
        control_x[i]**2*list_control_y[i],list_control_x[i]*
        list_control_y[i]**2,list_control_y[i]**3]
        list_XS.append(list_inner)
        i+=1
    #生成系数和常数矩阵数组
    A=np.mat(list_XS)
```

2）求解二元三次多项式的系数

在方程组的求解过程中直接采用 NumPy 中的 linalg 模块进行解算，将求得的系数代入多项式，即可建立两种投影坐标系之间的数值模拟关系。

```
    #求解非齐次线性方程组
    b1=np.mat(list_control_X)
    b2=np.mat(list_control_Y)
    a_T=A.I*b1.T
    b_T=A.I*b2.T
    a=a_T.T
    b=b_T.T
```

3）计算目标投影下的 X 和 Y 坐标

将求解出的多项式系数 a_i，b_i 代入式(3-7)后,按照公式计算投影变换点坐标(X_i,Y_i)。

```
    X=a[0,0]+a[0,1]*x+a[0,2]*y+a[0,3]*x**2+a[0,4]*x*y+a[0,5]*
y**2+a[0,6]*x**3+a[0,7]*x**2*y+a[0,8]*x*y**2+a[0,9]*y**3
    Y=b[0,0]+b[0,1]*x+b[0,2]*y+b[0,3]*x**2+b[0,4]*x*y+b[0,5]*
```

y ** 2+b[0,6] ** x ** 3+b[0,7] ** x ** 2 * y+b[0,8] ** x * y ** 2+b[0,9] * y ** 3

实际应用中将大比例尺地图缩编为小比例尺地图时，经常涉及将高斯-克吕格投影转为 Lambert 或 Albers 投影。为了验证采用二元三次多项式进行数值投影转换的效果，本次实习以武汉市地图数据为例，将高斯-克吕格投影坐标转换为 Lambert 投影坐标。

首先采用本章第三节实现的 Lambert 投影解析计算程序对武汉市政区图进行 Lambert 投影。根据武汉市行政区的地理位置和区划范围，确定武汉市 Lambert 投影参数如下：

①制图区域范围：$B = 29.97°$—$31.36°$（N），$L = 113.70°$—$115.08°$（E）；

②标准纬线：$B_1 = 30°$（N），$B_2 = 31°$（N）；

③中央经线：$L_0 = 114.39°$（E）；

④椭球体：CGCS2000。

武汉市政区图 Lambert 投影结果如图 3-15 所示。从该图中选定 10 个覆盖整个图幅的经纬线交点作为控制点。表 3-5 列出了这些控制点的经纬度坐标和两种投影下的平面坐标。通过这些控制点可建立武汉市政区图的高斯-克吕格投影和 Lambert 投影之间的数值转换关系，实现这两种投影间的数值变换。

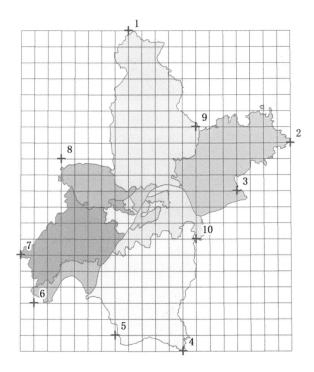

图 3-15　武汉市（Lambert 投影）地图上选取的 10 个控制点

表 3-5　　　　　　　　　　　　　　武汉市地图上的 10 个控制点坐标

序号	经纬度		高斯-克吕格投影坐标		Lambert 投影坐标	
	L	B	x（纵坐标）	y（横坐标）	X（纵坐标）	Y（横坐标）
1	114.2488°	31.3633°	3471281.1901	523668.1559	153703.0994	−13133.1176

序号	经纬度		高斯-克吕格投影坐标		Lambert 投影坐标	
	L	B	x（纵坐标）	y（横坐标）	X（纵坐标）	Y（横坐标）
2	115.0771°	30.8762°	3417749.7205	603000.4713	100161.73734	66007.4079
3	114.8010°	30.6675°	3394384.2449	576761.5470	77005.54164	39690.3135
4	114.5249°	29.9717°	3317090.8682	550657.5963	194.36294	13325.8115
5	114.1797°	30.0413°	3324701.7562	517335.8280	7878.7818	−19969.4976
6	113.7656°	30.1804°	3340137.9894	477424.1374	23374.4190	−59827.3867
7	113.6966°	30.3892°	3363294.3962	470838.0087	46436.3634	−66333.5397
8	113.9036°	30.8067°	3409542.6473	490779.1992	92382.6545	−46234.9367
9	114.5939°	30.9458°	3425118.3730	556752.1554	107653.0582	19789.5890
10	114.5939°	30.4588°	3371118.8719	557037.9497	53925.6334	19888.6492

通过调用上述数值投影变换方法，完成高斯-克吕格投影向 Lambert 投影的数值转换，得到的武汉市政区图数值投影变换结果如图 3-16 所示。将此结果与图 3-15 对比，可见两者高度吻合。说明本次实习所实现的数值投影变换程序的精度是可靠的。学生可以对自己实习结果中的误差的大小和分布特征做进一步分析。

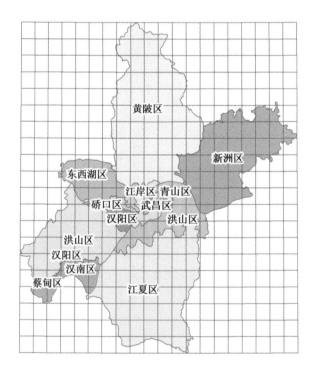

图 3-16　武汉市地图高斯-克吕格投影向 Lambert 投影的数值变换结果

三、实习要求

（1）掌握地图投影数值变换的数学原理。

（2）编程实现地图投影数值变换方法的求解程序，并上交计算结果及源代码。

（3）对数值投影变换结果进行误差分析。

第四章 地图语言实习

第一节 地图符号设计与制作

一、实习目的

（1）了解地图符号的概念和特征，以及地图符号的分类。

（2）熟悉基本的视觉变量，以及由于图形对象所采用的视觉变量的差异而引起的人的知觉感受。

（3）熟悉点、线、面符号设计的特点和方法，掌握用 CorelDRAW 制作点、线、面符号的方法和步骤。

（4）在掌握地图符号制作的基础上，学会建立地图符号库，管理和应用地图符号库。

二、实习内容

本次实习是在熟悉地图符号的基本理论之上，进行地图符号制作的练习。地图符号选用《国家基本比例尺地图图式 第 3 部分：1∶25000、1∶50000、1∶100000 地形图图式》（GB/T 20257.3—2017）中的地图符号。

地图符号按几何特征可分为点状符号、线状符号和面状符号。按符号与地图比例尺的关系可分为依比例符号、不依比例符号和半依比例符号。

1. 点状符号的制作

点状符号有很多种，现以医院符号为例，练习点状符号的制作，见表 4-1。

表 4-1 医 院 符 号

编号	符号名称	1∶25000 1∶50000 1∶100000		符号色值
		符 号 式 样	符 号 放 大 图	
4.3.31	医院	2.0 ◇ （1∶100000 图不表示）	1.8 2.0 ✚ 0.6 1.6	M100 Y100

该符号用来代指专门进行治疗和护理病人的具有一定规模的正式医疗服务场所。符号

式样旁边数字 2.0，表示符号外接圆的直径为 2.0mm，符号线划的粗细在一般情况下为 0.1mm。从符号放大图上可以看出，该符号为多个几何符号的组合叠加，是圆角正方形上面叠加了两个相互垂直的矩形。正方形的边长为 1.8mm，填充的符号色值为 M100 Y100，即红色；两个相互垂直的矩形的长度为 1.6mm，宽为 0.5mm，填充颜色为白色，该符号的定位点在符号的几何中心。

制作医院符号的方法和步骤如下：

（1）打开 CorelDRAW X7 软件，出现如图 4-1 所示的界面。

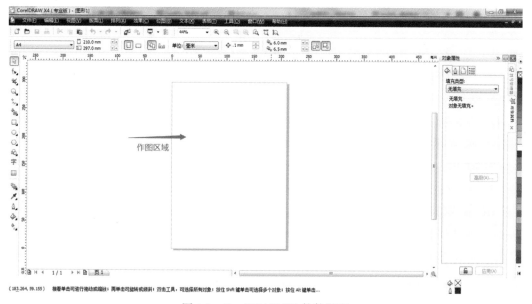

图 4-1　CorelDRAW X7 软件界面

（2）绘制圆形。选择工具栏中椭圆形工具（也可以按 F7 快捷键），同时按住 Ctrl 键和鼠标左键并移动光标，画出一个圆形（如果不按住 Ctrl 键画出来的是椭圆形），如图4-2 所示，设置圆形直径为 2mm，线的粗细为 0.1mm。

（3）绘制正方形。选择工具栏中矩形工具（也可以按 F6 快捷键），同时按住 Ctrl 键和鼠标左键并移动光标，在圆附近画出一个正方形（如果不按住 Ctrl 键画出来的是矩形），如图 4-3 所示，设置正方形的边长为 1.8mm，线的粗细为 0.1mm。

（4）绘制医院符号的外轮廓。使用左侧工具栏中最上方的选择工具，将圆形和正方形同时选中，选择上方菜单栏中的"对齐与分布"按钮（快捷键为 Ctrl+Shift+A），跳出对齐与分布对话框，同时选中"水平居中对齐"与"垂直居中对齐"，这样可以保证正方形的中心与圆的圆心是重合的，如图 4-4 所示。

正方形和圆形对齐之后，选中正方形，在上方菜单栏中点击倒棱角按钮，慢慢调试转角半径，可以发现，当转角半径为 0.6mm 时，与地图图式中的要求基本一致，如图 4-5 所示。

（5）绘制医院符号内部十字架。选中圆形，单击鼠标右键将圆形删除。选择左侧工具栏中手绘工具（也可以按 F5 快捷键），按住 Ctrl 键的同时点击鼠标左键并移动光标，

107

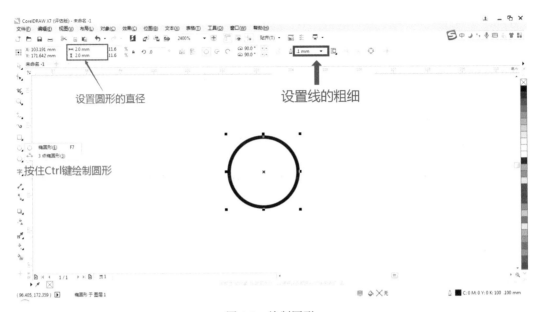

图 4-2　绘制圆形

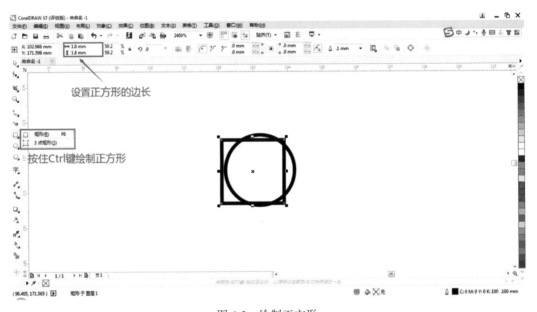

图 4-3　绘制正方形

在圆角正方形内部绘制一条实线，默认实线颜色为黑色，设实线的长度为 1.6mm，轮廓宽度为 0.5mm。鼠标左键选中实线，按住 Ctrl+C 键进行复制，再按住 Ctrl+V 键粘贴，这样就绘制了一条与原实线重合的实线，在上方工具条中将旋转角度设置为 90°，如图 4-6 所示。

　　将所有几何图形全部选中，在对齐与居中对话框中，同时选中"水平居中对齐"与

108

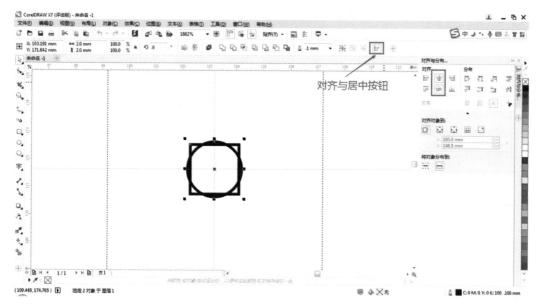

图 4-4　使正方形中心与圆心重合

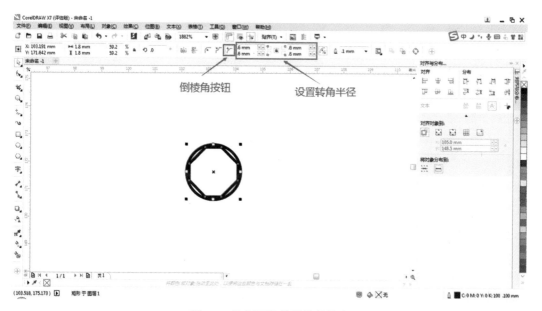

图 4-5　绘制医院符号的外轮廓

"垂直居中对齐"，如图 4-7 所示。

（6）符号设色。选中圆角正方形，点击上方菜单栏的"对象"，选择"对象属性"，在右侧会出现对象属性对话框，在此设置轮廓和填充色彩。点击轮廓颜色右边的下拉键，出现各种色彩选项，点击"更多"，出现调色板，在模型中选择 CMYK 模型，色彩属性中输入 M 值为 100，Y 值为 100 的色号，即红色，点击"确定"，把边框线设置成红色，如

图 4-6　绘制医院符号内部十字架

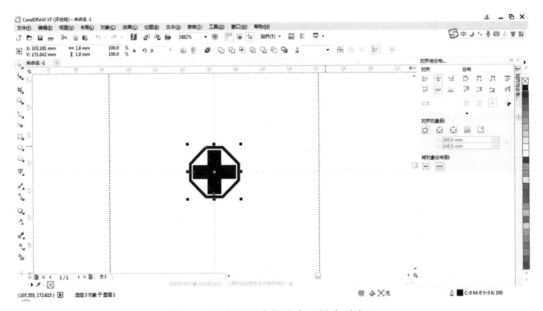

图 4-7　几何图形全部选中"居中对齐"

图 4-8 所示。

　　在填充设置中，点击"均匀填充"按钮，出现调色板，选择 CMYK 模型，色彩属性中输入 M 值为 100，Y 值为 100 的色号，点击"确定"，把圆角正方形内部填充成红色，如图 4-9 所示。

　　将图中相互垂直的两条黑色的实线，设置成为白色，由于这两条实线是线条，所以无

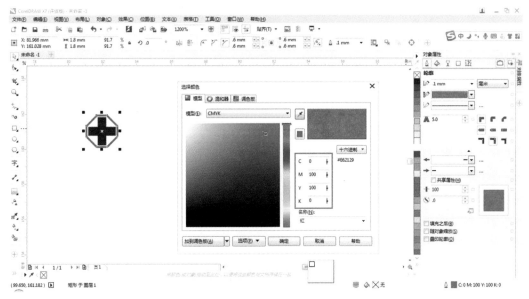

图 4-8　边框线设色

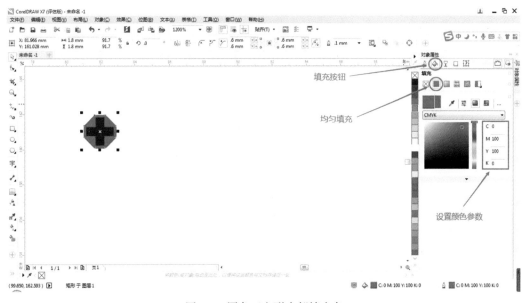

图 4-9　圆角正方形内部填充色

法用填充对两条黑色实线进行渲染，而应该用轮廓颜色，如图 4-10 所示。

（7）组合图形并将符号入库。点击鼠标左键将所有图案选中，点击上方菜单栏中组合对象按钮，将所有图案组合在一起，如图 4-11 所示。点击鼠标左键选中组合好的符号，右键选择"符号"→"新建符号"，如图 4-12 所示，跳出创建新符号对话框，如图 4-13 所示，命名为"医院"，点击"确定"。至此医院符号绘制完成，可在符号管理器中查看，

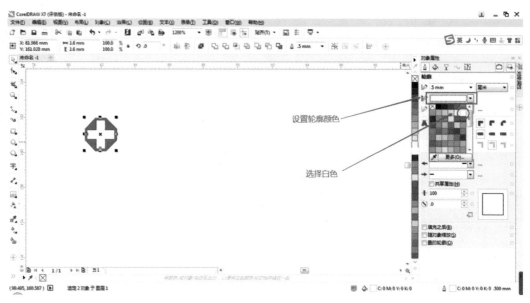

图 4-10   相互垂直的两条实线设色

图 4-11   符号图形组合

若右侧没有符号管理器窗口，则按住 Ctrl+F3 键，或者选中刚刚绘制好的符号，再点击鼠标右键选择"符号管理器"，都会跳出符号管理器窗口，如图 4-14 所示。

（8）符号调用。在上方菜单栏的文件中，选择保存，把设计的符号保存成单独的文件，命名为"我的符号库"，之后只要打开这个文件，就可以直接使用之前所有设计好的符号。打开"我的符号库"文件，点击上方菜单栏的文件，选择导入，显示一个窗口，

图 4-12　选择新建符号

图 4-13　符号入库

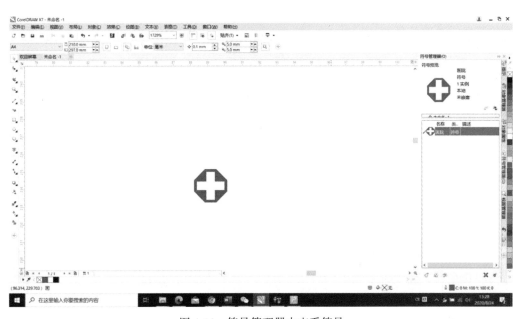

图 4-14　符号管理器中查看符号

选择地图所在文件夹，将底图导进来。在符号管理器中，直接将符号拖拽到底图中就可以使用，如图 4-15 所示。在符号管理器中，右键点击符号，也可以对符号进行管理，比如删除、重新绘制等。

图 4-15　符号调用

2. 线状符号的制作

地图线状符号有很多种，如交通网符号、境界符号和河流符号等。本节以铁路为例制作线状符号，铁路符号图式见表 4-2。

表 4-2　　　　　　　　　　　　　　铁 路 符 号

编号	符号名称	1∶25000 1∶50000 1∶100000		符号色值
		符 号 式 样	符号放大图	
4.4.1	标准轨铁路 a. 单线 b. 复线 c. 建筑中铁路	a 0.6 ——6.0—— ——6.0—— 6.0 b 0.6 ———— 0.6 6.0 c 0.6 ————		K70

下面以单线标准轨铁路为例，在 CorelDRAW 中绘制铁路线符号。在表 4-2 中，铁路线旁边的 0.6 表示符号线宽为 0.6mm，上方的 6.0 表示黑白间隔的黑色线条和白色线条的长度都为 6mm，填充的符号色值黑色为 K70。

（1）绘制实线。利用贝塞尔曲线工具绘制实线，实线默认颜色为黑色，改为 K70，设实线的宽度为 0.6mm，如图 4-16 所示。

114

设置线宽

图 4-16　绘制实线

（2）绘制虚线。选择上一步绘制的实线，按住 Ctrl+C 键进行复制，再按住 Ctrl+V 键粘贴，绘制一条与原实线重合的实线。将这条直线的宽度设置为 0.5mm，按住 F12 快捷键，跳出轮廓笔对话框，如图 4-17 所示。在轮廓笔对话框中，点击"编辑样式"按钮，如图 4-18 所示，弹出编辑线条样式对话框。编辑线条是通过拖动拉杆调整黑白方块的间隔和数量来完成的，单击编辑条中的小方块可以改变黑白颜色，编辑条中的第一个小方块必须是黑色，最后一个小方块必须是白色，通过移动"工"形条，可以调整线型样式的末端，得到多种式样的虚线。根据图式，铁路符号单元的组成应为 6 黑、6 白，如图 4-18 所示，点击"添加"，返回轮廓笔对话框，在样式下拉菜单中选择刚刚添加的虚线样式，点击"确定"。

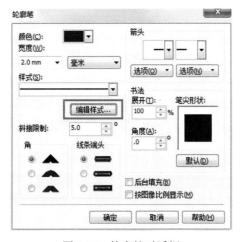

图 4-17　轮廓笔对话框

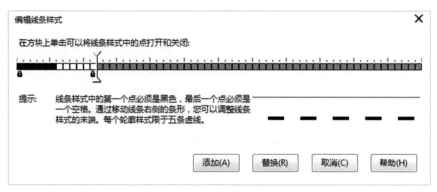

图 4-18　线条编辑样式对话框

再将实线和虚线组合起来，完成铁路符号的制作，如图 4-19 所示。

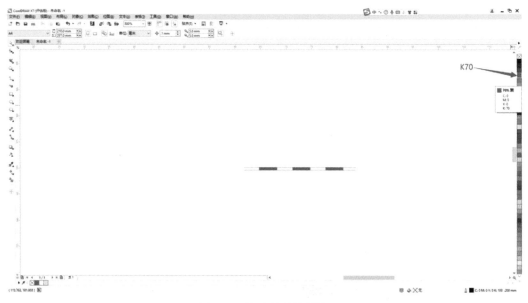

图 4-19　铁路符号的制作

（3）符号运用。点击手绘按钮，选择贝塞尔工具，把底图中的铁路线绘制出来，将线宽设置为 0.6mm，颜色改为 K70，按住 Ctrl+C 键复制，再按住 Ctrl+V 键粘贴，绘制一条与原曲线完全重合的曲线。将这条曲线的宽度设置为 0.5mm，将这条线的样式设置为图 4-18 的虚线样式，将这两条线组合起来即可，如图 4-20 所示。

同理，在制作其他线状符号时，如境界、公路和小路等，只要设计好线条样式，用贝塞尔曲线将底图中的地物绘制出来，然后根据需求设置线条样式、宽度、颜色等参数即可。

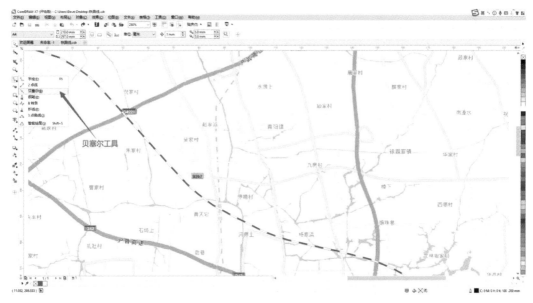

图 4-20　铁路符号的运用

3. 面状符号的制作

本节以旱地符号为例，见表 4-3，旱地地类界为虚线，内部填充着交错排列的符号。从旱地的符号式样可以看到，旱地的填充是由一个一个互相独立、完全相同的符号单元组成，符号单元的高度是 0.8mm，宽度为 1.5mm。符号之间是错位排列的，通过简单计算可知道符号单元之间的列间距是 10mm，行间距是 5mm，符号颜色为 C100 Y100。

旱地符号制作方法如下：

表 4-3　　　　　　　　　　　　　　旱地符号式样

编号	符号名称	1：25000 1：50000 1：100000		符号色值
		符 号 式 样	符号放大图	
4.8.2	旱地	0.8 ┊┊┊ ：5.0 ┊ 1.5 ┊ ：5.0		C100 Y100

（1）绘制地类界。旱地分布多是不规则形状，可以用贝塞尔曲线来绘制地块的边界，将闭合图形的线条样式修改为地类界符号，如图 4-21 所示。

（2）设计填充图案。选中闭合图形，单击左侧工具栏中的交互式填充按钮，上方工具栏会出现多种可供填充的方式，旱地符号设计需要用到双色图样填充。单击“双色图样填充”按钮，在按钮右侧会出现一些设置填充图案的工具。点击“第一种填充色或图样”的下拉菜单，下拉菜单中有很多不同的填充图案，点击“更多”按钮，跳出“双色

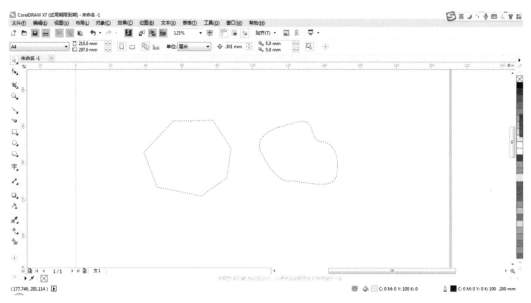

图 4-21　绘制地类界

图案编辑器"，如图 4-22 所示。

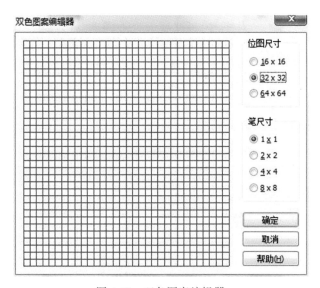

图 4-22　双色图案编辑器

　　"双色图案编辑器"提供三种不同像素的图案编辑框：16 像素编辑框、32 像素编辑框和 64 像素编辑框。在 64 位像素画框中，一个像素的宽约为 0.015mm，高约为 0.07mm。像素越多，绘制时间越长，绘出的符号也越细致，所占用空间也越大，一般是根据符号的不同要求来确定的。可以用不同尺寸的笔头开始作画，笔头尺寸可以根据所要绘的符号粗细来决定，绘细的符号用 1×1 尺寸的笔，绘粗一点的符号可用 2×2 或 4×4 尺寸的笔。单击左键产生一个黑色像素，单击右键就可以删除一个黑色像素。绘垂直线或平行线时，如果按住左键或右键不松手，便能连续绘线或删线，从而大大提高绘图速度。

根据符号式样中所要求的旱地填充符号的长度和高度以及与符号间的间距关系，确定符号横线长为 10 个像素，竖线长为 11 个像素，画笔用 1×1，点击"确定"，如图 4-23 所示。

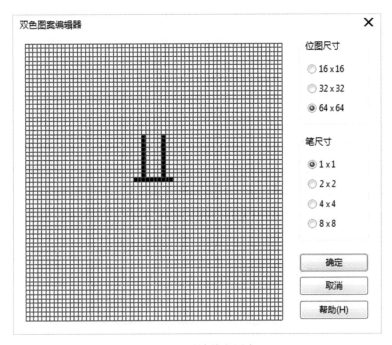

图 4-23　设计填充图案

（3）设置符号颜色以及符号间的相对位置。点击上方菜单栏中的编辑填充按钮或者按 F11 快捷键，弹出"编辑填充"窗口。在"编辑填充"窗口最左侧一栏中，有前景颜色和背景颜色，在"编辑填充"窗口最右侧"变换"那一栏中，有填充宽度、填充高度、水平位置、垂直位置、倾斜、旋转、行或列偏移，如图 4-24 所示。

在"前景颜色"下拉菜单中，点击"更多"，弹出"选择颜色"窗口，输入颜色参数 C100 Y100，点击"确定"，如图 4-25 所示。

按照符号式样的要求，填充宽度设置为 10mm，填充高度设置为 5mm，列偏移设为 50，如图 4-26 所示。

（4）调整图案的填充位置。符号图案填充后，符号在边界出现了部分压盖的情况，如图 4-27 所示。

此时需要对填充符号进行位置调整，选中旱地符号，点击左侧工具栏中的"交互式填充工具"按钮，旱地符号会出现类似直角坐标系的工具，如图 4-28 所示。左键点击菱形进行拖动，可调整填充符号的位置，拖放到边界无符号压盖的位置即可，如图 4-29 所示。此时设计好的填充图案会自动添加到填充样式中，需要时可以直接调用。

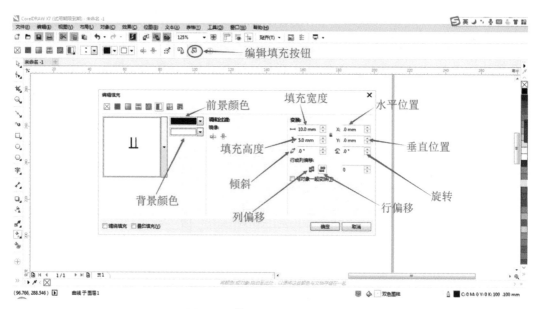

图 4-24　符号间的相对位置设置

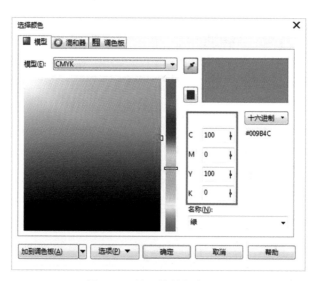

图 4-25　旱地符号颜色设置

三、实习要求

（1）对实习内容进行练习，掌握地图符号的制作方法，理解地图符号的概念特征。

（2）在地图符号制作的基础上，熟悉符号设计的基本要求和设计原则，体会地图符号设计中如何利用视觉变量进行要素表达，以增强人的阅读感受效果。

（3）在 CorelDRAW 中制作表 4-4 中的点、线、面地图符号，所制作的符号文件以 *.cdr格式存储并提交。

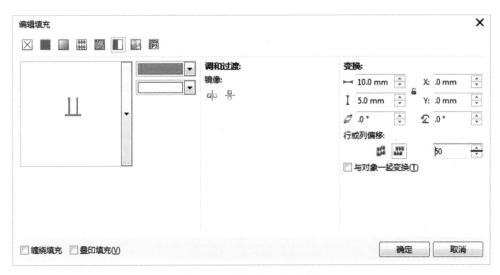

图 4-26　旱地填充参数设置

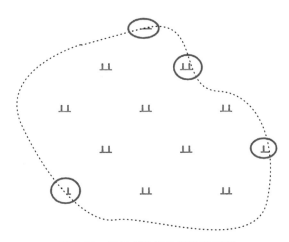

图 4-27　符号在边界处部分被压盖

表 4-4　　　　　　　　　　　　地形图中点、线、面符号

4.3.48	钟楼、鼓楼、城楼、古关塞	1.4 ⌂	1.4 / 0.7 / 1.4 / 0.8	K100
4.6.2	省级行政区界线和界标	2.7　2.7　　0.8 0.35		K100
4.8.1	稻田	1.5　5.0 0.6　5.0	30° / 0.6	C100 Y100

121

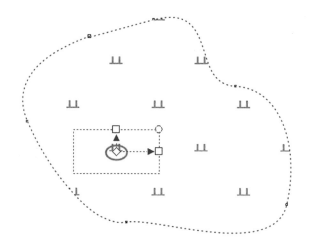

图 4-28　旱地符号会出现类似直角坐标系的工具

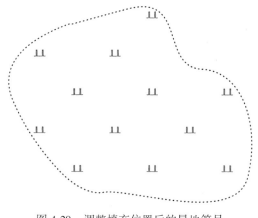

图 4-29　调整填充位置后的旱地符号

（4）实习报告内容包括实习目的、实习内容、实习步骤、实习成果分析和实习体会等。要求结构合理、图文并茂，字数不少于 1000 字。

第二节　电子地图符号设计与制作（运用扩展视觉变量）

一、实习目的

（1）以基于 Animate 软件进行动态地图符号制作为例，帮助学生掌握电子地图符号设计与制作的方法与步骤。

（2）在电子地图制作中，为描述对象的动态特征，可采用发生时长、变化速率、变化次序和节奏等扩展视觉变量来表达动态符号，这种表达其实还是借助符号的基本视觉变量来描述的，属于复合变量。

（3）电子地图动态符号包括点、线、面符号，主要表示方法有闪烁、渐变显示、改变符号的属性特征、改变符号的位置、鼠标点击后符号显示、增加特效显示、符号扩张变化等来表达要素的动态变化。

二、实习内容

1. 点状动态符号的制作

1）点状动态符号设计

在二维动画地图中，常用点状动态符号强调表示呈点状分布的地理现象及其属性特征。

点状符号的表示方法主要有闪烁、渐变显示、改变符号的属性特征、改变符号的位置、鼠标点击后符号显示、增加特效显示、按时间先后显示等。例如，使用符号的渐变制作闪烁的雷达符号，如图 4-30 中（1）、（2）、（3）依次渐变所示。

(1)　　　　　　　(2)　　　　　　　(3)

图 4-30　点状动态符号表示方法

2）点状动态符号的制作

以图 4-30 为例，制作动态雷达符号。启动 Animate 软件后，新建一个空白场景，如图 4-31 所示。

图 4-31　空白场景

在对动态的雷达图标进行构思分析之后，可以采用两个图层对此图标进行设计，一个图层是雷达图标的静态部分的地图图层，另一个则是有关动态闪烁的图层。在完成上述构思之后，开始进行图标的绘制。

在时间轴上新建两个图层，分别命名为静态雷达、红色电波，如图 4-32 所示。

图 4-32　建立图层

选中静态雷达的图层，然后在舞台上开始绘制出设计好的雷达图标，绘制完成后即可得到静态的雷达图，如图 4-33 所示。

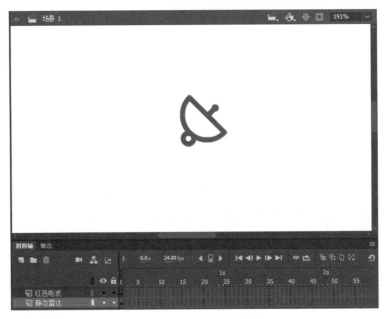

图 4-33　静态雷达图的制作

将光标移动到静态雷达图层中的第 30 帧处，使用快捷键 F6 插入关键帧，用来设定动画在时间轴上播放的总长度，如图 4-34 所示。

开始进行红色电波图层的绘制工作，将光标移到此图层的第 10 帧处，使用快捷键 F6 插入关键帧，然后在此处绘制出第一条电波线，如图 4-35 所示。

同理，我们将光标移动到第 20 帧处再进行相同的操作，同时绘制出需要的第二条电

图 4-34　设定动画的总时长

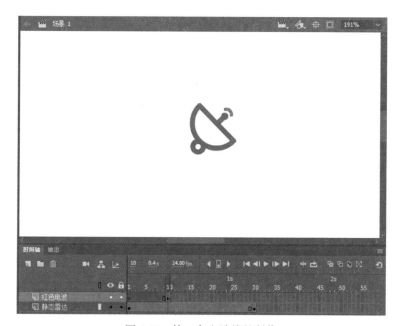

图 4-35　第一条电波线的制作

波线，如图 4-36 所示。

　　将光标移到第 30 帧处，直接使用快捷键 F6 继续插入关键帧，就完成所有的动画制作，此时使用快捷键 Ctrl + Enter 就可以发布制作的图像。制作完成之后对文件进行保存即可。

　　2. 线状动态符号的制作

　　1）线状动态符号设计

　　在二维动画地图中，线状动态符号可以用来表示呈线状分布的要素的属性特征及其运动和变化的过程，如行进的路线、人口的迁移、河流的变化等动态地理现象的变化过程，采用线状动态符号表达，具有更生动的效果。

　　线状动态符号的表示方法主要有闪烁、渐变显示、改变符号的属性特征、改变符号的位置、鼠标点击后符号显示、增加特效显示、箭头符号动线法、线状符号的自动蔓延等。图 4-37 是某行进路线的二维动画地图的几个关键帧表达。

　　2）使用形状补间功能制作线状动态符号

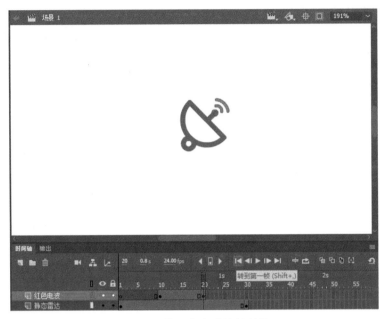

图 4-36　第二条电波线的制作

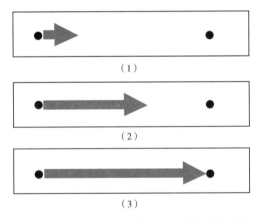

（1）

（2）

（3）

图 4-37　某行进路线的二维动画地图的关键帧表达

在开始制作动态符号之前，对此动态符号进行分析可知，线状动态符号包含了起点与终点位置、线状符号和箭头等内容，可用三个图层来分别表达这三个方面的内容，其中底图图层可以用来加载基础底图，获得动态线状符号的起始位置和终止位置，线图层用来绘制动态线，三角形图层用来制作箭头。

新建一个空白的舞台，在时间轴下方新建三个图层，分别命名为底图、线条、三角形，如图 4-38 所示。

在底图图层中的第一帧处选取两个点分别作为运动线的起点与结束点，如图 4-39 所示。然后在底图图层的时间轴上的第 48 帧处（2 秒）使用快捷键 F6 插入关键帧，这里使用 2 秒（48 帧）作为动画的总时长，是因为能够得到一个比较合适的动画显示效果。总

126

图 4-38　线状动态符号的图层

时长的选取取决于设计，对于在图层中同样的长度距离变化，使用不同的总时长，会拥有不同的动画速度，总时长选取得越大，动画的运动速度就会越慢。

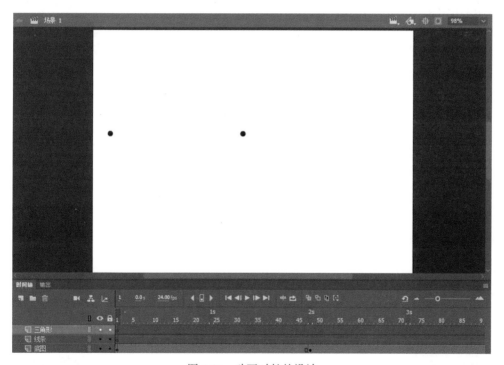

图 4-39　动画时长的设计

　　分别在线条图层的第一帧和三角形图层的第一帧位置处绘制出起始的短线条和三角形箭头，如图 4-40 所示。

　　进行结束点的图形绘制，分别在三角形图层和线条图层的第 48 帧（2 秒）处使用快捷键 F6 插入关键帧，在得到的图形基础上使用选择工具更改三角形的位置和线条长度，最终绘制出位于结束点处的线的形态和箭头图形，如图 4-41 所示。

　　用鼠标选中三角形图层和线图层中第 1 帧到第 48 帧的时间轴，然后点击鼠标右键，

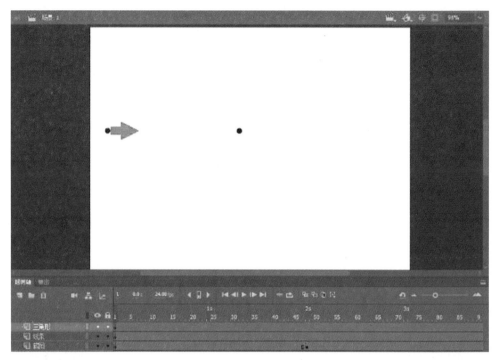

图 4-40　起始点的图形制作

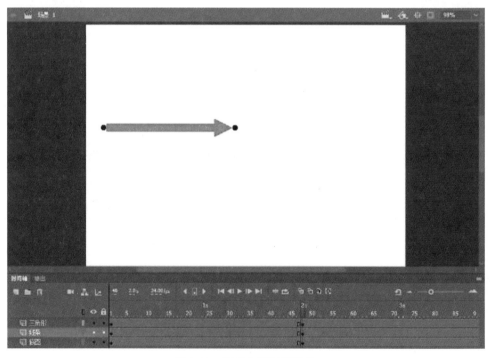

图 4-41　结束点的图形制作

在弹出的选项卡中选择"创建形状补间动画"即可，时间轴如图 4-42 所示。此时使用快捷键 Ctrl + Enter 就可以发布制作的图像。制作完成之后就可对文件进行保存。

图 4-42　时间轴

3）使用 Animate 中的 ActionScript 代码来绘制动态符号

如果线状符号的运动轨迹为直线，采用形状补间功能制作比较方便，但大多数时候，线的运动轨迹并不为直线。为了能够流畅地绘制出所需的动态曲线，可以使用 Animate 中的 ActionScript 代码来绘制。现在以绘制洋流曲线为例，如图 4-43 所示，采用 ActionScript 代码来绘制。

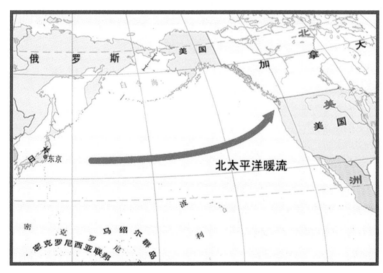

图 4-43　北太平洋暖流的表示

对图 4-43 进行分析，可采用三个图层来进行制作，分别是底图图层、洋流名称图层、洋流线图层。

将准备的地图作为底图图层，假设底图的宽度为 600px，高度为 400px。打开 Animate，新建一个宽度是 600px，高度为 400px 的空白舞台；点击"文件"，在"导入"选项卡中选择"导入到舞台"，将宽度为 600px，高度为 400px 的底图导入舞台后，调整图片的位置，使其与舞台完全对齐，同时将此图层进行重新命名为"背景"。然后新建"线条"图层和"文字"图层，分别命名为"洋流线"和"洋流名称"，如图 4-44 所示。

开始对洋流线图层添加动作，此处将使用 ActionScript 代码来进行绘制。

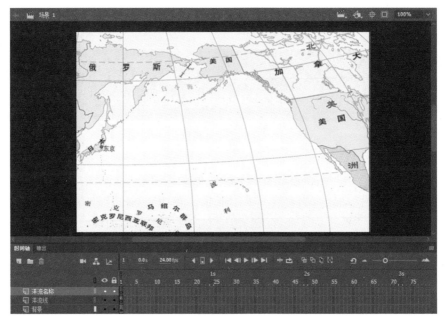

图 4-44　导入底图后的图层

绘制线条的代码如下：

```
import flash.geom.Point;
import flash.display.Sprite;
import flash.display.Shape;

//startPointX:起始点的 x 坐标
//startPointY:起始点的 y 坐标
//endPointX:终点的 x 坐标
//endPointY 终点的 y 坐标
//controlPointX:控制点的 x 坐标
//controlPointY:控制点的 y 坐标
//lineWidth:线宽

function drawDynamicLine ( startPointX, startPointY, endPointX,
endPointY, controlPointX, controlPointY, lineWidth) {
    //三个基础的控制点
    var startPoint: Point = new Point(startPointX, startPointY)
    var endPoint: Point = new Point(endPointX, endPointY)
    var controlPoint: Point = new Point(controlPointX, controlPointY)
    var lineWidth: Number = lineWidth ||5
    //设置线条的形状
```

```
function line(lineWidth) {
    var linePen: Shape = new Shape()
    linePen.graphics.lineStyle(lineWidth, 0xff0000, 1)
    stage.addChild(linePen)
    return linePen
}
var linePen = line(lineWidth)
//贝塞尔曲线
function bezierCurve(p0, p1, p2, time) {
    var t = time /1000
    var k = 1 - t
    return k * k * p0 + 2 * k * t * p1 + t * t * p2
}
//贝塞尔曲线导数
function bezierCurveDer(p0, p1, p2, time) {
    var t = time /1000
    var k = 1 - t
    return 2 * (k * (p1 - p0) + t * (p2 - p1))
}
//绘制三角形
function triangle(lineWidth: Number) {
    var mc: Sprite = new Sprite()
    stage.addChild(mc)
    mc.x = -50
    mc.y = -50
    mc.graphics.beginFill(0xff0000)
    mc.graphics.moveTo(0, -lineWidth)
    mc.graphics.lineTo(0, lineWidth)
    mc.graphics.lineTo(2 * lineWidth, 0)
    mc.graphics.endFill()
    return mc
}
var mc = triangle(lineWidth)
var currentPoint = new Point()
currentPoint.x = startPoint.x
currentPoint.y = startPoint.y
var t = 0
//绘制贝塞尔的动态曲线
function fn() {
```

```
            linePen.graphics.moveTo(currentPoint.x, currentPoint.
y)
            var x=bezierCurve(startPoint.x, controlPoint.x, endPoint.
x, t)
            var y=bezierCurve(startPoint.y, controlPoint.y, endPoint.
y, t)
            linePen.graphics.lineTo(x, y)
            var theta = 180 /Math.PI * Math.atan2(bezierCurveDer
( startPoint.y, controlPoint.y, endPoint.y, t ), bezierCurveDer
(startPoint.x, controlPoint.x, endPoint.x, t))
            mc.rotation = theta
            mc.x = x
            mc.y = y
            currentPoint.x = x
            currentPoint.y = y
            if (t > 1000) {
                clearInterval(set)
                setTimeout(again, 4000)
                function again() {
                    mc.graphics.clear()
                    linePen.graphics.clear()
                    t = 0
                    mc = triangle(lineWidth)
                    mc.x = -50
                    mc.y = -50
                    currentPoint.x = startPoint.x
                    currentPoint.y = startPoint.y
                    linePen = line(lineWidth)
                    set = setInterval(fn, 0.002)
                }
            }
            t++
        }
    var set = setInterval(fn, 0.002)
}
//调用函数,输入函数的起点,终点,控制点,线宽
drawDynamicLine(130,236,420,170,370,235,10)
```
在利用以上代码进行线条绘制时,需要确定绘制的起点的横坐标,终点的纵坐标,控制点的横纵坐标,以及线条的宽度。在获取点的坐标时,使用快捷键 Ctrl + I 即可显示其

详细信息，以获取起点横纵坐标为例，如图 4-45 所示。

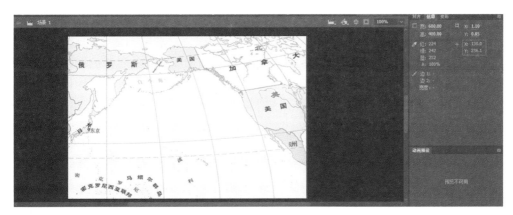

图 4-45　起点的坐标信息显示

　　利用以上方法获取到起点的坐标是（130，236），路径控制点的横纵坐标为（370，235），终点的横纵坐标（420，170），同时确定线的宽度为 10px。将光标移动到洋流线图层的第一帧处，点击鼠标右键，在弹出的选项卡中选择动作，将上面的代码放入编辑器中，作图时可将最后一行代码中的三个坐标更改为指定的坐标。

　　关闭动作代码输入窗口，用鼠标点击洋流图层的第一帧，选中之后，使用文本工具在合适的位置写上对应洋流的名称，如图 4-46 所示。

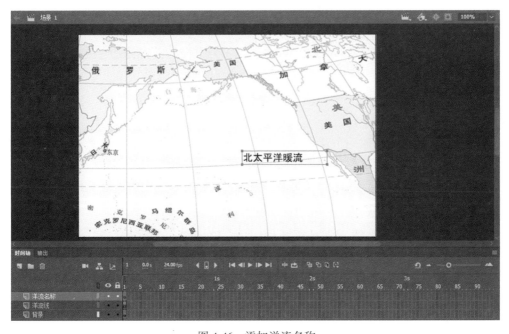

图 4-46　添加洋流名称

完成了以上步骤，即可使用 Ctrl + Enter 快捷键进行发布操作，来查看符号制作的结果。

3. 面状动态符号的制作

在二维动画地图中，面状动态符号可以用来表示呈面状分布的要素的属性特征及其运动和变化的过程，如污染扩散、地域被占领、区域扩张、洪水泛滥等动态地理现象的变化过程，还可以用来对比区域的属性特征，如人口数量的对比、地区 GDP 的对比、地区之间降雨量的对比等。

1）面状动态符号的设计

面状动态符号的表示方法主要有闪烁、渐变显示，具体操作有改变符号的属性特征，改变符号的位置、鼠标点击后符号显示、增加特效显示、符号扩张变化等。通常依据 Animate 中的形状补间技术实现形状渐变，依据 Animate 中的逐帧动画技术实现逐级层套的扩张变化效果，如图 4-47 所示。

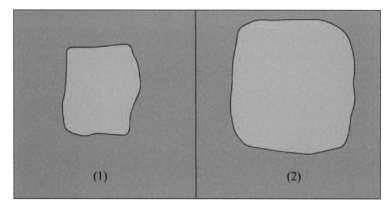

图 4-47 某沙漠地区范围内绿植面积扩大图

2）面状动态符号的制作

首先，打开软件，新建一个宽和高都为 300px 的空白场景，设置沙漠背景。在属性栏中，将舞台的颜色设置为黄色（#B87C0E），如图 4-48 所示。

背景颜色设置完毕后，在此图层的第一帧处，选择工具栏中的钢笔工具，使用钢笔工具绘制出初始图形的面积区域，如图 4-49 所示。

然后，在工具栏中选择油漆桶工具，使用其为内部填充绿色（#33FF66），代表植被的面积范围，如图 4-50 所示。

将光标移动到第 48 帧（2 秒）处，此处的时间需选择，也是按照设计变化速度来确定的，使用快捷键 F6 插入关键帧，先使用钢笔工具将第二个面积图绘制出来，如图 4-51 所示。删除中间存在的部分，如图 4-52 所示。

其次，再使用油漆桶将指定的区域填充为绿色（#33FF66），如图 4-53 所示。

在时间轴上使用鼠标双击选中第一帧到第 47 帧，点击鼠标右键选择"创建补间形状"，如图 4-54 所示。

图 4-48　设置沙漠背景颜色

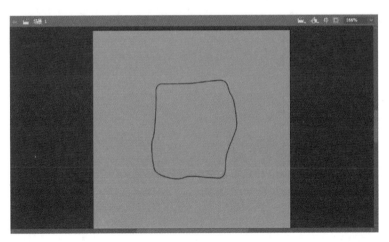

图 4-49　第 1 帧处的面积图形

在第 72 帧处插入关键帧，使动画达到 1 秒的停顿效果，如图 4-55 所示。
此时即可使用 Ctrl + Enter 快捷键进行发布操作，来查看符号制作的效果。

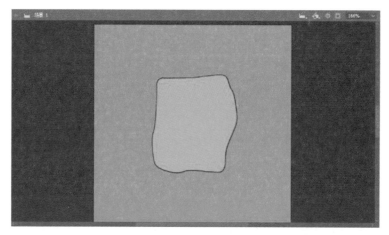

图 4-50　填充植被绿色

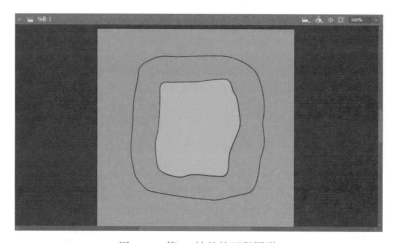

图 4-51　第 48 帧处的面积图形

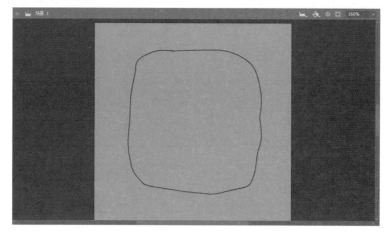

图 4-52　删除后的图形

136

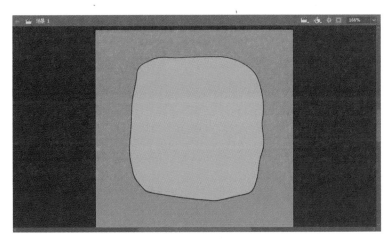

图 4-53　填充绿色的最终面积图形

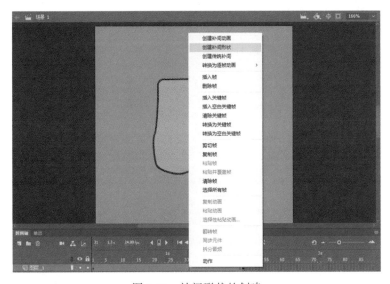

图 4-54　补间形状的创建

图 4-55　延时的设置

三、实习要求

（1）对实习内容进行练习，初步掌握电子地图动态符号的制作方法。

（2）按照实习内容介绍电子地图动态符号的设计与制作方法，设计制作图 4-56 中的点、线、面动态符号，要求提交∗.swf文件。学生可以对图中的动态地图符号设计方案进行改进和完善，并说明理由。

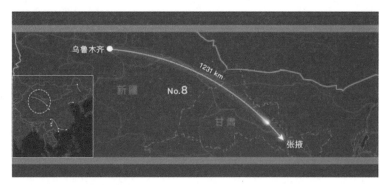
（a）用线状动态地图符号表示乌鲁木齐到张掖的飞行距离

（b）用点、面状动态地图符号表示清远市县市城市分布和清远市行政范围

图4-56　用动态地图符号表示地图要素

（3）通过上述实习，简述动态符号主要有哪几种表现方式，如何利用Animate软件制作。

（4）实习报告内容包括实习目的、实习内容、实习步骤、实习成果分析和实习体会等。实习报告要求结构合理、图文并茂，不少于1000字。

第三节　色彩调配基础

一、实习目的

（1）通过本次实习，深刻了解色彩的基本概念、色彩三属性和色彩模型，初步掌握利用 CorelDRAW 进行各种色彩调配的基本方法。

（2）深入了解色彩搭配的基本原则和基本规律，运用 CorelDRAW 进行各种色彩搭配的实验，加深理解色彩相互作用效果、色彩的协调和平衡性，增强对色彩的感受能力。

（3）加深理解色彩搭配的各种心理感受效果，为进一步研究地图色彩设计打下基础。

二、实习内容

1. 色彩的基本概念

色彩是所有颜色的总称，它包括两部分：无彩色系和有彩色系。"无彩色系"（消色）是指黑、白以及介于两者之间各种深浅不同的灰色。"有彩色系"（彩色）是指红、橙、黄、绿、青、蓝、紫等色。一切不属于消色的颜色都属于彩色。无彩色系的颜色只有明度特征，没有色相和饱和度特征。有彩色系的颜色具有三个基本特征：色相、明度、饱和度，在色彩学上也称为色彩的三属性，色相是指色与色的差别，明度是指颜色本身的明暗程度，纯度是指颜色的鲜艳程度。

2. 明度对比练习

将同一色相、相同饱和度、不同亮度的颜色按从暗到明依顺序分十级绘出，观察并体会不同明度的色彩给人的感受。

（1）打开 CorelDRAW，新建文件，使用"工具栏"→"矩形工具"制作 10 个长方形，并选择"属性栏"→"对其与分布"将长方形对齐，并设置相同间距。

（2）选择"菜单栏"→"窗口"→"泊坞窗"→"彩色"，打开颜色泊坞窗。

（3）采用 HSB 颜色模式，设定一个固定的 H（色相），如将 H 设定为 0，则表示该颜色为红色，S 饱和度设为 100（图 4-57）。

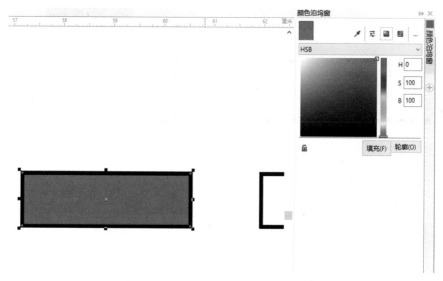

图 4-57　采用 HSB 颜色模式固定色相值

（4）将 10 个长方形的颜色都设置为 H "0"，S "100"，第一个色块 B（亮度）设为10，其余色块 B 以 10% 间隔依次递增，并填充。

（5）选中所有矩形并将轮廓设置为无，得到同种色之间的明度对比效果（图 4-58）。

图 4-58　同种色之间的明度对比效果

3. 饱和度对比练习

将同一色相、相同亮度的颜色按饱和度高低分十级依次绘出，观察色相相同、明度相同、饱和度不同的色彩感受效果。

（1）打开 CorelDRAW，新建文件，使用 "工具栏" → "矩形工具" 制作 10 个长方形，并将长方形对齐，并设置相同间距。

（2）选择 "菜单栏" → "窗口" → "泊坞窗" → "彩色"，打开颜色泊坞窗，选择 HSB 颜色模式，设定一个固定的 H（色相），如将 H 设定为 0，则表示该颜色为红色，明度 B 都设为 100（图 4-59）。

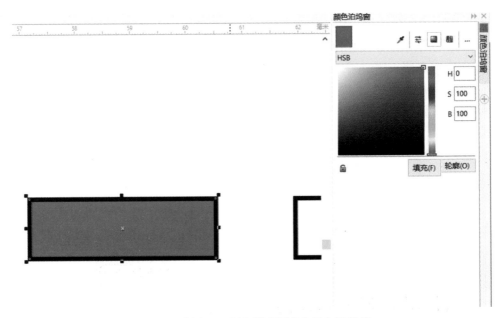

图 4-59　采用 HSB 颜色模式固定色相和明度值

（3）使 10 个长方形的颜色饱和度依次递减，第一个色块 S（饱和度）设为 100，其余色块 S 以 10% 间隔依次递减填充。

（4）选中所有矩形并将轮廓设置为无，得到饱和度变化对比效果（图 4-60）。

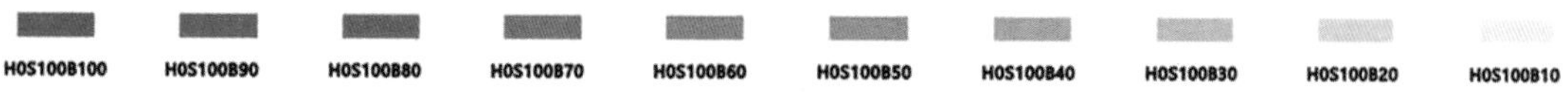

| H0S100B100 | H0S100B90 | H0S100B80 | H0S100B70 | H0S100B60 | H0S100B50 | H0S100B40 | H0S100B30 | H0S100B20 | H0S100B10 |

图 4-60　饱和度变化对比

4. 间色与复色的调配练习

采用 CMYK 色彩模式，将三原色青、品红、黄两两等量混合，分别得到红、绿、蓝三种间色，再将此三间色分别与构成它的两种原色等量混合得到六种间色，例如：原色品红（C0 M100 Y0 K0）和黄（C0 M0 Y100 K0）混合得到间色红（C0 M100 Y100 K0）；红（C0 M100 Y100 K0）与黄（C0 M0 Y100 K0）混合得到复色橙，颜色设置为 C0 M50 Y100 K0；在调配的间色中添加第三种原色得到复色，观察调配之后的颜色变化。

（1）打开 CorelDRAW，点击"菜单栏"→"对象"→"对象管理器"和"工具栏"→"颜色泊坞窗"，调出对象管理器和颜色泊坞窗。

（2）将画布分为三个区域，分别在每个区域上方添加文字：原色、间色和复色。在原色区域下方区域绘制三个矩形，分别进行填色：青（C100 M0 Y0 K0）、品红（C0 M100 Y0 K0）、黄（C0 M0 Y100 K0），在下方添加文字标注出其 CMYK 值。

（3）在间色区域下方绘制两个矩形将其部分相交，选中两个矩形，点击属性栏中的相交图标，生成相交曲线。选中两个矩形和相交后生成的曲线，点击鼠标右键→"组合对象"，将其组合以方便查看；点击右侧的对象管理器，将对象群组打开，将曲线置于两个矩形上方，可以看到两个相交的矩形，再复制两个相交矩形将其对齐。

（4）将三原色两两等量混合，对每个组合里的矩形和曲线中分别进行填色：例如原色青（C100 M0 Y0 K0）和品红（C0 M100 Y0 K0）混合得到间色蓝（C100 M100 Y0 K0），并在下方标注其 CMYK 值。

（5）按照（3）在间色区域右下方再绘制 6 个组合图形，与左边对齐，将左方间色分别与构成它的两种原色等量混合得到 6 种间色，例如：红（C0 M100 Y100 K0）与黄（C0 M0 Y100 K0）混合得到间色橙，颜色设置为 C0 M50 Y100 K0，并在下方标注其 CMYK 值。

（6）在复色区域下方绘制三个矩形，与左边对齐，用颜色滴管拾取左方间色将其填入最右边矩形，选中矩形并按住 Ctrl 键，点击 CMYK 调色板中的第三种原色，得到混合的复色。点击颜色泊坞窗中的颜色滴管，移动到复色矩形中，可以看到颜色的 CMYK 值，在矩形的下方标注出其 CMYK 值。

（7）选中所有矩形并将轮廓设置为无，得到间色、复色调配结果，如图 4-61 所示。

5. 色相环制作练习

制作 RGB 色相环与 CMYK 色相环，增强对色彩的认识。

（1）新建一个 CorelDRAW 文件，点击"菜单栏"→"对象"→"对象管理器"，打开对象管理器。

（2）制作圆环。点击椭圆工具并按住 Ctrl 键拖动鼠标画一个正圆，复制这个正圆，按 Shift 键往中心缩小，同时选中两个圆，点击属性栏中的修剪图标，删除中间圆形，得到圆环。

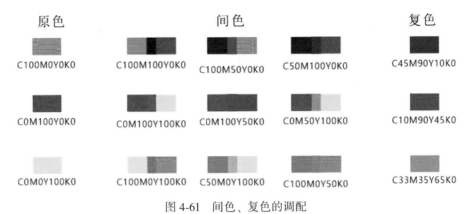

图 4-61　间色、复色的调配

（3）用 2 点线工具在同心圆中心画一条垂直的直线，复制直线，点击"菜单栏"→"对象"→"变换"→"旋转"，调出变换窗口，对复制的直线分别以 30°、60°、90°、120°、150°的旋转角度把同心圆分成 12 等份。

（4）分割圆环。选择所有直线，点击右键组合对象，选中直线的对象群组，按住 Shift 键选择圆环曲线，点击"修剪"，得到直线与圆环相交的曲线；删除直线群组，选中圆环曲线，按快捷键 Ctrl+K 打散，得到分割的圆环。

（5）调整圆环的旋转角度。选中所有曲线，点击"对象"→"变换"→"旋转"，将圆环旋转-15°；再复制这个对象群组，将两个群组对齐，分别在两个群组中添加文字："RGB 色相环"和"CMYK 色相环"。

（6）RGB 色相环填色。选择 RGB 颜色模型，将 0°、120°、240°方向上的色块填充为红（R255 G0 B0）、绿（R0 G255 B0）、蓝（R0 G0 B255）三原色；将两原色之间的三个色块中，正中间的填充相邻两原色等比混合的间色，如红绿之间填充黄色（R255 G255 B0）、红蓝之间填充品红（R255 G0 B255）、蓝绿之间填充青色（R0 G255 B255），剩下的两个色块，为相邻间色与原色调配而成的间色，如红（R255 G0 B0）和品红（R255 G0 B255）之间的间色为 R255 G0 B127，相当于两原色红与蓝的配比为 2∶1 的间色，以同样的方式对 RGB 色相环中的其他色块进行填充。

（7）CMYK 色相环填色。选择 CMYK 颜色模型，将 0°、120°、240°方向上的色块填充为青色（C100 M0 Y0 K0）、品红（C0 M100 Y0 K0）、黄（C0 M0 Y100 K0）三原色；将两原色之间的三个色块中，正中间的填充相邻两原色等比混合的间色，如青色与品红之间填充蓝色（C100 M100 Y0 K0）、青色和黄色之间填充绿色（C100 M0 Y100 K0）、黄色与品红之间填充红色（C0 M100 Y100 K0），剩下的两个色块，为相邻间色与原色调配而成的间色，如红（C0 M100 Y10 0K0）和品红（C0 M100 Y0 K0）之间的间色为 C0 M100 Y50 K0，相当于两原色黄与品红的配比为 2∶1 的间色，以同样的方式对 CYMK 色相环中的其他色块进行填充。

（8）选中所有图形并将轮廓设置为"无"，得到两个色彩模式的色相环，如图 4-62 所示。

图 4-62　制作的 RGB 色相环与 CMYK 色相环

三、实习要求

（1）通过色相环的制作、色彩的对比练习，加深色彩三属性的变化理解，包括色彩模型，掌握间色、复色等基本概念，初步掌握颜色选择的基本方法。

（2）通过色彩的对比和调和实验，深入理解色相对比的变化规律，掌握色彩调和的一些基本手法，能够基于 CorelDRAW 进行色彩调配，加深理解色彩的各种心理感受效果、色彩相互作用效果、色彩的协调和平衡性，为地图色彩设计打下基础。

（3）在进行实践练习时，一方面，要仔细阅读课本中有关色彩的理论基础知识，对一些规律和方法了然于胸；另一方面，在实践过程中要注意色彩知识的运用，注意培养认真细致、一丝不苟的作业态度，勤于总结和归纳利用 CorelDRAW 调色的规律和技巧。

（4）实习结果以＊.cdr 格式上交。实习报告内容包括实习目的、实习内容、实习步骤、实习成果分析和实习体会等。要求结构合理、图文并茂。

第四节　地图色彩调配

一、实习目的

（1）在色彩调配基础上，通过本次实习，深刻了解地图色彩的要求和特点。

（2）利用 CorelDRAW 进行各种地图色彩配色练习，逐步掌握地图色彩设计的方法。

（3）在实践的基础上，体会地图色彩能增强视觉表达效果，提高地图色彩的设计表达能力。

二、实习内容

1. 点状地图符号设色练习

观察分析图 4-63、图 4-64 中点状符号的设色方法，练习图4-63中点状地图符号设色，如果你认为有不满意的符号颜色，可以进行改进，并说明理由。

2. 线状地图符号设色练习

观察分析图 4-65、图 4-66 中线状符号的设色，总结线状符号的设色方法。练习图 4-

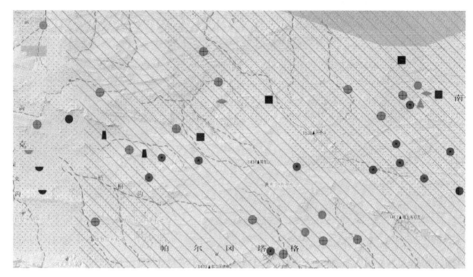

图 4-63　点状地图符号的色彩设计

图 4-64　点状地图符号图例

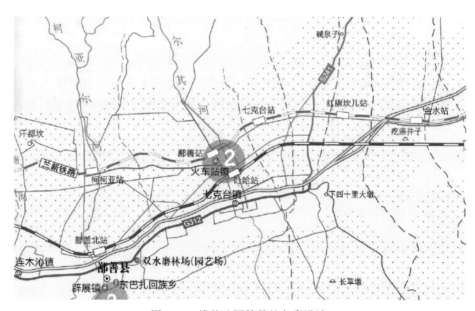

图 4-65　线状地图符号的色彩设计

144

65 中的高铁、铁路、高速公路、国道、省道等线状符号的设色，如果你认为有不满意的符号颜色，可以进行改进，并说明理由。

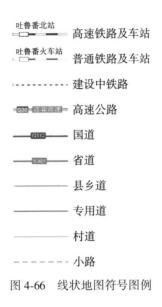

图 4-66　线状地图符号图例

3. 面状地图符号设色练习

观察分析图 4-67 中行政区划的面积设色，总结面状符号的设色方法。练习图 4-67 中每个行政区划的面积设色，如果你认为有不满意的面积颜色，可以进行改进，并说明理由。

图 4-67　1977 年湖北省行政区划图的色彩设计（面状符号色彩设计）

三、实习要求

（1）认真阅读教材中地图色彩设色的理论部分，运用 CorelDRAW 完成实习内容中的地图符号设色练习。

（2）可以阅读色彩设计优秀的地图作品，吸取前人的经验，同时也要注意独立思考，敢于创新设计地图色彩。

（3）完成实习内容，对于你自己不满意的符号颜色进行改进，详细说明改进的原因和理由。

（4）以＊.cdr 格式上交作业成果；实习报告内容包括实习目的、实习内容、实习步骤、实习成果分析和实习体会等。要求结构合理、图文并茂。

第五节　地图注记设计

一、实习目的

（1）进一步理解地图注记的作用、地图注记的种类及要素。
（2）掌握地图注记的制作方法、地图注记的设计和布置原则。

二、实习内容

对实验图幅（图 4-68）进行地图注记设计、制作和配置。实验图幅中的数据包括点状要素（乡（镇、场）驻地、村驻地以及其他居民地）、线状要素（公路、河流、水渠、堤防）、面状要素（河流、湖泊、水库）等。

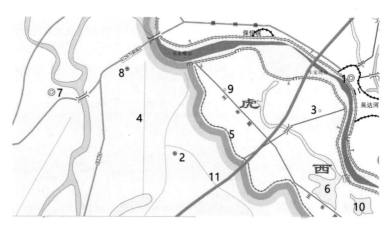

图 4-68　地图注记实验图

图 4-68 中的符号注记说明如下：

（1）闸口镇（乡（镇、场）驻地）；　　　（4）西灌渠（水渠）；

（2）茶家铺（村驻地）；　　　　　　　　（5）山岗隔堤（堤防）；

（3）光明（其他居民地）；　　　　　　　（6）仁洋湖（湖泊）；

146

（7）南平镇（乡（镇、场）驻地）； （10）灌塔子湖（湖泊）；
（8）港关果园（村驻地）； （11）东灌渠（水渠）
（9）大兴（其他居民地）；

其中（1）～（6）为实习地图注记数据，（7）～（11）为课后练习地图注记数据。

1. 加载字库

依次打开"控制面板"→"外观与个性化"→"字体"文件夹，然后选中从网上下载的字体，单击鼠标右键→复制到"字体"文件夹中；或者直接打开 c：\ Windows \ Fonts 目录，将网上下载的字体复制粘贴。注意，在添加字体时要关闭 CorelDRAW X7 软件。字库加入后即可使用。

2. 变体字的制作方法

地图上的注记除了字库里的正体字，还有变体字，如水系注记一般采用左斜体，山脉注记一般采用耸肩体，还有山峰注记、区域名称注记，左斜体、耸肩体等都属于变体字（见表4-5）。变体字可以通过两种方法实现。

表4-5　　　　　　　　　　　　　地图注记的字体

字体		式　样	用　途
宋体	正宋	成都	居民地名称
	变体字	湖海　长江	水系名称
		山西　淮南	图名、区划名
		江苏　杭州	
黑体	粗中细	北京 开封 青州	居民地名称
	变体字	太行山脉	山脉名称
		珠穆朗玛峰	山峰名称
		北京市	区域名称
仿宋体		信阳县　周口镇	居民地名称
隶体		中国　建元	图名、区域名
魏碑体		浩陵旗	
美术体		台湾省图	名称

1）直接用键盘和鼠标实现

双击注记对象后出现"旋转"和"斜置"两层箭头，左斜体文字用内圈斜置箭头，当出现两个方向相反的半箭头时向左方向拖成一定角度的斜体字，地图水系注记左斜体倾斜角度一般规定为15°，要想角度为定值，可以按住 Ctrl 键，便能使对象以15°为增量斜置变换（图4-69）。

图 4-69　左斜体的制作

耸肩体注记是结合"旋转"和"倾斜"两种功能制作的，选中后先用"旋转"功能（内圈箭头）推引成右翘一定角度，然后再用内圈"倾斜"功能将竖划调正便成为耸肩体（图4-70）。

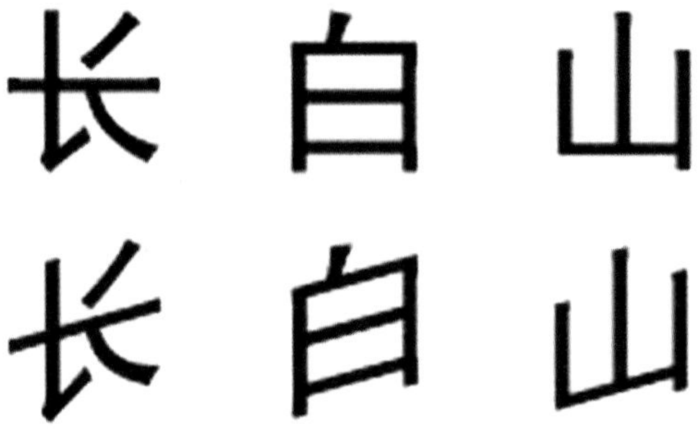

长　白　山

长　白　山

图 4-70　耸肩体的制作

2）使用"倾斜"卷帘窗制作

用"倾斜"命令并在水平框内输入倾斜角度（一般为15°），可以精确地按度数变成左斜体（正数左斜，负数右斜）；在垂直框内输入倾斜角度（一般为15°），就可以成为右翘耸肩体（图4-71，图4-72）。

选中要变形的地图注记，点击菜单栏中的"对象"→"变换"→"倾斜"（图4-71），在界面右侧弹出"变换"窗口（图4-72）。

3. 点状地物的地图注记设计与配置

根据地图注记设计原则和方法，对图4-68中的闸口镇（乡（镇、场）驻地）、茶家铺（村驻地）和光明（其他居民地）三个点状要素注记的字体、字大、位置、字色、字隔进行设计。

实验地图数据中这三个居民地按等级可以分为3级，分别为其他居民地、村驻地、乡

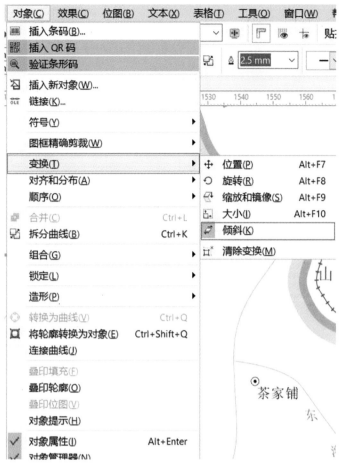

图 4-71　倾斜操作窗口

图 4-72　"倾斜"卷帘窗

（镇、场）驻地。一般乡、镇、行政村用宋体，其他村庄用细黑体或仿宋体。按照注记设计原则，对于最小一级的注记，桌面参考图可用 1.75~2.0mm，挂图则最少要用到 2.25~2.5mm。为了便于读者清楚区分不同大小的注记，注记的级差之间至少要保持 0.5mm。字号尺寸大小对照见表 4-6。

表 4-6   注记字大对照表

中文字号	英文字号	大小	像素
1 英寸	72pt	25.30mm	95.6px
大特号	63pt	22.14mm	83.7px
特号	54pt	18.97mm	71.7px
初号	42pt	14.82mm	56px
小初	36pt	12.70mm	48px
一号	26pt	9.17mm	34.7px
小一	24pt	8.47mm	32px
二号	22pt	7.76mm	29.3px
小二	18pt	6.35mm	24px
三号	16pt	5.64mm	21.3px
小三	15pt	5.29mm	20px
四号	14pt	4.94mm	18.7px
小四	12pt	4.23mm	16px
五号	10.5pt	3.70mm	14px
小五	9pt	3.18mm	12px
六号	7.5pt	2.56mm	10px
小六	6.5pt	2.29mm	8.7px
七号	5.5pt	1.94mm	7.3px

为了便于地图数据制作，将乡（镇、场）驻地、村驻地、其他居民地分别设计为三个图层，如图 4-73 所示。

考虑到图中还有市、县点状要素，级数较多，选取最小一级注记的大小为小五号（3.70mm），另外两级分别为小四号（4.23mm）和小三号（5.29mm），将其他居民地和村驻地注记用仿宋或宋体字，乡（镇、场）驻地则用黑体字。由于地名注记通常都用黑色，重要的居民地用红色表示，因此，将乡（镇、场）驻地注记设置为红色。注记的最小字隔通常为 0.2mm，而最大字隔不应超过字大的 5~6 倍，地图上点状物体的注记一般用最小间隔。

以图 4-68 中的"光明"（其他居民地）注记为例说明点状物体注记制作和配置方法。

（1）鼠标左键单击"其他居住地与注记（所有）"图层，显示为红色（图 4-74），即可开始对该图层的地图数据进行编辑处理。

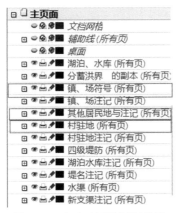图 4-73　实验地图的图层设计　图 4-74　选中"其他居住地与注记"图层

（2）选中界面左侧工具栏的"文本工具"，在点状要素附近单击鼠标，输入注记文本"光明"（图 4-75）。

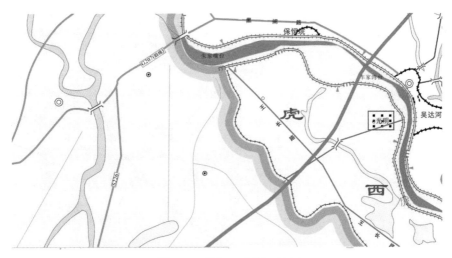

图 4-75　添加"光明"注记

（3）设置地图注记字体、大小、颜色。选中注记，单击鼠标右键，点击文本属性进行设置（图 4-76，图 4-77）。因"光明"为其他居民地，设置为小五号宋体。

在实验地图中对"茶家铺"（村驻地注记）设置为小四号宋体，"闸口镇"（乡（镇、场）驻地注记）设置为小三号黑体红色。

居民地这种点状地物注记的排列方式一般采用水平字列。对点状符号而言，符号的右边是注记最佳位置，其次是上方、下方和左方。具体配置在哪，要顾及周边环境，注意注记与注记之间不能压盖或粘连，少数用水平字列不好配置的注记也可采用垂直字列排列。

村驻地和乡（镇、场）驻地注记配置方法与居民地"光明"的注记配置方法类似，

151

居民地注记的最终配置结果如图 4-78 所示。

图 4-76　文本属性

图 4-77　文本属性窗口

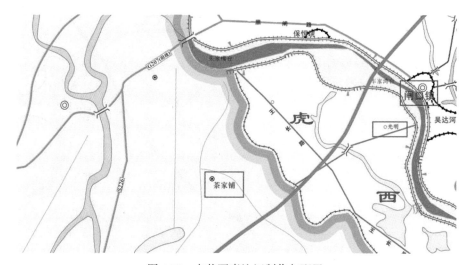

图 4-78　点状要素注记制作与配置

4. 线状要素和面状要素注记设计与配置

对图 4-68 中沟渠（"西灌渠"）、堤防（"山冈隔堤"）等线状要素的注记以及湖泊（"仁洋湖"）等面状要素注记进行设计、制作和配置（图 4-79）。

字体的颜色能起到增强分类概念的作用。在地图上，通常水系注记用蓝色，因此，本实验地图中的沟渠、湖泊等水系注记都采用蓝色注记。而堤防作为分蓄洪区地图需要重点表达的专题信息，可采用高饱和度的彩色注记，在此用红色标注。河流、湖泊、海域名称

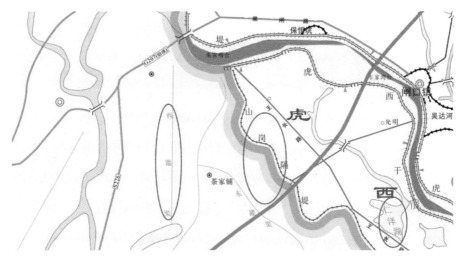

图 4-79　线状要素和面状要素的地图注记配置

通常使用左斜宋体，堤防用宋体字标注。

　　线状符号的注记应沿着符号的延伸方向配置，一组注记应配置在符号的一侧。在图中沟渠、堤防是线状要素，可沿线配置在线的一侧，具体在哪一侧，尽量不与其他符号压盖或粘连即可。

　　1）水渠（西灌渠）注记制作与配置

　　选中"水渠"图层，显示为红色即表示为可编辑图层，如图 4-80 所示。

图 4-80　选中"水渠"图层

　　在左侧工具栏中单击"选择工具"，选中要添加注记的水渠曲线路径，单击菜单栏文本，选中使文本适合路径（图 4-81），将光标移动到路径边缘，当光标右下角显示曲线图标"～"时，单击曲线路径，出现输入文本的光标，输入"西灌渠"。在属性栏中可以设置文本的朝向，与路径的距离、与路径起点的偏移量、是否水平或者垂直翻转，如图 4-81

所示。

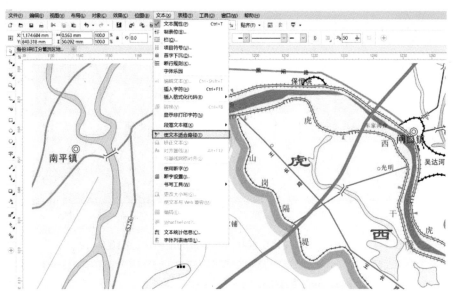

图 4-81 使文本适合路径

"西灌渠"文本朝向选择最后一个，与路径的距离、与路径起点的偏移量分别设置为-1.2mm、17.0mm，如图 4-82 所示。

图 4-82 文本属性设置

设置注记文字大小、字体、颜色、间隔等文本属性（参考点状要素注记设计步骤）。"西灌渠"文本属性设置如图 4-83 所示（宋体 6pt，水渠设置成蓝色 C100 字体，字符间距 650%，其他属性默认设置）。

字体变形，参见图 4-71、图 4-72，在"变换"窗口中设置水平变换为 15°（图 4-84）。

2) 堤防（山冈隔堤）注记的制作与配置

堤防是分蓄洪区地图需要重点表达的专题信息，需要采用高饱和色彩来标注，这里"山冈隔堤"使用 14pt 红色（M100 Y100）宋体。对于"山冈隔堤"沿曲线路径设置，可参考"西灌渠"曲线路径配置方法进行，得到的结果如图 4-86（a）所示。但注记字向不合适，且压在其他符号上，因此需要进行调整。一般的，字向分直立与斜立两种。若横划与图廓底边垂直，字头向上，称为直立；否则为斜立。地图注记中应用的斜立字向，往往随被说明要素走向而异。图中堤的走向是西北—东南，大于 45°，注记字向为直立更合适。

选中堤防注记，单击属性栏，调整堤防注记方向，选择最后一个堤防注记为字向直立方向；第二个属性"与路径的距离"设置为 3.0mm，第三个属性"离路径起始位置的偏移量"设置为 30.587mm（具体数据可根据可视化表达的效果做相应调整）；字隔也按实际情况进行调整（图 4-85）。调整后山冈隔堤注记效果如图 4-86（b）所示。

图 4-83　设置文本属性

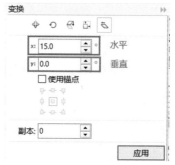

图 4-84　字体变形

图 4-85　调整堤防注记参数设置

3）面状要素（湖泊）注记的制作与配置

面状符号的注记一般配置在面状符号内部，当面状符号内部放不下时，方可移出至符号的旁边配置，而湖泊注记大多使用雁行字列排列。

单击界面左侧工具栏"文本工具"，在所需添加注记区域单击鼠标左键，添加文本，设置湖泊注记字体、字大、颜色以及间距（宋体 8pt，蓝色 C100，间距 20%），如图 4-87所示。

由于文本默认为水平方向，当面状要素为南北方向分布时，将文本垂直排列。选中注

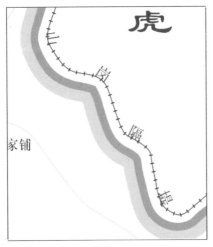

（a）调整注记配置前   （b）调整注记配置后

图 4 86　调整注记配置

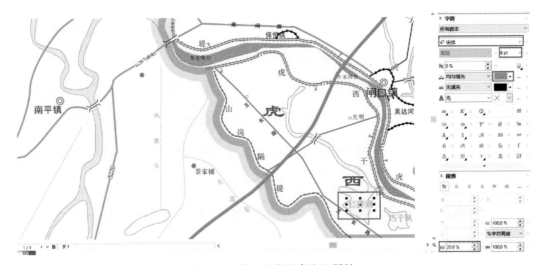

图 4-87　设置面状要素注记属性

记，单击属性栏"将文本更改为垂直方向"（图 4-88）。

图 4-88　注记文本属性设置

　　由于仁洋湖是沿西北—东南方向分布，"仁洋湖"注记采用雁行字列配置。打散"仁洋湖"注记，沿西北—东南方向按雁行字列排列。

　　选中"仁洋湖"注记后，按照变体字的制作方法，打开变换窗口（图 4-89）。"仁洋湖"设置在垂直方向上倾斜 15°角，如图 4-90 所示。

图 4-89　字体变换窗口

图 4-90　湖泊注记的制作与配置

三、实习要求

（1）完成实习内容练习。

（2）完成图 4-68 中的南平镇（乡（镇、场）驻地）、港关果园（村驻地）、大兴（其他居民地）、灌垱子湖（湖泊）、东灌渠（水渠）等地图注记的设计、制作和配置。如果觉得实习内容的地图注记设计（包括字体、字大和字色等内容）不够合理，可以进行修改，并说明理由。

（3）以 *.cdr 格式上交作业成果；实习报告内容包括实习目的、实习内容、实习步骤、实习成果分析和实习体会等。要求结构合理、图文并茂。

第五章　普通地图表示方法实习

第一节　地形图阅读

凡具有空间分布的物体或现象都可以用地图的形式予以表示，因而出现了种类繁多、形式各异的地图。但是，归纳起来，地图内容均可分成三个部分，数学要素、地理要素和辅助要素。其中，地理要素是地图的主题内容，根据地理现象的性质，大致可以区分为自然要素、人文要素等。无论是自然要素，还是人文要素，在地形图上都是通过地图语言来表达的。地形图自然要素包括地貌、水系、土质植被等，人文要素包括居民地、交通网、境界等。

一、实习目的

通过本次实习，加深对地形图的认识，了解地形图内容，掌握地形图表示方法的特点。通过对地形图上的表示方法分析，认识地图传输信息的功能，学会辨别各种地图表示方法，以便深入理解地形图上地理要素的符号化实质，掌握各种地图表示方法的特点与适用情景。

二、实习内容

1. 地形图阅读资料

图 5-1 至图 5-8 分别是同一幅地形图的局部，请认真仔细阅读，列出该幅地形图的数学要素、地理要素和辅助要素所有内容，内容列得越多越好。

2. 数学要素内容阅读

（1）地图投影名称，图内经纬网、方里网及邻带方里网。
（2）坐标系、高程系、基本等高距。
（3）比例尺及其表示形式。
（4）确定地图上图形方向的三北方向图。
（5）图幅分带情况，带号、中央经线、四个图廓点的经纬度。

3. 辅助要素内容阅读

（1）图名、图号，图幅所表示的位置、范围。
（2）图例，阅读地图的工具。

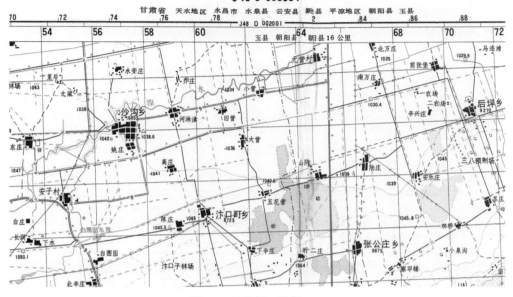

图 5-1　地形图（局部）一

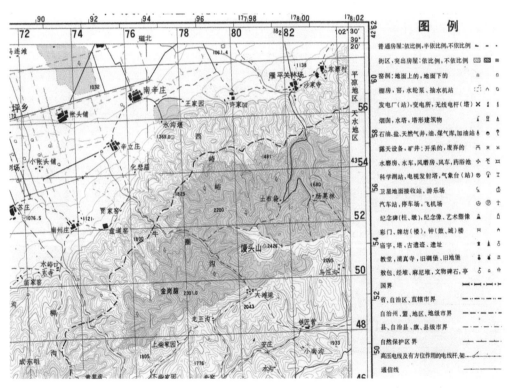

图 5-2　地形图（局部）二

159

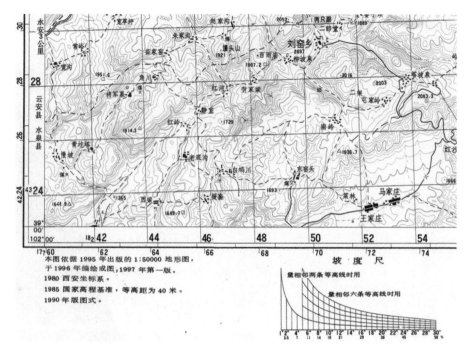

本图依据 1995 年出版的 1:50000 地形图,
于 1996 年编绘成图,1997 年第一版。
1980 西安坐标系。
1985 国家高程基准,等高距为 40 米。
1990 年版图式。

坡 度 尺

量相邻两条等高线时用

量相邻六条等高线时用

图 5-3　地形图（局部）三

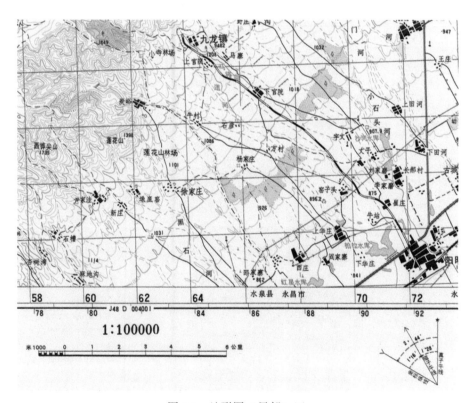

水泉县　永昌市

J48 D 004001

1:100000

米1000　0　　1　　2　　3　　4　　5　　6公里

图 5-4　地形图（局部）四

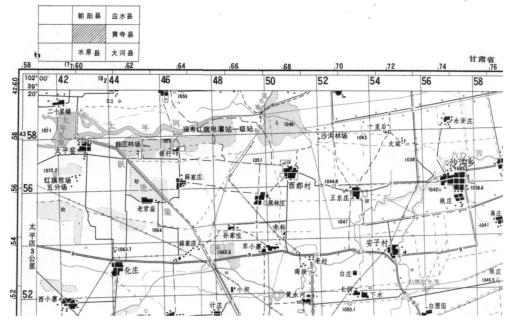

图 5-5　地形图（局部）五

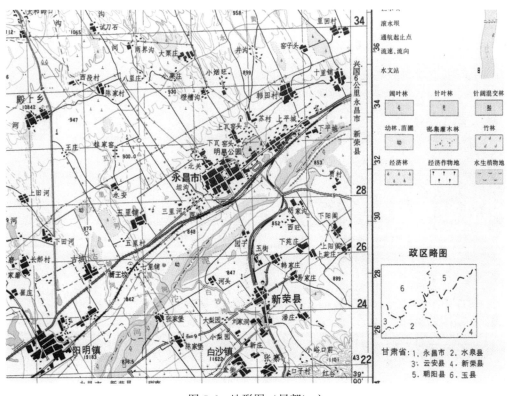

图 5-6　地形图（局部）六

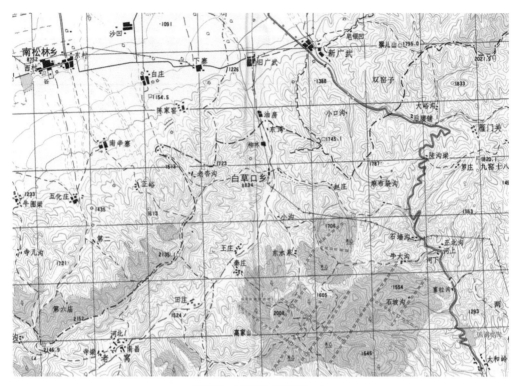

图 5-7　地形图（局部）七

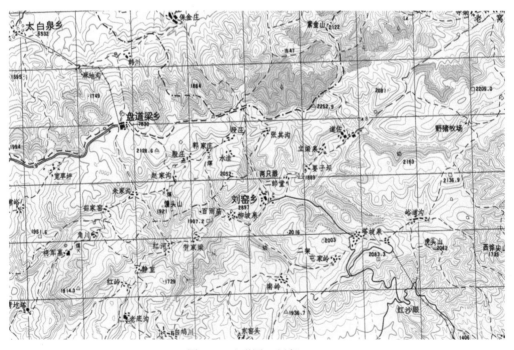

图 5-8　地形图（局部）八

（3）坡度尺，地貌地形分析工具。

（4）成图时间、制图单位、资料使用情况。

（5）接图表，提供相邻地图的图名、图号信息。

4. 地理要素内容阅读

1）自然要素

自然要素包括水系、地貌、土质和植被等。

水系对地图内容的其他要素起着制约作用，它包括河流、湖泊、水库、沟渠及泉。该幅地形图上河流用什么表示方法？单线河的表示要注意哪些问题？湖泊、水库、沟渠及泉用哪些表示方法？

地貌要素是指地面高低起伏变化和形态变化的特点。该幅地形图上用什么方法表示地貌？地貌还有哪些表示方法？这些方法为什么没有用在地形图上表示地貌？根据等高线图形判读图上的地貌类型。

土质主要是指沼泽地、沙砾地、戈壁滩、石块地、小草丘地、残丘地、盐碱地、龟裂地等。指出该幅地形图上有哪些土质？

地图上表示的植被要素可以分为天然的和人工的两大类。指出该幅地形图上哪些是天然的植被？哪些是人工的植被？并指出这些植被的表示方法。

2）社会（经济）要素

社会（经济）要素包括居民地、交通网、境界及行政中心。

居民地是人类居住和进行各种活动的中心场所。指出该幅地形图上有哪些类型的居民地，如何表示这些居民地的类型、形状、行政意义、人口数和居民地内部建筑物的性质。

地图上表示的交通运输网包括陆上交通、水路交通和管线运输。指出该幅地形图上铁路、公路和其他道路的表示方法，并指出地图上表示管线运输的内容。

地图上表示的境界分为政区境界和其他境界两类；其他境界主要指一些专门的界线，如停火线、禁区界和园林界等。指出该幅地形图上有哪些境界，是如何表示这些境界的。

三、实习要求

（1）认真阅读分析图 5-1 至图 5-8，指出图中各地理要素分别用的什么表示方法。地理要素和表示方法，尽量列出，列出得越多越好、越全面越好。

（2）在完成实习内容的过程中，应重点论述和思考如下问题：

图中的地理要素采用的是什么表示方法？

图中还有哪些内容没有阅读到？例如，图廓间的名称注记，图廓间的道路通达注记，界端注记，境界出图廓时应加界端注记。

与国外地形图相比，还有哪些地理要素表示得不够完美，应如何改进？

（3）有条件的学校，学生可以在资料室阅读大量地形图，从而加深对地形图表示方法的理解。

（4）学生从认识地形图表示方法的角度阅读地图和思考问题，结合本次实习感受，谈谈对地形图表示方法学习的收获和理解，并撰写一份实习报告，要求内容翔实、条理清晰，不少于 1000 字。

第二节　自然地理要素制作

一、实习目的

通过自然地理要素（水系、地貌和土质植被）的制作练习，使学生进一步掌握地图资料的处理、自然地理要素制作方法和步骤。加深理解自然地理要素制图的基本概念和表示方法，掌握各自然地理要素地图数据的制作特点。

二、实习内容

熟悉 CorelDRAW 和 ArcMap 的制图环境，熟悉制图区域地理环境，数据输入，地图自然地理要素编绘和地图符号绘制。

1. 单线河的制作

先用 CorelDRAW 图形软件的贝塞尔曲线工具绘制所有单线河的中心线，然后将这些线段打断，从河源到河口逐渐加粗。单线河逐渐加粗的方法和步骤如下：

（1）选中对象，双击造形工具，出现"节点编辑"属性条（图 5-9），也可以用造形工具在对象上单击鼠标右键，弹出"节点编辑"菜单（图 5-10）。

图 5-9　"节点编辑"属性条

图 5-10　"节点编辑"菜单

利用曲线分割功能打断曲线。用造形工具单击要分开的地方，然后单击"曲线分割"

按钮，一条曲线就被分成了两条，但这时的两条曲线仍然是同一个图形对象（图 5-11）。一条河流需要变化 n 次，就要在 $n-1$ 处打断曲线。

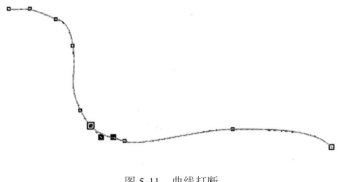

图 5-11　曲线打断

（2）选中对象，单击外框工具中的外框笔，弹出外框笔菜单，单击"确定"后弹出"外框画笔"对话框。将对话框的宽度选项单位设为毫米，输入相应的宽度值后，一般相邻两段河流线宽度值相差 0.05mm，这样就得到逐渐加粗的单线河（图 5-12）。

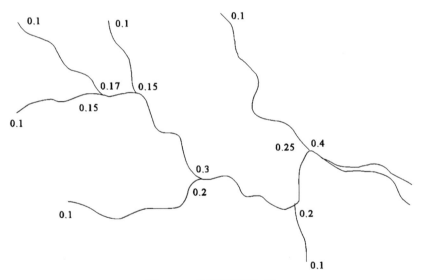

图 5-12　单线河逐渐加粗

单线河的弯曲要自然，粗细要逐渐变化。为了能根据线条粗细判别河流方向和区分主支流，河流两端的粗细变化较快，中间变化较慢。一般将图内最长的单线河从 0.1 ~ 0.5mm 或 0.1~0.4mm 逐渐加粗，其他单线河变化幅度要小一些。绘制一个河系时，先将主流粗细变化绘制出来，再将一侧支流粗细变化绘制完，然后将另一侧支流进行粗细变化描绘。

绘制河流要使河流汇合处的主流、支流的流向一致，主流与支流成锐角相交，如图

5-13 中 a 处，不能垂直相交，如图 5-13 中 b 处，或有倒流现象，如图 5-13 中 c 处。

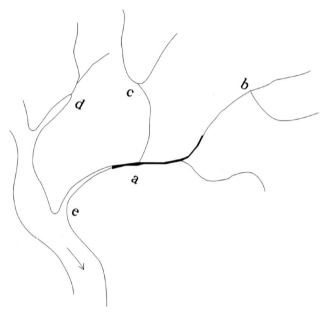

图 5-13　主流与支流汇合处的图形处理

　　支流入主流处的宽度，一般不能宽于主流。单线河过渡到双线河时，图形变化应平滑、自然，不能突然生硬，如图 5-13 中的 d 处。主流和支流汇合时，支流入口处应以圆弧相接，河口成喇叭形，如图 5-13 中 e 处。单线河流和双线河流相交时，应将双线河的水涯线打断，按主支流汇合处理规则，在相交处根据实地情况在入口处由双线向单线过渡。

　　2. 等高线的制作

　　等高线用贝塞尔曲线工具绘制，首曲线线粗 0.1～0.15mm，计曲线线粗 0.2～0.25mm，颜色是棕色（C20 M40 Y30 K0），要求做到：位置准确，弯曲自然、协调合理，不跑线，不断线。按山坡分片，逐片绘制，各片内等高线，应自左向右，从高到低绘出，注意保持等高线之间的协调。先绘制计曲线，然后一组一组地绘制首曲线。

　　等高线和河流相遇时，不论是单线河还是双线河，等高线与河流的关系应当符合自然流水的特征，河流必须通过谷地等高线的顶点（转弯点），即河流与等高线垂直相交，河流两侧等高线的高程应对应相等。等高线不能直接跨过河流，必须在将近河岸时，徐徐向上游跨过，再折向下游，渐渐离开河岸，如图 5-14 所示。

　　3. 利用 ArcMap 制作自然地理要素

　　以 ArcGIS 为地图制作平台，制作自然地理要素。

　　打开 ArcMap 10.5 软件，启动界面如图 5-15 所示。

　　依次加载河流、等高线、土质植被等矢量数据文件到 ArcMap 中（图 5-16）。

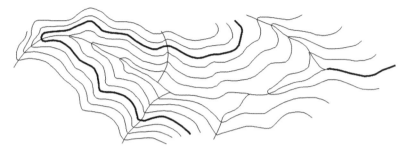

图 5-14　等高线与河流的关系处理

图 5-15　ArcMap 10.5 启动界面

再在 ArcMap Styles 工具集的支持下，对河流和沟渠进行地图符号化，注意地图符号的类型选择、尺寸大小、颜色设置和注记配置等。

河流和沟渠分为双线和单线，如图 5-17 所示，首先对双线进行符号化，选择用填充多边形表示面状河流，填充色为蓝色。

然后，对单线河流和沟渠进行符号化，根据单线的类型，分为 0、1、2 三种，其中 0 为单线河，1 为沟渠，2 为双线河流的支流河，如图 5-18 和图 5-19 所示，按单线的类型进行分类符号化，单线河以蓝色实线表示，线宽为 0.1 mm，沟渠用蓝色虚线表示，线宽为 0.15 mm，支流河用蓝色实线表示，线宽为 0.2 mm。

最后，添加河流注记，在 ArcMap 工具栏空白处右击，打开"绘图 Draw"工具，然后选择工具上的"添加文本"按钮，依次添加河流名称，用蓝色左斜宋体表示。

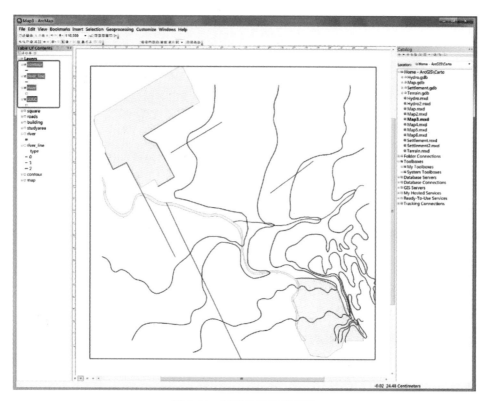

图 5-16　加载自然地理要素

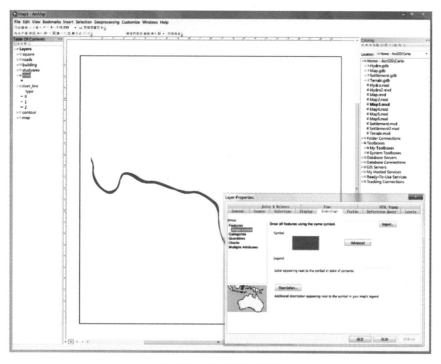

图 5-17　双线河的制作

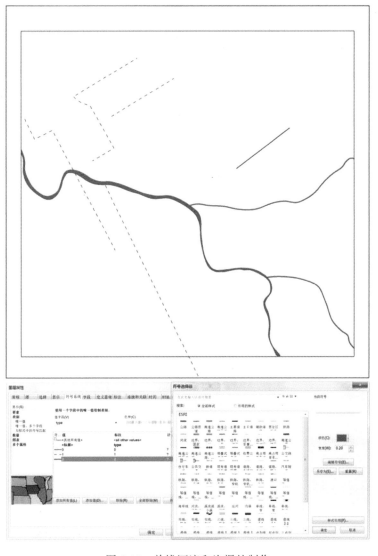

图 5-18　单线河流和沟渠的制作

利用 ArcMap 制作等高线表达地貌要素的空间分布。如图 5-20 所示，右击打开"等高线 contour"图层的属性管理器，在符号化页面上选择以棕色实线表示等高线，线宽为 0.10 mm。

最后，得到图 5-21 所示的等高线。

利用 ArcMap 地图制作平台，针对具体的土质与植被类型，配置适宜的地图符号，右击打开"土地利用与土地覆盖 LULC"图层的符号设计对话框，根据地块的用地类型，选择面状填充符号，对于左上角的耕地，选择耕地符号进行填充，可设置相应的颜色，调整填充符号的密度，对于右下角的林地，选择森林符号进行填充（图 5-22）。

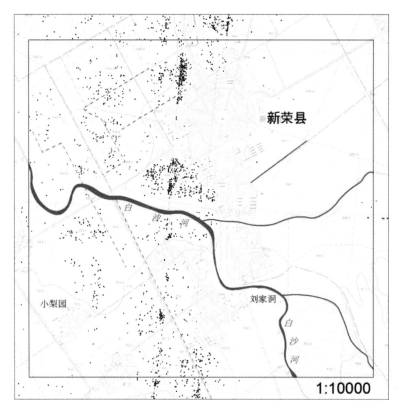

图 5-19　河流和沟渠要素的制作

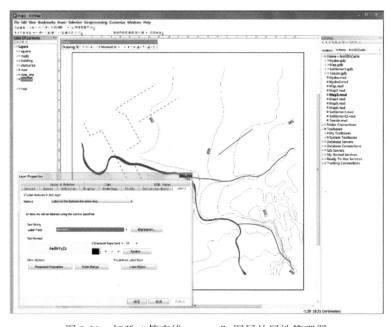

图 5-20　打开"等高线 contour"图层的属性管理器

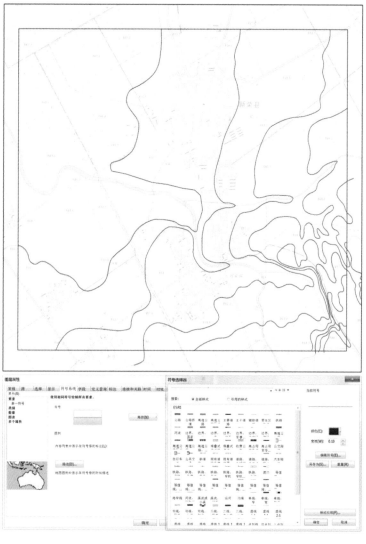

图 5-21　等高线的制作

三、实习要求

（1）对实习内容进行练习，掌握自然地理要素（水系、地貌和土质植被）的制作方法，加深对自然地理要素表示方法的理解。

（2）在自然地理要素制作的基础上，熟悉自然地理要素表示的基本要求和方法，思考如何制作表示其他自然地理要素。

（3）在 CorelDRAW 中完成实习内容的自然地理要素的制作，所制作的地图要素文件以 ＊. cdr 格式存储。

（4）对于实习内容中的地图要素形状、颜色和尺寸设计，学生可以进行改进，并说明理由。

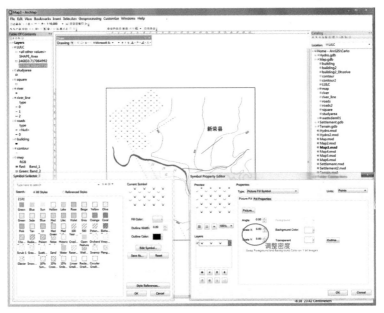

图 5-22　土质植被的制作

（5）上交实习数据的要求：地图自然地理要素（水系、地貌和土质植被）数据的 ∗.cdr 格式文件。

（6）在 ArcMap 中完成实习内容中自然地理要素的制作，以 ∗.tif 格式存储。

（7）实习报告内容包括实习目的、实习内容、实习步骤、实习成果分析和实习体会等。要求结构合理、图文并茂，字数不少于 1000 字。

第三节　社会经济要素制作

一、实习目的

通过社会经济要素（居民地、交通网和境界）的制作练习，使学生进一步掌握地图资料的处理、社会经济要素制作方法和步骤。加深对社会经济要素制图的基本概念和表示方法的理解，掌握各社会经济要素地图数据的制作特点。

二、实习内容

熟悉 CorelDRAW 和 ArcMap 的制图环境，熟悉制图区域的地理环境，数据输入，地图社会经济要素编绘和地图符号绘制。

1. 城市街区的制作

以城市街区为例，学习居民地要素地图数据的制作方法。

1）绘制街道网

城市街道一般分主干道、次干道和一般街道三个等级。三个等级的街道分别绘在三个图层上，绘制街道带边线且为白色路面的街道网图。用 CorelDRAW 中绘线工具绘出所有的街道网，设置主干道线宽度为 1.8mm，设置图层并命名为"主干道"，颜色为黑色（C0 M0 Y0 K100）；次干道宽度为 1.4mm，设置图层并命名为"次干道"，颜色为黑色（C0 M0 Y0 K100）；一般街道宽度为 1 mm，设置图层并命名为"一般街道"（图 5-23）。

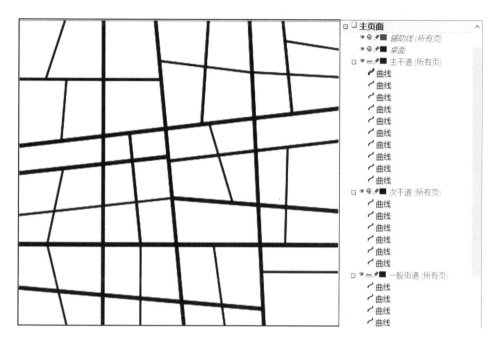

图 5-23　实黑线街区街道网的制作

　　新建三个图层并分别命名为"主干道白""次干道白"和"一般街道白"。将道路图层进行复制，分别另存为在三个对应的新建图层中。图层次序从上到下分别应为"一般街道白""次干道白""主干道白""一般街道""次干道""主干道"，如图 5-24 所示。
　　改变复制后的街道线的属性，假设街道边线宽是 0.1 mm，将"主干道白"图层上的主干道宽度改为 1.6 mm，轮廓线颜色改为白色（C0 M0 Y0 K0）。同理，将"次干道白"图层上的次干道宽度改为 1.2 mm，轮廓线颜色为白色（C0 M0 Y0 K0）；把"一般街道白"图层上的一般街巷改为 0.8 mm 宽的白色线划。完成上述步骤，即可绘制带边线且路面是白色的道路网图，如图 5-25 所示。
　　2）街区面积填色
　　街区面积色范围线应在街道内，以防止漏白。绘制街区范围线的原则应是封闭曲线。街区面积色应根据不同的颜色设置不同的图层，如"商业区""居住区""工业区""文教区"等，并设置不同的颜色，并将这些图层放置到道路网图层的下面。然后，填充街区的底色，底色一般是表示空地或未利用地，底色一般放置在最底层，底色填充后，就完成了街区图的制作，如图 5-26 所示。

图 5-24　街道网图层设计

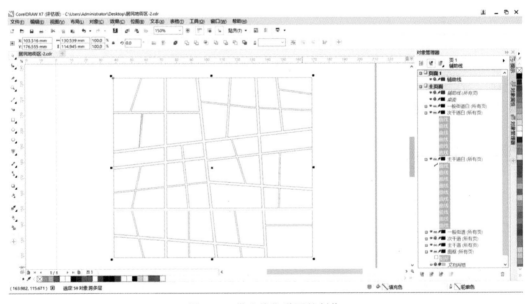

图 5-25　带边线街道网的制作

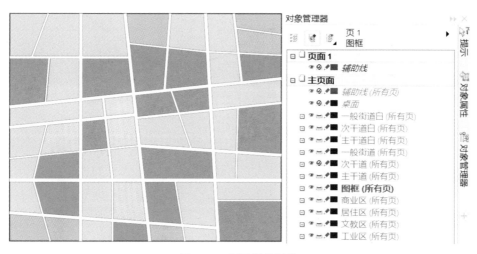

图 5-26　街区图的制作

2. 交通网的制作

1）小路的制作

假设需绘制一条小路，线粗是 0.2 mm，颜色是黑色，实部长度为 2 mm，虚部长度为 1 mm。先沿小路路径绘制一条实线，将线宽设定为 0.2mm，颜色设定 C0 M0 Y0 K100。单击"编辑样式"按钮，弹出"编辑线条样式"条，可根据需要对线条进行编辑，编辑线条是通过拖动拉杆调整黑白方块的间隔和数量来完成的，设置黑色小方块的数量 10 个，白色小方块的数量 5 个，如图 5-27 所示。因此，虚线道路符号设计时，要注意实部和虚部的长度都必须是线粗的整数倍。

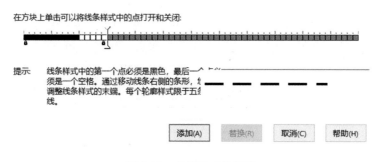

图 5-27　虚线样式的编辑

点击"添加"，小路符号要素制作完成（图 5-28）。

2）公路的制作

假设一条公路宽 1.5mm，路边线为 0.15mm。先绘制一条 1.5mm 实线，颜色为 C0 M0 Y0 K100。然后复制该线，将复制线置于原来黑线之上，设置线宽为 1.2mm，并且将颜色

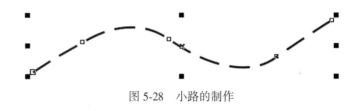

图 5-28　小路的制作

设置为白色（C0 M0 Y0 K0），完成公路要素符号的制作，如图 5-29 所示。

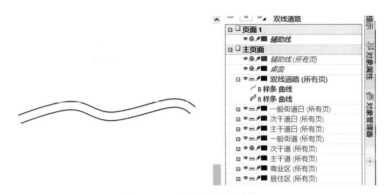

图 5-29　公路符号的制作

3. 境界要素的制作

1）境界的制作

境界的制作是通过轮廓线线型编辑来实现的。本节以地市界为例学习境界的制作方法。假设地市界的线粗是 0.4 mm，颜色是黑色，符号形状是两线一点，实线段长 3.2 mm，间隔为 1.2 mm。

在没有选中任何对象的情况下，打开"轮廓笔"对话框，确定线宽为 0.4 mm。单击"样式"显示框，弹出线型样式库，选择两线一点线型，如图 5-30 所示。

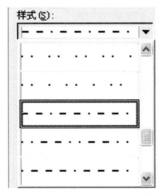

图 5-30　选择两线一点线型样式

176

单击轮廓笔"编辑样式"按钮，弹出条形编辑框，这个编辑框是由很多黑白可调的小方块组成的，单击方块可以改变黑白，拖拉控制条可以调节间隔。根据地市界形状和尺寸，地市界符号单元的组成应该为8黑、3白、8黑、3白、1黑、3白，如图5-31所示。

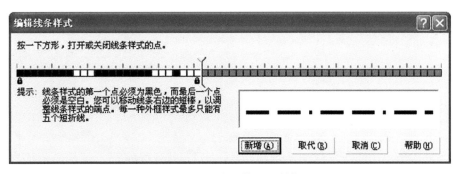

图5-31　地市界符号的制作

2）区域境界外部单色带的制作

以省界为例，学习区域境界外部单色带的制作。建立图层1"省界线"，沿境界线中心绘一条闭合曲线。建立图层2"省界外层线"，把图层1里的闭合曲线复制到图层2上。

点击菜单栏中的"效果"选项，在子菜单中选择"轮廓图"，选择"向外"扩展方向，若色带的宽度为2.5 mm，"偏移"值就为2.5 mm，"步长值"为1（单色带），单击"应用"。这时，境界线外扩成双线，如图5-32所示。

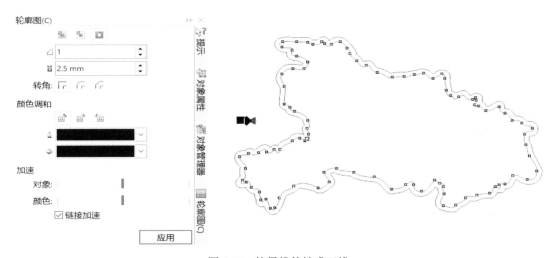

图5-32　境界线外扩成双线

单击选中轮廓线，外层线填充颜色，内层线不填充颜色，将内层线图层放在下方，然后再去掉轮廓色，如图5-33所示。

打开"省界线"图层，改闭合曲线为省境界线符号，更改轮廓线轮廓，就完成区域外部单色带的制作，如图5-34所示。

3）区域外部双色带的制作

图 5-33　不带境界线的单色带

图 5-34　区域外部单色带的制作

　　建立图层 1 "省界线"，沿境界线中心绘一闭合曲线。建立图层 2 "省界外层线"，把图层 1 里的闭合曲线复制到图层 2 上。

　　选中图层 2，点击菜单栏中的 "效果" 选项，在子菜单中选择 "轮廓图"，选择 "向外" 扩展方向，如果色带的宽度为 2.5 mm，"偏移" 值就为 2.5 mm，"步长值" 为 2（双色带），单击 "应用"。这时，境界线外扩成三条线，如图 5-35 所示。

　　在图层 2 上选中图层 "轮廓图群组"，右键点击选择 "拆分轮廓图群组"，如图 5-36 所示。

　　再次选中图层 2，单击右键，选择 "取消群组"，即可将三条线变为三条相互独立的闭合曲线，如图 5-37 所示。

　　建立图层 3，并且把图层 2 上的中线复制到图层 3 上，再把图层 2 上的外线移到图层

图 5-35 境界线外扩成三条线

图 5-36 拆分轮廓图群组界面

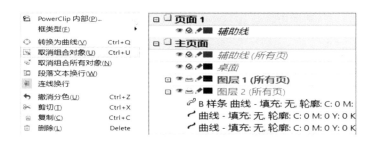

图 5-37 取消群组界面

3 上，如图 5-38 所示。

    分别将图层 2 和图层 3 上的两条曲线选中，单击鼠标右键，选择合并为一条曲线，如图 5-39 所示。

    对图层 2 和图层 3 的曲线去轮廓线，并将图层 2 填充颜色设置为 C0 M0 Y0 K20，图

179

图 5-38　复制中线和外线

图 5-39　合并曲线

层 3 设置为 C0 M0 Y0 K30 后，完成第一层和第二层色带的制作。

　　打开图层 1，改闭合曲线为境界线符号，并将图层 1 置于图层 2 和图层 3 之上。这样，完成了区域外部双色带的制作，如图 5-40 所示。

　　4）跨境界色带的制作

　　建立图层 1 "省界线"，沿境界线中心绘一闭合曲线。建立图层 2 "省界外层线"，把图层 1 里的闭合曲线复制到图层 2 上。设置图层 2 曲线宽度为 2.5mm，颜色设置为 C0 M0 Y0 K30，如图 5-41 所示。

　　将图层 1 线型设置为境界线，并置于图层 2 前位，即完成跨境界色带的制作，如图 5-

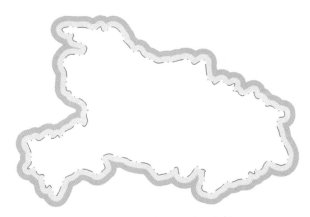

图 5-40　区域外部双色带的制作

图 5-41　跨境界色带的制作

42 所示。

图 5-42　将实线改为境界线

4. 利用 ArcMap 制作社会经济要素

加载社会经济要素的矢量数据文件到 ArcMap 中，利用菜单栏中的工具栏上的"加载数据 Add Data"工具按钮加载数据，依次加载居民地、道路图层，此时各个图层的图形符号是以默认的符号配置模式进行设置的，如图 5-43 所示。

选中图层管理器中的"道路 roads"图层，然后点击鼠标右键，在弹出的菜单栏中点击"图层属性 Properties"，在弹出的对话框中，选择"符号化 Symbology"标签页。

根据道路的类型，用两种符号分别表示地图中的主干道和乡村小道，在符号化标签页下，选择左侧"类别 Categories"，在"值域 Value Field"下拉框中选择"type"，然后点

图 5-43　加载社会经济要素

击下方"添加所有值 Add All Values",其中值为 1 的代表主干道,值为 0 的代表乡村小道。如图 5-44 所示,其中,主干道用黑色双实线表示,填充色为白色,轮廓线宽为 0.8 mm,乡村小道用黑色虚线表示,轮廓线宽为 0.15 mm。

选中图层管理器中的"居民地 building"图层,右击打开"图层属性 Properties",选择"符号化 Symbology"标签页。选择以"单一符号 Single symbol"表示居民地,如图 5-45 所示,设置居民地符号为填充多边形,填充色为黑色。

在居民地的中心地带,有一个圆形的中心广场,首先调整图层显示顺序,确保中心广场在最上层,然后右击打开中心广场的符号设置对话框,同样以填充多边形表示中心广场,填充色为白色,轮廓线为黑色,线宽为 0.40 mm(图 5-46)。

三、实习要求

(1)对实习内容进行练习,掌握社会经济要素(居民地、交通网和境界)的制作方法,加深对社会经济要素表示方法的理解。

(2)在社会经济要素制作的基础上,熟悉社会经济要素表示的基本要求和方法,思考其他社会经济要素如何制作表示。

182

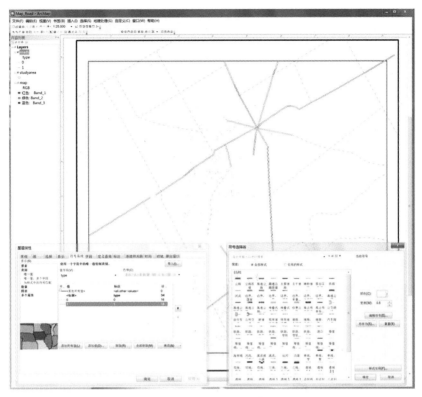

图 5-44　道路的制作

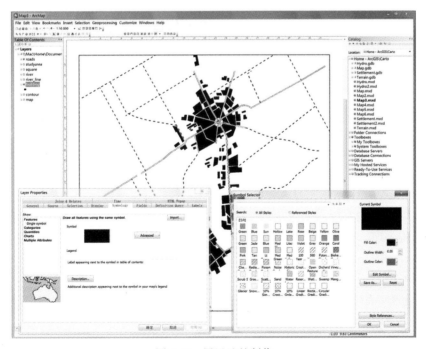

图 5-45　居民地的制作

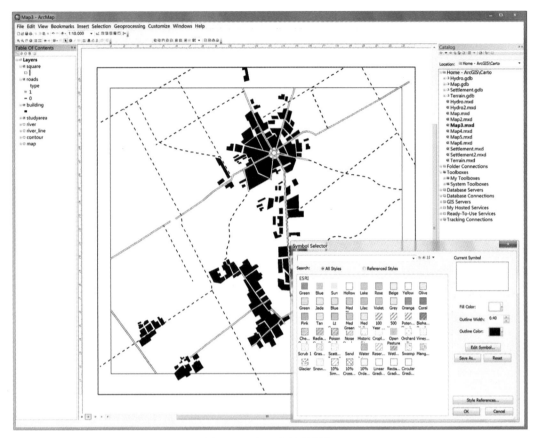

图 5-46　中心广场的制作

（3）在 CorelDRAW 中完成实习内容的社会经济要素（居民地、交通网和境界）的制作，所制作的地图要素文件以＊.cdr 格式存储。

（4）对实习内容中的地图要素形状、颜色和尺寸进行设计，学生可以进行改进，并说明理由。

（5）上交实习数据的要求：地图社会经济要素（居民地、交通网和境界）数据以＊.cdr格式文件上交。

（6）在 ArcMap 中完成实习内容中社会经济要素的制作，以＊.tif 格式存储。

（7）实习报告内容包括实习目的、实习内容、实习步骤、实习成果分析和实习体会等。要求结构合理、图文并茂，字数不少于 1000 字。

第六章　专题地图设计与制作

第一节　专题地图阅读

一、实习目的

通过对专题地图的阅读，理解并且掌握专题地图的各种表示方法的实质，学会辨别专题地图的各种表示方法，加深对专题地图内容表示方法的理解与认识。在此基础上，掌握每种表示方法的各自特点与适用范围。通过阅读大量的专题地图，认识并不断积累地图内容表示方法设计的经验。

二、实习内容

专题地图能够反映广泛多样的内容。根据专题地图内容的性质选择合适的表示方法，则能够较好地反映对象的时间分布特征和空间分布特征。地图内容的表示方法是指长期以来形成的表达某种地理现象或地理要素某方面特征的所有图形符号的组合方式。一般来说，专题地图内容的表示方法通常有定点符号法、线状符号法、质底法、等值线法、范围法、定位图表法、点数法、运动线法、分级统计图法和分区统计图法等。表示方法的选择取决于现象和物体的空间分布特征、表示信息的精度及其使用的性质。下面介绍各种表示方法的概念、特点以及适用范围。

1. 专题地图内容的表示方法

（1）定点符号法，是以定点位的点状符号表示呈点状分布的要素各方面特征的表示方法。这些点状符号可以采用不同的大小、形状或者颜色，来表示呈点状分布物体的数量与质量特征，并且符号要与表示对象的实际地理位置相对应。定点符号法常用于表示如居民点、机场、车站、学校、矿产等的分布图。

（2）线状符号法，是用来表示呈线状或者带状延伸的地图要素的一种方法。线状符号可以使用不同的宽度、形状与颜色表示不同地图要素的性质分布特征，如交通线、地质构造线、境界线等的表示，也可以对地图要素的时间变化特征进行表述，如航迹线。

（3）质底法，是把全制图区域按照制图现象的某种指标划分区域或者各类型的分布范围，在各界线范围内涂以颜色或填绘晕线、花纹、字母（或注记）的方法。质底法一般不直接表示数量特征，如土地利用类型图、土壤分类图、地质图、植被图、行政区划图等。

（4）等值线法，就是用一组连续分布而又逐渐变化的等值线来表示现象分布特征的方法，如等温线、等高线、等深线、等压线、等降雨线、等重力异常线等。等值线可以显示地面和空间连续分布且均匀渐变的现象，如自然现象中的地形、气候、地壳变动等现象。

（5）范围法，是在地图上用面状符号表示在制图区域内间断或零星散布进而成片分布的地理要素的分布范围及状态的方法。如煤田、森林的分布，水稻、棉花、苹果等经济作物的种植分布情况。可以通过设计轮廓线、颜色、图案、符号以及注记来进行面状符号的设计。

（6）定位图表法，用图表的形式反映定位于制图区域某些点上周期性现象的数量特征和变化的方法，称为定位图表法。常见的定位图表有风向频率图表、风速玫瑰图表、温度和降水量的年变化图表等。

（7）点数法，就是用一定大小、形状相同的点子，表示现象分布范围、数量特征和分布密度的方法。点子的多少可以反映现象的数量规模，点子的配置可以反映现象集中或分散的分布特征。点值法主要是传输空间密度差异的信息，通常用来表示大面积离散现象的空间分布，如人口、农业、畜牧业、动物分布和植物分布图等。

（8）运动线法，就是用箭形符号和不同宽窄的"带"，在地图上表示现象的移动方向、路线及其数量、质量特征。如自然现象中的洋流、风向，社会经济现象中的货物运输、资金流动、进出口贸易、居民迁移、军队的行进和探险路线等。

（9）分级统计图法，即在整个制图区域内，根据专题要素的数量指标分级为若干小的区划单位，并使用对应等级的颜色或不同疏密的晕线（图案花纹）进行填充，来反映不同区域现象的集中程度或者发展水平的分布差别。该方法可反映布满整个区域呈点状、线状、面状分布的现象，如粮食单产、人口密度和人均收入等。

（10）分区统计图法，是一种以一定区划为单位，在各个区划单位内，按其相应的统计数据，绘制不同形式的统计图表，以表示并比较各个区划单位内现象的总和、构成及动态的方法。统计图表通常描绘在地图上各相应的分区内，如粮食总产量、人口总数量及构成、产业总值及构成等。

2. 专题地图表示方法辨析

阅读分析图 6-1 至图 6-17，并分别指出图中各种地理要素用的什么表示方法。地理要素和表示方法列出得越多越好，越全面越好。有条件的学校可以在资料室阅读大量专题地图，加深对专题地图表示方法的理解。

三、实习要求

（1）认真阅读分析图 6-1 至图 6-17，并分别指出图中这些地理要素分别用什么表示方法地理要素和表示方法尽量列出，列出得越多越好、越全面越好。

（2）在完成实习内容过程中，应重点论述和思考以下问题：

①该图的地理要素采用的是什么表示方法？

②多种表示方法是如何在一幅专题地图上组合运用的？

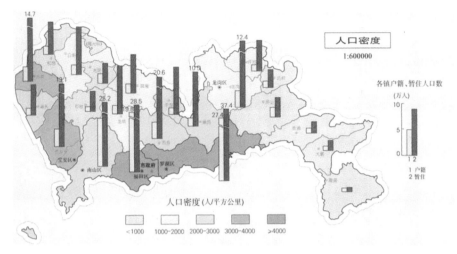

图 6-1　深圳人口分布图

图 6-2　山东省民用机场分布图

③该图的地理要素还可以用哪些表示方法？与例图上表示方法比较，各有哪些特点？

（3）有条件的学校可以安排学生在资料室阅读大量的专题地图，以加深学生对专题地图表示方法的理解。

（4）学生从认识专题地图表示方法的角度阅读地图和思考问题，结合本次实习感受，谈谈对专题地图表示方法学习的收获和理解，并撰写一份实习报告，要求内容翔实、条理清晰和图文并茂，不少于 1000 字。

图 6-3 深圳市金融、保险、税收机构分布图

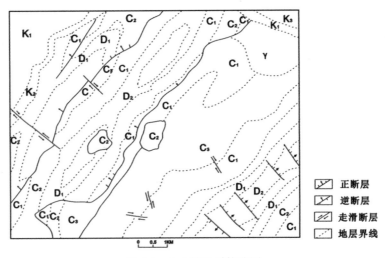

图 6-4 金山镇地质构造图

图 6-5 湖北省某日等降水量图

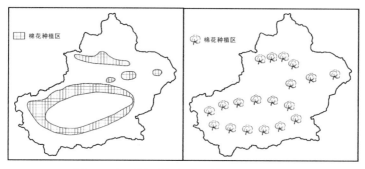

图 6-6　新疆维吾尔自治区棉花种植分布图

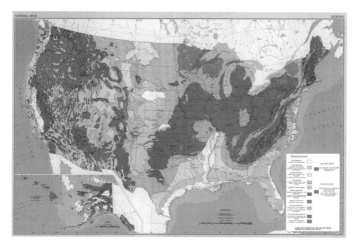

图 6-7　美国地质图

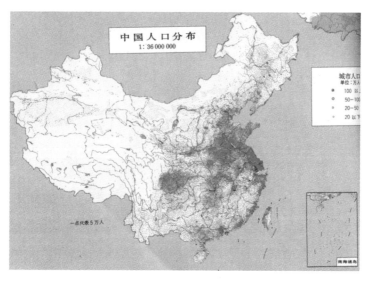

图 6-8　中国人口分布图

（注：图中数据来源于 2001 年 3 月 28 日公布的第五次全国人口普查数据）

189

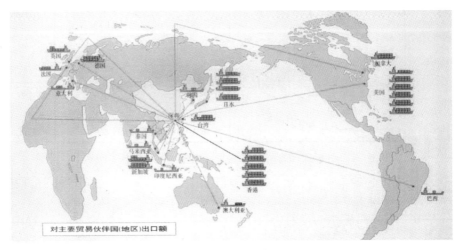

图 6-9　深圳对外经济贸易图

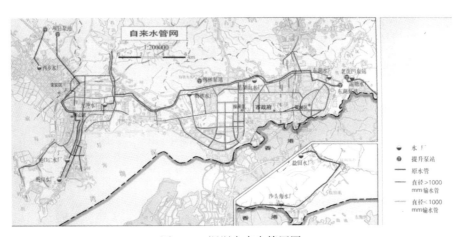

图 6-10　深圳自来水管网图

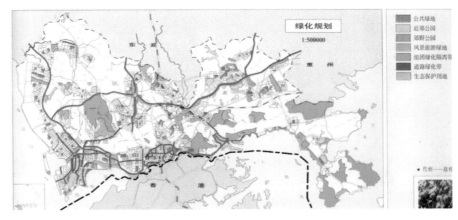

图 6-11　深圳绿化规划图

190

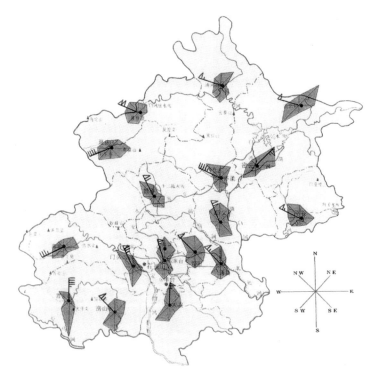

图 6-12　北京风向及风速图

图 6-13　中国城镇女性文盲分布图
（注：图中数据来源于 2009 年的统计数据）

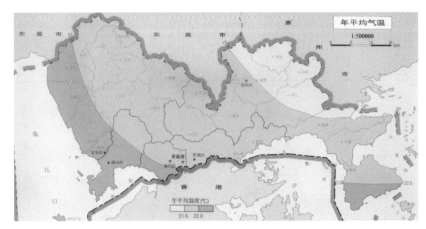

图 6-14　深圳年平均气温图

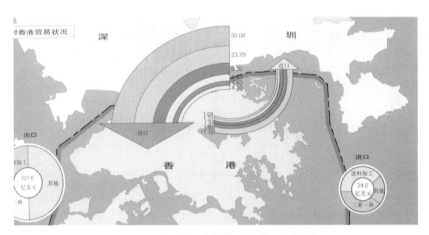

图 6-15　深圳与香港特别行政区贸易图

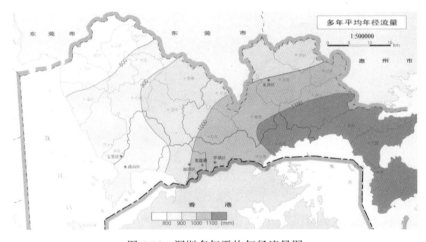

图 6-16　深圳多年平均年径流量图

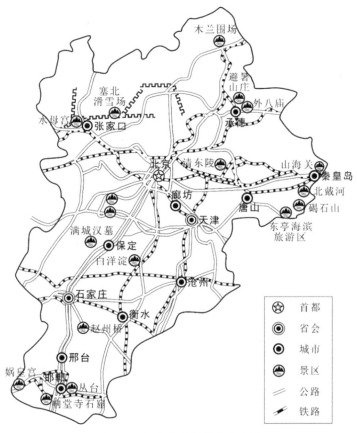

图 6-17　河北省旅游景点分布图

第二节　分级符号的尺寸设计

一、实习目的

符号的大小、数量是显示各地图要素间差异的定量表示方式，往往更大的符号、更多的数量表现的是更大量级。本节以社会消费品零售总额专题地图符号为例，帮助学生学会设计分级符号的定量表示形式，掌握分级符号的尺寸设计方法和步骤。

二、实习内容

1. 分级符号的基本概念

分级符号是专题地图中使用得较多的符号，包括分级点状符号、分级线状符号和分级面状符号。它们常用于表示事物或现象的分级特征，是定点符号法、动线法、分区统计图表法、分级统计图法中的常用符号类型。

分级符号的尺寸设计，主要指对点状符号外接圆或外接矩形和线状符号的线划粗细的尺寸进行设计，常用于表示物体或现象的数量特征。符号的尺寸设计需要考虑不同环境下，人眼感受最小尺寸的能力。

分级点状符号的尺寸设计是指根据专题要素的数据分级处理结果，得到3~7个分级数，需要设计出相应的3~7个不同尺寸的符号。在同一级别内只用一固定尺寸大小的符号表示，不同级的符号之间的尺寸应产生一个跳跃。根据经验，除最小一级的尺寸外，每一级尺寸应比上一级加大1/4~1/3，随符号的尺寸加大，符号加大的比例增大。即

$$D_{i+1} = D_i + K \cdot D_i \tag{6-1}$$

式中，$K = 1/4 \sim 1/3$，$i = 1, 2, \cdots, 7$；D_i为上一级符号的尺寸，D_{i+1}为下一级符号的尺寸。

分级符号的设计中还有一个问题就是最小尺寸的确定。尺寸太小，图面显得太空；尺寸太大，则过分拥挤，相互压盖。所以，应考虑人眼的视觉，在纸质地图上，通常单色圆直径≥1.5mm，分割圆直径在2.0mm左右；在电子地图上，通常单色圆直径≥2.0mm，分割圆直径在3.0mm左右；另外，考虑数量指标所属区域轮廓线应尽量完整。分级线状符号的设计方法与分级点状符号设计方法类似，只是对线划的粗细进行计算和设计。

2. 统计数据处理

以湖北省2018年社会消费品零售总额（表6-1）为例，介绍分级符号的统计数据处理方法。

表6-1 **湖北省2018年社会消费品零售总额**

地区	社会消费品零售总额（亿元）	地区	社会消费品零售总额（亿元）	地区	社会消费品零售总额（亿元）
鄂州	379.04	神农架	18.44	襄阳	1658.96
恩施	616.83	十堰	915.02	孝感	1085.47
黄冈	1205.05	随州	545.58	宜昌	1484.01
黄石	803.27	天门	359.55		
荆门	772.51	武汉	6843.90		
荆州	1298.65	仙桃	373.15		
潜江	260.11	咸宁	556.18		

设定第一级符号尺寸为$D_1 = 2mm$，其后每一级符号比前一级放大$K = 1/4$。设分级数为6，即

$$i = 1, 2, \cdots, 6$$

根据式（6-1）计算出不同级别符号的尺寸大小（表6-2）。

表 6-2　　　　　　　　　　　数据分级及符号尺寸大小

地区	社会消费品零售总额（亿元）	级别	符号尺寸（mm）	地区	社会消费品零售总额（亿元）	级别	符号尺寸（mm）
神农架	18.44	1	2	黄石	803.27	3	
潜江	260.11	1		十堰	915.02	4	3.9
天门	359.55	2	2.5	孝感	1085.47	4	
仙桃	373.15	2		黄冈	1205.05	4	
鄂州	379.04	2		荆州	1298.65	4	
随州	545.58	2		宜昌	1484.01	5	4.9
咸宁	556.18	2		襄阳	1658.96	5	
恩施	616.83	3	3.1	武汉	6843.90	6	6.1
荆门	772.51	3					

将分级符号配置到地理底图上，添加图名、图例等完成专题统计地图的制作（图 6-18）。

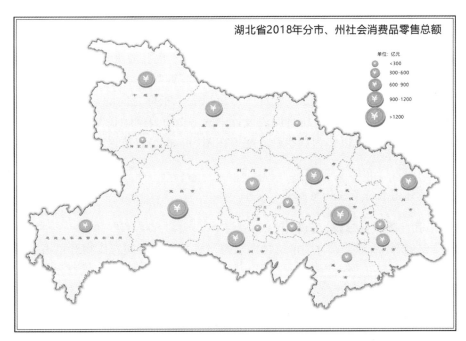

图 6-18　湖北省 2018 年社会消费品零售总额

三、实习要求

（1）掌握分级符号的概念和意义。

（2）初步掌握统计数据处理方法和分级符号尺寸设计方法。

（3）认真分析表 6-1 和表 6-2，你认为表 6-2 的分级是否最佳？如果要改动，怎样改更合理？

（4）认真分析图 6-18，你觉得统计符号设计如何？如果要改动，怎样改效果更好？

（5）在 CorelDRAW 中制作一幅类似图 6-18 的统计专题地图，表示湖北省 2018 年社会消费品零售总额，数据分级、符号尺寸大小和符号形状要有变化，所制作的地图数据文件以 ∗.cdr 格式存储、提交。

第三节　统计图表符号设计与制作

一、实习目的

通过本次实习，了解常用统计图表的种类及其应用特点，掌握统计图表设计的方法，能根据专题统计数据及其应用要求选择合适的统计图表，学会运用 CorelDRAW 绘制统计图表符号的方法。

二、实习内容

1. 统计图表符号的基本概念

专题地图编制中能够采用的统计图表有多种形式。常见的统计图表符号有圆形（扇形）图表、方形图表、三角形图表、条柱形图表、"零钱"法（定值累加）图表、象形图表、折线图表、金字塔图表等。这些统计图形可以表示指标之间的对比关系、结构关系、总量与分量关系、动态关系等。统计图表设计中的一个重要问题是保证读者能迅速判断数量关系。这些图表不仅可以作为点状符号配置在图内，也可以放置在图外作为附表说明使用。

2. 两种统计图表符号设计与制作

1）圆形统计图表符号设计与制作

根据表 6-3 统计数据，设计圆形统计图表符号表示某地不同农作物产量占总产量的百分比情况。

表 6-3　　　　　　　　　　　　　　某地不同农作物产量

总产量（万公斤）	玉米	花生	大豆	红薯	小麦	水稻
1000	150	30	300	70	250	200

首先绘制一个圆形，然后使用扇形工具，对其起始角度按统计数据中的不同农作物产量占总产量的百分比进行依次设置，形成具有若干扇形的完整圆形，并对其分别进行颜色填充，颜色差别要尽量大。最后使用文字工具，对正圆中每一块扇形所代表的农作物及所

占比例进行说明，添加标题"某地不同农作物产量占总产量百分比示意图"，完成圆形统计图表的制作（图6-19），图名及注记大小要协调。

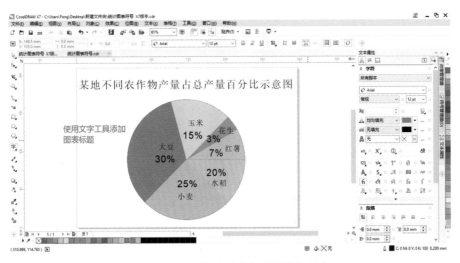

图6-19　圆形统计图表符号设计与制作

2）柱形统计图表符号设计与制作

根据表6-4的统计数据，设计与制作柱形图表符号表示某工厂四季度三种产品生产量的变化情况。

表6-4　　　　　　　　　　　　某工厂三种产品生产量分季度统计

季度	产品一（万件）	产品二（万件）	产品三（万件）
第一季度	30	50	100
第二季度	120	90	45
第三季度	75	60	45
第四季度	70	120	80

利用贝塞尔工具绘制纵横坐标，用文字工具标明横纵坐标刻度及季度。根据表格统计数据，使用矩形工具绘制若干矩形，用蓝色表示产品一，红色表示产品二，绿色表示产品三，为每个小矩形分别填充不同颜色。使用文字工具，根据表格提供的数据对每个小矩形表示的数量进行标注。在绘制好的柱形图内添加图例，并添加标题"某工厂四季度三种产品生产量变化"，柱形图表符号设计与制作完成（图6-20）。

三、实习要求

（1）初步掌握根据专题地图统计数据资料设计和制作统计图表符号的方法。

（2）根据给定的专题地图统计数据资料，进行各种统计图表符号的设计与制作。可以对实习内容中的统计图表符号的设计与制作进行改进和完善，并说明理由。

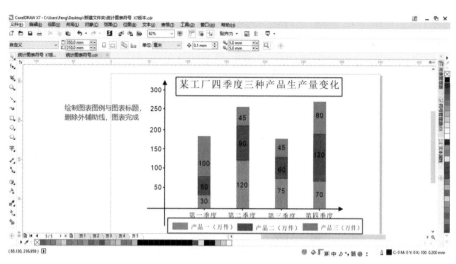

图 6-20　柱形图表符号设计与制作

（3）在图形软件中完成统计图表符号设计与制作。对于实习内容中的地图符号形状、颜色和尺寸设计，学生可以进行改进，并说明理由。对于实习内容中的地图注记字体、字大和字色设计，可以进行改进，并说明理由。

（4）提交实习数据的要求：统计图表符号以 ＊.cdr 格式文件保存。

（5）实习报告内容包括实习目的、实习内容、实习步骤、实习成果分析和实习体会等。

第四节　点数法设计与制作

一、实习目的

本次实习通过对专题地图表示方法中的点数法进行设计与制作，使学生理解并且掌握点数法表示方法的实质以及设计制作过程。学会使用 ArcGIS 与 CorelDRAW 软件设计制作专题地图，提升学生地图设计与制作的能力。

二、实习内容

通过制作人口分布图，掌握点数法的设计与专题地图的制作。

1. 确定专题图内容

在使用点数法来表示一定的地理现象时，首先需要确定表达的专题图内容，由于点数法能够较好地表示地理现象的分布范围、数量特征和分布密度，并且被广泛应用于展现人口、动植物等的分布。实习以湖北省荆州市地区人口分布情况为主题制作人口专题图。收集整理了湖北省荆州市的人口（2018 年）等统计数据（表6-5），用于专题地图的制作。

198

表 6-5　　　　　　　　　　　　湖北省荆州市人口统计

区/市/县	人口数（万）	面积（100km²）	人口密度（人/100km²）	区/市/县	人口数（万）	面积（100km²）	人口密度（人/100km²）
沙市区	52.65	4.69	11.23	江陵县	39.32	10.32	3.81
荆州区	55.33	10.46	5.29	石首市	62.34	14.27	4.37
公安县	99.72	22.58	4.42	洪湖市	91.82	25.19	3.65
监利县	157.15	31.18	5.04	松滋市	82.96	22.35	3.71

2. 点数法的设计

实习采用均匀布点法表示荆州市人口分布情况。

点数法中的点子大小以及其所代表的数值是固定的，所以要确定点子的大小以及所代表的数值。点值的确定与地图比例尺以及点子的大小有关。若点子大小一定，地图比例尺越大，相应的图面范围也越大，点子相应就多，点值就小。地图比例尺越小则相反。点值过大，图上点子过少，不能反映要素的实际分布情况；点子过小，在现象分布的稠密地区，点子因发生重叠，现象分布的集中程度得不到真实的反映。因此，确定点值的方法是，以某现象分布密度最大的小范围为标准，求出一个点所代表的数值，且使点子之间相互紧靠而不重叠。点值求取计算式为：

$$I_{(点值)} = \frac{S_{(数量总和)}}{n_{(点数)}} \tag{6-2}$$

例如，沙市范围内布置了 53 个点，根据式（6-2）求得点值为：

$$I_{(点值)} = \frac{526500}{53} \approx 10000$$

即每个点子代表 10000 个人。

3. 人口分布地图的制作

在使用均匀布点法对制图区进行布点时，先将地理底图的地图图层赋予关于各地区人数的属性字段，再将本图层各要素根据这一属性字段的数量特征转换为点密度符号进行显示。

将"目录"中矢量化的地理底图拖拽进工作区→在"内容列表"中对其进行重命名为"均匀布点法"→鼠标右击图层→选择"打开属性表"，显示出属性表对话框（图 6-21）。

接着，点击"表选项"→选择"添加字段"，弹出添加字段对话框→"名称"处输入"人口数"→"类型"选择为"长整型"→点击"确定"（图 6-22），便完成了对该图层中每个地区人口数属性字段的创建。

根据表 6-5 中的人口统计数据，将其中的数据整理到对应地区的人口数属性表中。若工具栏中没有"编辑器"，则在菜单栏中选择"自定义"→点击"工具条"→选择"编辑器"，显示编辑器选项栏→点击"编辑器"→选择"开始编辑"→再次打开均匀布点法

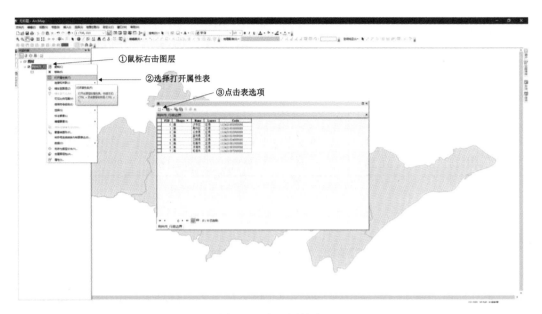

图 6-21　打开属性表

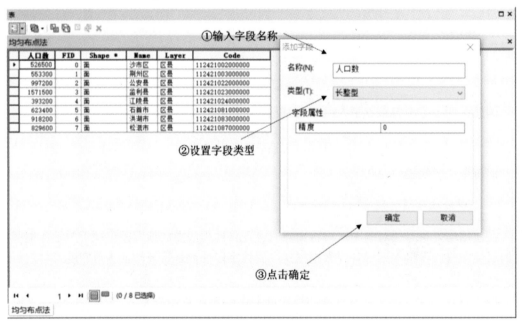

图 6-22　创建新的字段

图层的属性表，便可以根据人口统计数据在属性表中填入人口数量，完成之后再次点击"编辑器"→点击"保存编辑内容"→点击"停止编辑"（图 6-23）。

　　输入相关的属性值后，单击鼠标右键，选择"均匀布点法"→点击"属性"，显示图层属性对话框→点击"符号系统"，显示相应的对话框→在"显示"框中点击"数量"选项→点击"点密度"选项，显示出相应的功能设置界面→在"字段选择"窗口中选择

200

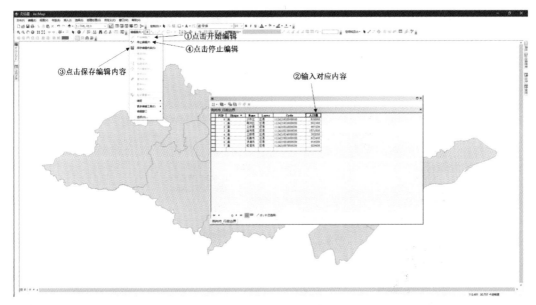

图 6-23　输入字段值

"人口数"字段→点击"向右箭头"（图6-24）加载到右侧图框，便可以根据该图层的人口数字段的属性值进行设计点子的显示。

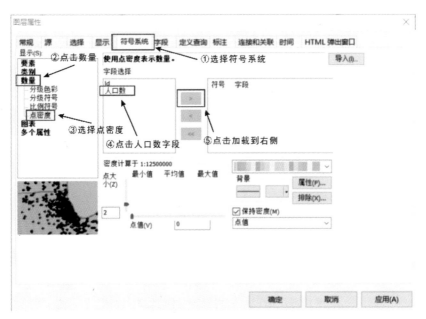

图 6-24　打开"符号系统"对话框

在当前对话框中，双击"符号"，显示符号选择器窗口，然后设置点"形状"为圆形、"颜色"为黑色、"大小"为2，同时在显示框中观察在当前点大小和点值情况下的密度最大、最小以及平均情况，再根据此手动输入合适的"点大小"及"点值"，尽可能保证点与点之间互不重叠。点击"背景"栏中"颜色"为无颜色填充→点击"轮廓",弹出符号选择器窗口→设置"颜色"为黑色、"宽度"为1(图6-25),便可以使用相应的点符号表示人口分布情况。

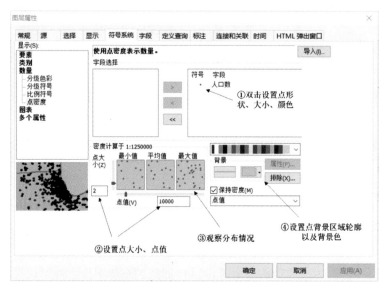

图 6-25　设置点子的分布属性

在均匀分布法图层的基础上添加地理底图、图名等,便完成均匀布点法专题图的制作(图6-26)。但是在 ArcGIS 软件中使用这种方式进行均匀布点,只能控制点子大小以及点值,不能管理点子的分布情况,难以对点子的布局进行调整,在图 6-26 中也可以看到点子的密度是不均匀的,需要借助 CorelDRAW 软件继续完成点子的布局微调。

图 6-26　ArcGIS 中完成的荆州市人口分布图

在 ArcGIS 中点击菜单栏中的"文件"选项→选择"导出地图"选项,弹出"导出地图"对话框→选择"保存类型"为"EMF"→选择导出文件的位置→输入文件名(图6-27)。

在 CorelDRAW 中打开地图,可发现所有的矢量化数据都在一个组合对象中,首先取消所有数据对象的组合,然后再找到图层中的点数据,将其移动到另一个图层中,使得在

图 6-27　导出地图

一个图层中存放地图数据，另一个图层中存放点数据，最后再对点数据进行调整。

　　点击"文件"→选择"导入"→选中 EMF 文件导入矢量数据→打开"对象管理器"→右键单击图层数据→选择"取消组合对象"（图 6-28）→挑选点数据移动到另一个图层中（图 6-29）→点击"选择工具"→选择点数据进行移动调整点数据，使得点子在每个县内均匀分布。使用此方式将 ArcGIS 中处理的矢量数据转入 CorelDRAW 后，在 CorelDRAW 中点数据会被当作曲线数据来处理。

图 6-28　取消组合对象

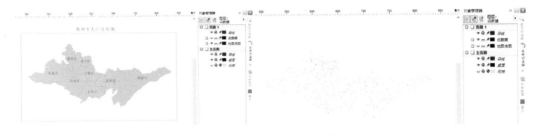

图 6-29 将地图数据分图层管理

点数据与地图底图分层处理完成后，导入湖北省荆州市地图底图（图 6-30）。

图 6-30 湖北省荆州市人口分布图（一）

对数据点图层进行缩放、平移操作，使数据点图层内的点与湖北省荆州市重合（图 6-31）。而后进行进一步的电子布置的均匀布局调整后，添加图例、图名，统一底色，完成点数法专题地图的制作（图 6-32）。

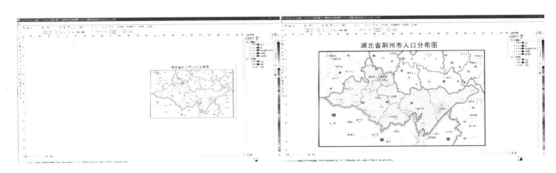

图 6-31 对数据点图层进行缩放、平移

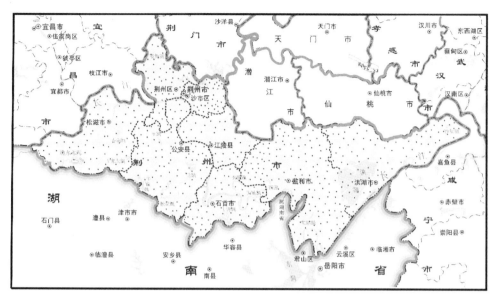

图 6-32   湖北省荆州市人口分布图 (二)

三、实习要求

（1）初步掌握使用点数法表示专题地图要素的方法，并尽可能地运用多色点子表示地理现象的多种特征或者时间变化情况。

（2）根据表 6-5 中的专题制图资料数据，采用点数法进行人口分布的设计，采用 CorelDRAW 进行人口分布图的制作。对点值可以重新设计，点子的颜色，地理底图符号、注记和底色都可以重新设计，请描述在 CorelDRAW 中用点数法设计与制作人口分布图的详细过程。

（3）上交实习数据的要求：地图数据以 * . cdr 格式文件上交，地图输出文件，按激光打印输出要求，以 * . pdf 格式提交。

（4）实习报告内容包括实习目的、实习内容、实习步骤、实习成果分析和实习体会等。要求结构合理、图文并茂，字数不少于 1000 字。

第五节   统计地图设计与制作

一、实习目的

（1）掌握分级统计图表法与分区统计图表法的概念，了解分级统计图表法与分区统计图表法的异同点。

（2）掌握统计地图的设计原理与方法。

（3）掌握利用各种制图软件制作不同类型统计地图的方法。

二、实习内容

1. 统计地图的基本概念

分区统计图表法是在各个分区单元（以行政区划单元为主）内按统计数据描绘成不同形式的统计图表，置于区划单元内，以反映各个区划单元内现象的总量构成和变化。

分级统计图表法是在制图区域内按行政区域划分或自然区域划分出若干制图单元，根据各单元的统计数据对它们进行分级，用不同色阶（饱和度、亮度和色相的差别）或晕线网纹反映各个分区现象的集中程度或发展水平的方法。

二者都属于统计地图，都是一种概略的表示方法，因此对具有任何空间分布特征的现象都适用，但只能显示单元之间的差异，不能显示单元内部的差别，因此单元划分得越小，现象分布的反映越真实。

分级统计图表法主要用于分级的指标可用相对指标，有时也可以用绝对指标。分级的结果应能突出数值高的和数值低的单元。用颜色分级时，首先用饱和度差异构成不同的等级层次，超过分级时，须辅以色相变化。分级统计图表统计所用的资料，只需要相应分区单元的统计资料。若分级不当，会掩饰差别较大单元的差距，也可能会拉大差别不大的单元的差距。

统计图表的形式可以使用柱状、饼状、扇形及其他较为规则、易于计量的几何形状，还可以用零钱（定值累加）法。图表大小的确定如同定点符号一样，采用比率符号，根据系列的特点，可用绝对比率、绝对分级比率和条件分级比率。

2. 导入矢量底图数据与属性数据

启动 ArcMap，如果系统出现启动对话框，可选择 "A new empty map"。给空文档命名，有一个默认的数据框架 Layers。选用菜单 "Insert/Data Frame"，产生一个新的数据框架，默认名：New Data Frame。确认 New Data Frame 的激活状态，点击添加按钮将数据按点、线、面的顺序加入底图数据。

导入统计数据。在 Excel 表中准备统计数据，将要连接的列标题与行政区划矢量图中属性表中的某一列标题相对应（图6-33）。

将准备好的统计数据通过连接的方法加入矢量数据属性表中（图6-34）。

3. 分区统计图的制作

以分区统计图表法中的圆形统计图表为例制作分区统计专题地图，单击鼠标右键，加入统计数据的图层，在图层属性中选择 "Symbology"，在 "chart" 中选择 "Pie"，在 "Field Selection" 中将要表示在圆形统计图表的项目选中，在 "Background" 中选择背景色，注意背景色要浅，比较明亮（图6-35）。

根据统计数据，制作各区的统计图表，然后配置在地理底图的适当位置，添加图名、图例，用分区统计图表法表示的《陕西省食品原材料产量图》统计地图制作完成（图6-36）。

name	蔬菜（吨）	水果（吨）	肉类（吨）	奶类（吨）	水产品（吨）	人均蔬菜产量（千克）	人均肉产量（千克）	人均水果产量（千克）	人均奶产量（千克）	人均水产品产量（千克）
西安市	1527977	339189	157277	255437	12480	219.9	22.63	48.82	36.76	1.8
铜川市	90091	153579	9500	2118	73	107.89	11.38	183.93	2.54	0.09
宝鸡市	453594	352603	102948	145655	5013	124.46	28.25	96.75	39.96	1.38
咸阳市	1481076	2065410	99504	164444	6339	310.29	20.85	432.71	34.45	1.33
渭南市	591480	1310635	91342	96999	13705	111.43	17.21	246.92	18.27	2.58
延安市	139245	500659	48562	2108	1737	70.27	24.51	252.67	1.06	0.88
汉中市	886339	69812	163066	5447	13564	239.87	44.13	18.89	1.47	3.67
榆林市	207917	70914	102442	16574	2100	63.39	31.23	21.62	5.05	0.64
安康市	266664	36246	92702	327	2739	90.98	31.63	12.37	0.11	0.93
商洛市	167141	25708	92878	892	1256	70.68	39.28	10.87	0.38	0.53

图 6-33 陕西省食品原材料产量统计表截图

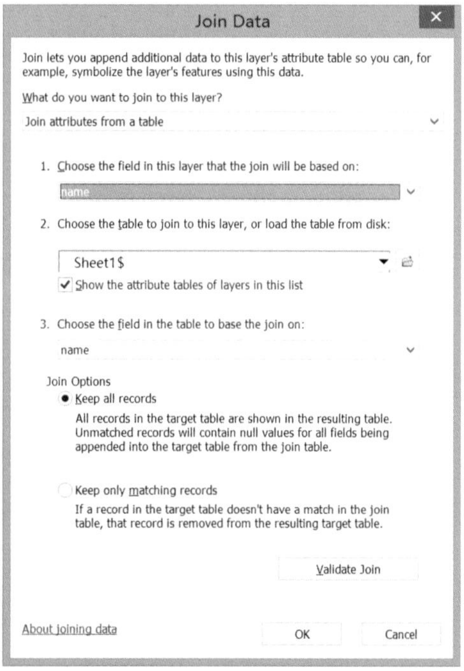

图 6-34 连接统计数据

4. 两种表示方法结合的统计图制作

分级统计图法最适合与分区统计图表法配合表示专题要素分布规律，分别表示现象的平均水平和总量指标。用分区统计图表法表示各市食品原材料总产量，用分级统计图法表示各市食品原材料人均产量，将两种表示方法结合来表示陕西省食品原材料产量的分布规律。

1）统计数据处理

为了采用两种表示方法来展示陕西省食品原材料产量分布情况，需要对图 6-33 进行

207

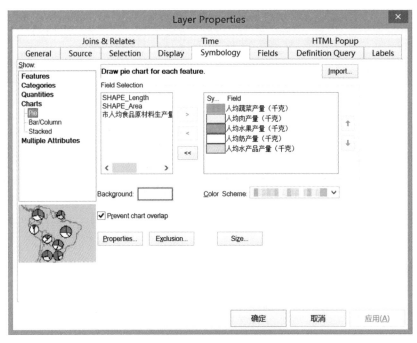

图 6-35　圆形统计图表的制作

处理得到表 6-6。用分区统计图表法表示各市食品原材料总产量以及食品原材料的构成，用分级统计图法表示各市食品原材料人均产量。

表 6-6　　　　　　　　　　陕西省食品原材料产量统计数据处理

地级市	总产量（吨）	人口数（万人）	人均产量（吨）
西安	2292360	807	0.284
渭南	2040456	547	0.373
咸阳	3810434	498	0.765
宝鸡	1059813	376	0.282
汉中	1138228	348	0.327
榆林	399947	330	0.121
安康	398678	265	0.150
商洛	287875	238	0.121
延安	692311	212	0.327
铜川	255361	83	0.308

2）表示方法设计

用分区统计图表法表示各市食品原材料总产量，设计图表符号大小时，要注意铜川市

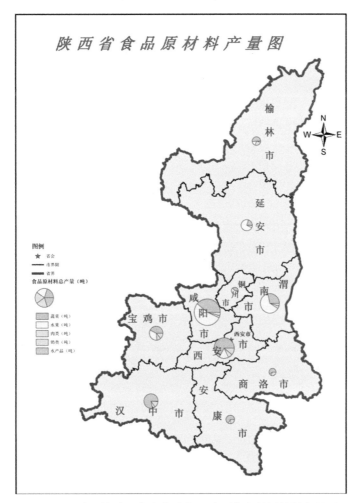

图 6-36　用分区统计图表法表示的《陕西省食品原材料产量图》

总产量是 255361 吨，而咸阳市总产量是 3810434 吨，两数值相差较大。如果要使最小符号保持一定大小、清晰可辨，则最大符号必然过大，以致影响到其他要素；如果要缩小最大符号，最小符号也必须相应地缩小，这就会产生最小符号不易阅读。因此，要通过采用条件比率的方法来解决。条件比率符号仍保持符号的面积大小与专题要素的数量指标之间的比率关系。但两者之比不等于符号面积之绝对正比，而是在绝对比率上加以某种函数关系的条件。

　　反映食品原材料的构成，要注意每种成分的颜色设计，利用色相变化表示类的差异，尽量选用饱和度较高的颜色。

　　用分级统计图表法表示各市食品原材料人均产量，关键是分级设计，人均产量（吨）可以分为：0.1~0.2，0.2~0.3，0.3~0.4，>0.4 四级。

　　色级底色设计也是关键。色级底色是按色彩渐变（通常是明度不同）构成色阶来表示与现象间的数量等级对应的设色形式。分级统计地图都使用色级底色，分层设色地图使用的也是色级底色。色级底色选色时要遵从一定的深浅变化和冷暖变化的顺序和逻辑关系。一般来说，数量应与明度有相应关系，明度大表示数量小，明度小则表示数量大。当分级较多时，也可配合色相的变化。色级底色也必须有图例配合。

3）统计地图的制作

在 CorelDRAW 软件中，先用分级统计图表法表示各市食品原材料人均产量，根据分级设计和色级底色设计，每个区（市）设置相应的底色。分级统计图表法的分级颜色要设计合理，有等级感，过渡自然，人均产量高的地区颜色要浓、鲜艳，人均产量低的地区颜色要浅、淡。统计图表尺寸设计要合理，最小符号保持一定大小、清晰可辨，最大符号不宜过大。统计图表的形式尽量新颖，以增加图面的生动和活跃。把设计好的图表放置在区内适当位置，再设计图名、图例，完成统计地图制作（图 6-37）。

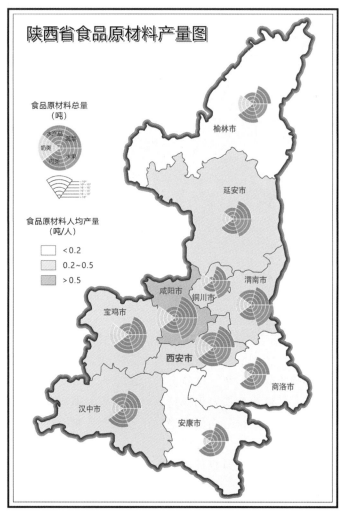

图 6-37　《陕西省食品原材料产量图》设计与制作

三、实习要求

（1）初步掌握统计地图数据分析、整理、加工与利用的方法。

（2）根据给定的专题制图统计资料数据，进行统计地图设计。地图设计内容包括：统计图表的形状、尺寸和颜色设计，统计数据分级设计，分级统计地图的色级底色的设计。可以对实习内容中的地图设计方案进行改进和完善，并说明理由。

（3）在 CorelDRAW 图形软件中完成统计图表符号和色级底色的设计与制作。对实习内容中的统计图表符号形状、颜色和尺寸的设计，色级底色的设计，学生可以进行改进，并说明理由。

（4）在 CorelDRAW 图形软件中完成统计地图的数据制作。基本掌握统计地图的制作方法，对图名和图例的设计，如果有不合理的地方，可以进行改进，并说明理由。地图图名配置不合理的地方，可以进行调整改进，并说明理由。

（5）统计地图实例应遵循专题地图设计的基本规律，参考优秀专题地图作品的设计思想和方法，提倡创新思维，尽量设计出具有鲜明特色和独特风格的统计专题地图。

（6）上交实习数据的要求：地图数据，符号和注记设计以＊.cdr 格式文件上交，地图输出文件，按激光打印输出要求以＊.pdf 格式提交。

（7）实习报告内容包括实习目的、实习内容、实习步骤、实习成果分析和实习体会等。要求结构合理、图文并茂，字数不少于 1000 字。

第六节　金字塔图表设计与制作

一、实习目的

（1）加深对金字塔图表基本概念的理解，了解金字塔图表的用途和特点。

（2）熟悉金字塔图表的表示内容，掌握金字塔图表的设计方法。

（3）通过利用金字塔图表表示人口年龄的构成和性别构成实例，掌握建立金字塔图表的方法。

二、实习内容

1. 金字塔图表的基本概念

由表示不同现象或同一现象的不同级别数值的水平柱叠加组成的图表，常用于表示不同年龄段的人口数，其形状一般呈下大上小，形似金字塔，故称为金字塔图表。用这种方法可以用于表示人口年龄的构成，它的纵坐标表示各年龄组，横坐标表示不同性别（如男女左右）各年龄组人数占总人口数的百分比或者人口数量。根据各年龄组条带的长度，可以看出人口年龄的构成。根据其图形可以分析人口增长的趋势：增长型、缩减型和静止型。

1）增长型

塔形呈上尖下宽，真正金字塔型，表明少年人口比例大，老年人口比例低，年龄构成类型属年轻型，说明未来结婚生育的人数多、高，死亡率也高，人口发展呈持续增长趋势。

2）缩减型

塔形下部向内收缩，表明少年儿童比例低，中、老年人口比例大，年龄构成类型属老年型，说明未来年轻人越来越少，生育率低，死亡率也低，人口发展呈减少趋势。

3）静止型

塔形上下差别不大，曲线比较平稳，少年儿童比例及老年人口比例介于前两种类型之间，年龄构成类型属成年型，说明未来结婚生育的人数不会有明显增加，人口将保持原状。

2. 实习数据

在人口地图中，用金字塔图表可表示受教育的程度、婚姻、收入状况等，这时一般以人的年龄为分级依据，在同一梯级中还可以用不同颜色表示男女的差别。表 6-7 是制作金字塔图表要收集的统计数据。

表 6-7 中国 2017 年人口统计数据

年龄	男（百万）	女（百万）
0~15	133	116
16~30	154	139
31~45	160	156
46~60	161	159
61~75	95	92
75 以上	30	35

3. 金字塔图表的制作

使用贝塞尔工具绘制几条直线作为轴线，并对其线宽、样式等进行设置。轴线完成后，在页面的上方与左侧比例尺位置上，点击鼠标，在"选择"状态下可以拖出辅助线，根据表格数据的需求，按照绘制图表的布局，拖出若干条辅助线，对绘制图表进行辅助。在页面中横轴的下方利用文字工具与贝塞尔工具绘制刻度。根据表格中显示的数据，根据需要在横轴的下方绘制刻度以显示图表数量的变化，并在纵轴的一侧绘制刻度以显示年龄层的变化。根据表 6-7 的数据，利用矩形工具，在纵坐标轴的相应位置画出一个小矩形，依照横坐标轴上的刻度变化，矩形的不同长度代表不同的数量变化，小矩形绘制完成后，对其进行不同颜色的填充，不同颜色代表的数据含义不同。重复上述步骤，根据表格中的数据，使用矩形工具绘制出一组由若干不同长度的小矩形组成的一列数据，用以表示不同的数量，并进行不同颜色的填充，以区分不同年龄段人数的变化情况。也可以对上述步骤完成的小矩形进行重复的复制粘贴工作，对复制完成的小矩形移动其位置，并对其长度按照数据及刻度进行调整，完成一组数据的绘制（图 6-38）。

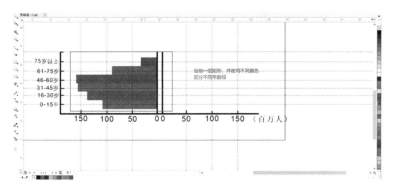

图 6-38　完成一组矩形的制作

在纵坐标轴的另一侧利用矩形工具绘制出一个矩形，根据表 6-7 的数据，对小矩形的长度按照下方刻度显示的数量进行调整，以一定的长度表示此矩形代表的数量变化，小矩形绘制完成后，对其填充不同颜色，不同颜色代表的数据含义不同。选择单个绘制矩形或对第一个绘制的矩形进行复制粘贴并根据表格调整矩形长度的操作，完成另一组矩形（女性）的绘制（图 6-39）。

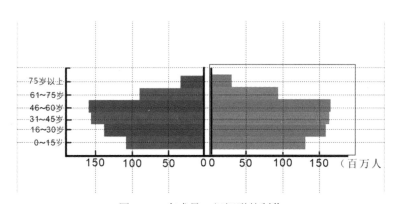

图 6-39　完成另一组矩形的制作

每一行每一列的矩形代表不同的数量及不同的含义。根据表格上显示的数据，每一行不同颜色的矩形代表不同年龄段的人口数量，每一列同颜色不同长度的矩形代表同一性别不同年龄段的人口构成。删除辅助线后，使用矩形工具在完成的图表外添加一个边框（边框填充颜色设为无）。添加标题，调整颜色等，完成金字塔图表的制作（图 6-40）。

三、实习要求

（1）初步掌握统计地图数据分析、整理、加工与利用。

（2）根据给定的专题制图统计资料数据，进行统计地图设计。地图设计内容包括：统计图表的形状、尺寸和颜色设计，统计数据分级设计，分级统计地图的色级底色设计。可以对实习内容中的统计图表、数据分级和色级底色设计方案进行改进和完善，并说明理由。

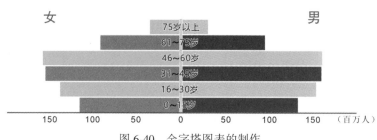

图 6-40　金字塔图表的制作

（3）在 CorelDRAW 图形软件中完成统计图表符号和色级底色的设计与制作。对实习内容中的统计图表符号形状、颜色和尺寸设计，数据分级设计，色级底色的设计，学生可以进行改进，并说明理由。

（4）在 CorelDRAW 图形软件中完成统计地图的数据制作。基本掌握统计地图的制作方法，对图名和图例的设计，如果有不合理的地方，可以进行改进，并说明理由。对地图图名配置不合理的地方，可以进行调整改进，并说明理由。

（5）统计地图应遵循专题地图设计的基本规律，参考优秀专题统计地图作品的设计思想和方法，提倡创新性思维，尽量设计出具有鲜明特色和独特风格的统计专题地图。

（6）上交实习文件的要求：地图数据，符号和注记设计以 ＊.cdr 格式文件上交，地图输出文件，按激光打印输出要求以 ＊.pdf 格式提交。

（7）实习报告内容包括实习目的、实习内容、实习步骤、实习成果分析和实习体会等。要求结构合理、图文并茂，字数不少于 1000 字。

第七章 地图综合实习

第一节 水系的综合

一、实习目的

本次实习以河流要素为例，通过对河流的地图制图综合练习，掌握河流地图综合的基本原则与方法，学会根据不同的河系类型，正确采用河流综合方法，对河流要素进行选取和化简，使综合后图形仍保持河流的基本特征。

二、实习内容

1. 河流的选取方法

1）选取标准

规定河流选取标准和临界标准（表7-1），特别是选取临界标准，可以充分发挥地图制图人员的主观能动性，制图人员可以根据地图区域的具体情况采取临界标准的上限或下限来处理河流的取舍问题。

表7-1   河流选取标准和临界标准

河流密度系数 K（km/km²）	<0.1	0.1~0.3	0.3~0.5	0.5~0.7	0.7~1.0	1.0~2.0	>2.0
河流选取标准 l_A（cm）	全选	1.4	1.2	1.0	0.8	0.6	0.5
临界标准（cm）	全选	1.3~1.5	1.0~1.4	0.8~1.2	0.7~1.0	0.5~0.7	0.5

对于小河数量多的地区或河系，通常是采取低标准，使图上选入足够数量的小河；对小河数量少的地区或河系，则通常采取高标准，以保持图上小河数量少的特点。

同时，临界选取标准还往往作为一种补充手段用来协调不同密度区的过渡，即邻区河网密度大时，本区宜用偏低的选取标准，使河流多选一些；邻区河网密度小时，本区宜用偏高的标准，使河流选得少一些。这样，可以避免相邻两个不同密度区的河网密度形成人为的阶梯，使其过渡自然。

2）选取河流的顺序

河流舍去的数量较大时，河流的选取往往难以掌握。所以，要按照如下顺序（图7-1）进行选取：

（1）选取干流及小河系的主要河源。

（2）以小河系为单位逐个选取。对每个小河系，也是从较高一级的支流选起，逐渐转向低一级支流。

（3）加密、平衡。根据河流选取标准逐渐加密，这时要注意反映河系类型及河网密度的对比，灵活运用河流选取临界标准。

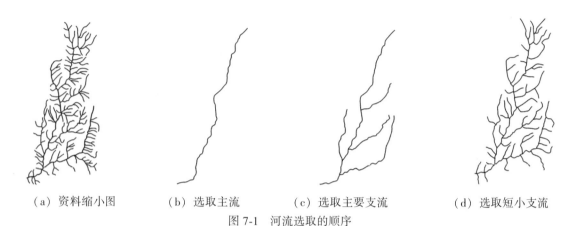

（a）资料缩小图　　　（b）选取主流　　　（c）选取主要支流　　　（d）选取短小支流

图 7-1　河流选取的顺序

2. 河流的概括方法

自然界中的河流有着不同形状、不同大小的弯曲。在地图上，随着比例尺的缩小，这些弯曲必须要进行概括。概括河流图形时，要着重研究河流的弯曲形状、弯曲概括的原则和方法。

河流为使综合后的几何图形能够保持河流的基本特征，在概括河流图形过程中，一般需遵循以下原则。

1）保持河流弯曲的特征转折点

概括河流图形时，先要找出河流的主要转折点，这些点起着图形的骨架作用，图形概括时应保留这些点。主要特征点在弯曲后可以合并、夸大，但不能删除（图 7-2）。

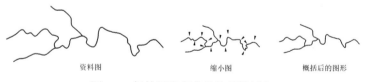

资料图　　　　　　缩小图　　　　　　概括后的图形

图 7-2　保持河流弯曲的特征转折点

2）保证河流的长度接近实地长

随着地图比例尺的缩小，许多小河被舍弃，河流的弯曲不断地被简化，河流总长度则随之相应地缩短。河流长度通过图形概括后必然会缩短，但地理信息使用者则希望地图上的河流尽可能接近实地长。为此，概括图形时应尽量按河流弯曲的外缘部位进行，扩大弯曲，使图形概括造成的河长损失尽量得到补偿（图 7-3）。

正确的概括

不正确的概括

图 7-3　沿夸大弯曲部位概括河流

3. 不同河系的制图综合

河系的图形综合主要表现在：保持河系的类型特征，河流的主次和交汇关系以及河源、河口的特征等。本次实习以资料图比例尺 1∶10 万新编地图比例尺 1∶25 万为例，对不同河系的河流进行综合练习。

1）树枝状河系的综合

树枝状河系多见于岩性比较一致的山地和丘陵。这类河系在我国分布很广，如四川盆地、黄土高原、黑龙江等地区较为典型。

主要特征：支流多而不规则，支流从不同方向呈锐角汇入主流，构成形状如树枝的图形。

综合要点：为反映河系呈树枝状的图形特征，应优先选取显示主支流锐角相交的特点的小支流（图 7-4）。

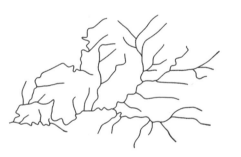

图 7-4　树枝状河系的综合

2）格状河系的综合

格状河系多形成于以褶皱构造为基础的山区，如我国川东平行岭谷、天山山地和闽浙丘陵等地区。

主要特征：河流多近于直角转弯，主支流近于直角相交，构成格网状的平面图形。

综合要点：优先选取反映构成格状特征的支流，选取近似直角拐弯及与主流近于直角相交的小河，这些小河一部分可能小于选取标准（图 7-5）。

3）羽毛状河系的综合

在山岭成平行延伸且坡度较陡的山区，常发育羽毛状的河系，如我国横断山区、秦岭

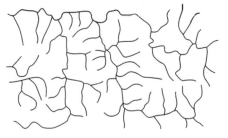

图 7-5　格状河系的综合

北坡等地分布较多。

　　主要特征：主流位于深谷低地之中，平直、粗壮，流向与山岭平行；支流分布于两侧山坡，短小且近于平行；主、支流近于直角相交，两侧支流也大致对称，形如羽毛。

　　综合要点：保持支流近于平行，主、支流近于直角相交的特点。注意两侧支流的排列与间隔的大小。为了保持羽毛状的特点，有时需按临界选取标准中的低标准选取一些短小支流，保持不同地段上支流的数量对比（图 7-6）。

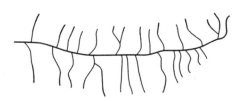

图 7-6　羽毛状河系的综合

　　4）平行状河系的综合

　　平行状河系多发育在倾斜平缓的地段上，如我国淮河流域是较为典型的大的平行状河系。

　　主要特征：在同一个平缓倾斜面上，河流顺倾斜面大致平行排列。

　　综合要点：优先选取近似同一方向且相互平行的支流，当两平行支流间隔小于 3mm，可适当舍去部分长度大于选取标准并有碍于反映平行状河系特征的支流（图 7-7）。

图 7-7　平行状河系的综合

4. ArcMap 环境中河流制图综合

在 ArcMap 中进行河流制图综合的操作步骤如下：

（1）打开 ArcMap 10.5 软件，利用菜单栏下工具栏上的"加载数据 Add Data"工具按钮加载数据，加载 Hydro 数据库中的河流（stream_10）数据文件，并将地图文件保存为 Hydro. mxd 文件，如图 7-8 所示。

（2）点击 ArcMap 菜单栏下工具栏上的"ArcCatalog"按钮，如图 7-9 所示，在空间数据库（Hydro 数据库）名称上单击右键，选择"新建"，依次选择"要素类"，新建名称为"stream_25"的线要素矢量文件，并设置与 stream_10 一致的空间参考系统。

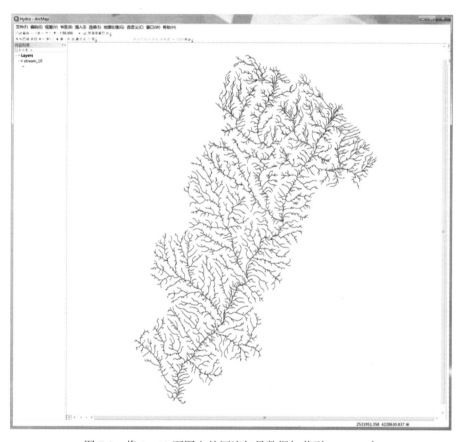

图 7-8　将 1∶10 万图上的河流矢量数据加载到 ArcMap 中

（3）如图 7-10 所示，将新建的河流矢量数据（stream_25）加载到内容列表中，然后在 stream_25 文件名上单击右键，选择"编辑要素"，并在"开始编辑"后选择"创建要素"的目标图层为"stream_25"，并在构造工具中选择"线"（图 7-11）。

（4）根据河流制图综合的原理与方法，对 1∶10 万图上的河流进行选取和概括（图 7-12），保持河流密度的对比，同时化简河流的弯曲，综合完成每一条河流时，双击鼠标左键结束，开始下一条河流水系的综合，直至完成整个流域河系的河流制图综合，完成河

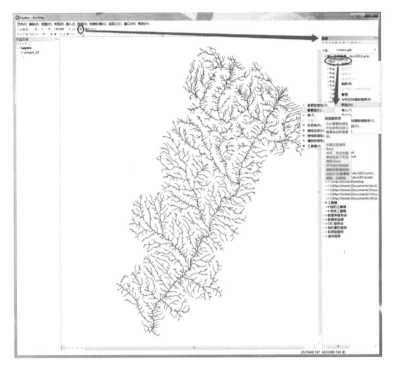

图 7-9　新建 1 : 25 万图上的河流线要素文件

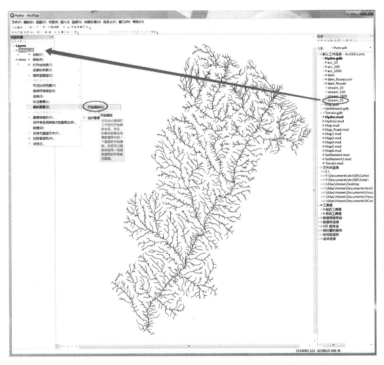

图 7-10　将新建的河流矢量数据加载到内容列表中

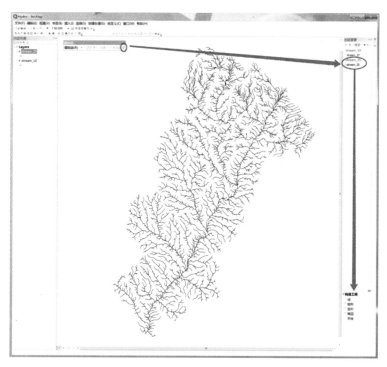

图 7-11　开始综合（编辑）河流矢量数据

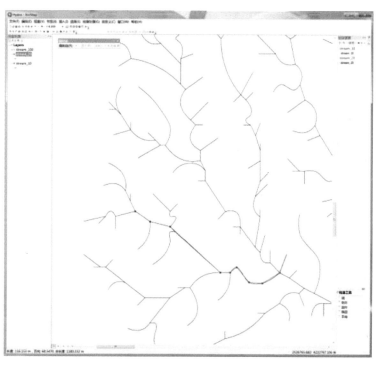

图 7-12　对 1∶10 万图上的河流进行选取和概括

流综合后，点击编辑器下拉菜单上的结束编辑，选择保存，得到 1：25 万图上的河流矢量
数据文件（图 7-13）。

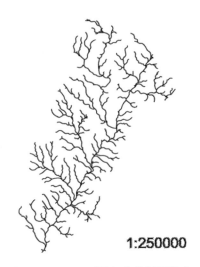

1:250000

图 7-13　1：25 万图上流的制图综合

三、实习要求

（1）深入理解河流制图综合的基本原理，遵循河流综合的基本原则，利用河流综合
的方法，对不同河系的河流进行制图综合。

（2）在图形软件中完成本次实习内容中的所有不同河系的制图综合。对于实习内容
中的河流选取和图形概括，学生可以进行改进，并说明理由。

（3）思考网状河系、扇状河系和辐射状河网的综合要点。

（4）上交实习数据的要求：河流综合前后的图形数据以 ＊.tif 格式或 ＊.cdr 格式文件
上交，河流综合前后的图形数据输出文件，按激光打印输出要求以 ＊.pdf 格式提交。

（5）实习报告内容包括实习目的、实习内容、实习步骤、实习成果分析和实习体会
等。要求结构合理、图文并茂，字数不少于 1000 字。

第二节　地貌的综合

一、实习目的

等高线是表示地貌特征最常用的方法之一，不仅能表达地貌景观的基本形态和典型特
点，科学地解决了地图上二维平面空间表示三维立体空间的难题，而且提高了地图的可量
测性，为用图者提供丰富的地理信息。地貌的制图综合主要就是研究等高线图形综合原则
和方法。

以等高线表示的地貌图形数据为练习对象，通过对等高线进行制图综合练习，深刻理

解地貌制图综合的基本概念，通过对等高线的选取和概括，掌握地貌特征综合的原则与方法，学会灵活运用各种方法进行地貌综合。

二、实习内容

在地图制图过程中，随着地图比例尺的缩小，等高线图形亦缩小，造成许多等高线的碎部弯曲打印、印刷和阅读困难，同时随着地图比例尺的缩小，等高距需要增大，部分等高线被删去，致使相邻等高线产生不协调现象，因此必须对表示地貌的等高线图形进行制图综合处理。

1. 地貌等高线的图形概括原则

1）保留主要的地貌特征形态

大多数情况下，地貌特征形态以正向地貌为主，正向地貌以山脊形态为主要特征，在进行制图综合时，要考虑目标区域的主要地貌形态。如图7-14所示，在原等高线图上标记出主要的山脊线，然后再在简化等高线时，删除谷地、合并山脊，使山脊形态逐渐完整。删除谷地时，等高线沿着山脊的外缘越过谷地，使谷地"合并"到山脊之中。

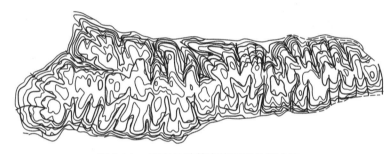

图7-14　正向地貌等高线图形化简方法

2）保持等高线的相互协调

地表地形形态是连续的整体，在概括地貌等高线图形时必须同时对一组等高线进行概括。如图7-15所示，删除一条谷地或合并两个小山脊，应从整个斜坡面来考虑，不宜上面删除了弯曲，下面又保留了弯曲，应将表示谷地的一组等高线图形全部删除，使同一斜坡上等高线保持相互协调的特征。

制图综合时，常常因为等高距的扩大，舍去了部分等高线，地貌形态变得不够明显或等高线之间的有机联系遭到破坏，致使等高线产生不协调的现象。这时，除删除等高线弯曲外，还需用移位和夸大的方法加以处理，使地貌的基本形态特征更加明显突出。

2. 地貌等高线图形综合

以图7-16为例，学习地貌等高线图形综合方法。

在图7-16中，资料图为1：5万地形图，缩编为1：10万地形图，再编为1：25万地形图。

图形化简前，先要做好分析地貌形态特征和勾绘地貌结构线两项准备工作。

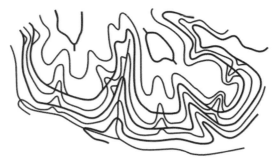

图 7-15　保持等高线相互协调

(a) 在资料图上勾绘地性线

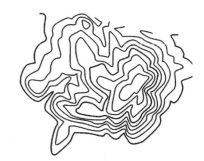

(b) 1:10万编绘图

(c) 1:25万编绘图

(d) 1:25万地图的放大图

图 7-16　等高线图形化简

1）地貌形态特征的分析

如图 7-16（a）所示，该山体东南高，西北低，东南部陡，西北部缓；东南部山体较完整，西北部山体较破碎。山顶长条形，较圆浑。山脊的顶部较宽，呈分叉状延伸，主山脊由北向东南伸展至主峰后折向西南和向西方向。鞍部不是很明显，基本对称，两侧多为切割微弱的宽谷，说明该地区切割尚未深达分水地带。东南坡陡且呈凹形；西北坡缓且可分出三级阶地，一级阶坡较陡直，阶面为山顶。二级阶坡为直线状，阶面较小；三级阶地坡形平缓，坡面宽平。谷地多为 V 字形，西南部和西北部两条深切谷地为山体的主谷，纵剖面呈不明显的阶状。

2）勾绘地貌结构线

在缩小资料图上勾绘谷底线、山脊线等必要的地貌结构线（图7-16（a））。

3）化简等高线图形

用删除小谷地的方法，对未勾绘谷底线的小谷地进行化简。

图7-16（b）是经过概括以后的1∶10万比例尺的图形，从图中可以看到，等高线的概括程度不是很大，一般不要作等高线的移位即可表示地貌的基本特征。

图7-16（c）是由1∶10万编绘成1∶25万的编绘图；图7-16（d）则是1∶25万比例尺地图的放大图，用以同图7-16（b）作比较，从图上可以看出等高线概括的情况，以及为了强调谷地与山脊等高线做了适当的移位（箭头指示等高线移位的部位和方向）。

3. 中山地貌等高线图形综合

图7-17是1∶10万比例尺秦岭地区的等高线图形，本次实习将该图形缩小到1∶25万，对图7-18表示地貌的等高线图形进行综合。

该地区绝对高程为500～1800m，相对高程为1300m。外力作用以流水侵蚀为主。山体完整，地貌结构线明显清晰，山顶山脊浑圆，斜坡多为复合型坡，谷底深切成V形，多深切谷。

利用前面学习的地貌综合原则和方法，对图7-17表示地貌的等高线图形进行综合。综合时反映山顶山脊斜坡的等高线要既有套合浑圆的特点，又有明显棱脊特征，反映谷底的等高线是V形，谷头圆滑。等高距为100m，适当选取高程点。图7-18是综合后的1∶25万等高线图形。

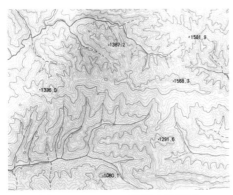

图7-17　1∶10万的等高线图形

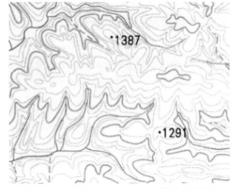

图7-18　综合后的1∶25万等高线图形

4. ArcMap环境中等高线制图综合

在ArcMap中进行等高线制图综合的操作步骤如下：

（1）打开ArcMap 10.5软件，利用菜单栏下工具栏上的"加载数据Add Data"工具按钮加载数据，加载地理数据库中的等高线（Contour_10）数据文件，并将地图文件保存为Terrain. mxd文件，如图7-19所示。

（2）综合分析等高线反映的地貌形态特征，勾绘选取地貌结构线，在地形地貌地理

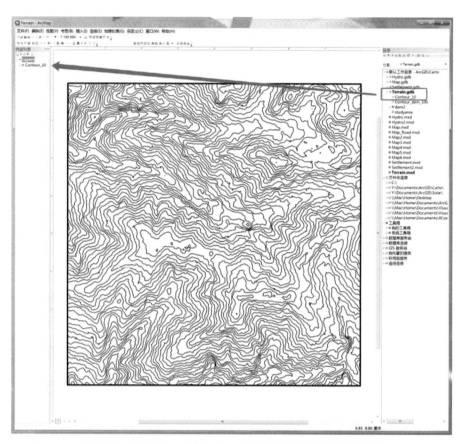

图 7-19　在 ArcMap 中加载 1∶10 万地图的等高线矢量数据

数据库（Terrain 数据库）名称上单击右键选择"新建"，依次选择"要素类"，新建名称为"Contour_25"的线要素矢量文件，并设置与 Contour_10 一致的空间参考系统。然后将新建的等高线矢量文件（Contour_25）加载到内容列表中，右键选择"编辑要素"，并在"开始编辑"后选择"创建要素"的目标图层为"Contour_25"，并在构造工具中选择"线"，如图 7-20 所示，沿着选取的等高线，依次进行化简，完成后点击编辑器下拉菜单中的"结束编辑"，选择保存，得到 1∶25 万的等高线图形数据（图 7-21）。

三、实习要求

（1）深入理解地貌等高线制图综合的基本原理，遵循等高线综合的基本原则，利用等高线综合的方法，对等高线图形进行制图综合。

（2）在图形软件中完成本次实习内容中图 7-17 的等高线图形制图综合。对于实习内容中的等高线图形概括结果（图 7-18），学生可以进行改进，并说明理由。

（3）思考概括等高线图形时如何保持以负向地貌为主的地貌形态特征。负向地貌为主的地貌形态是指那些以宽谷、凹地占主导地位的地区，如喀斯特地区、砂岩被严重侵蚀的地区、冰川作用形成的冰川谷和冰斗、黄土塬、黄土墚等，它们都具有宽阔的谷地和狭

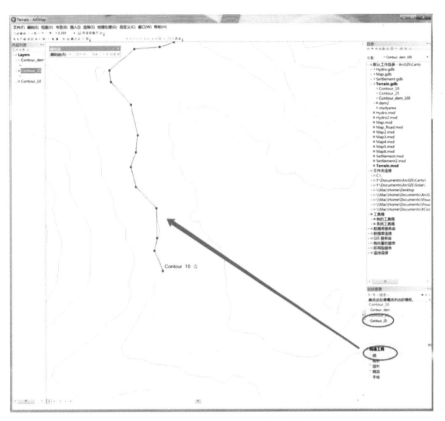

图 7-20　开始等高线图形综合（编辑）

图 7-21　综合后的 1：25 万等高线图形

窄的山脊。

（4）上交实习数据的要求：地貌等高线图形综合前后的图形数据以 ＊.tif 格式或 ＊.cdr格式文件上交，等高线图形综合前后的图形数据输出文件，按激光打印输出要求，以 ＊.pdf 格式提交。

（5）实习报告内容包括实习目的、实习内容、实习步骤、实习成果分析和实习体会等。要求结构合理、图文并茂，字数不少于 1000 字。

第三节　居民地的综合

一、实习目的

本实习以城镇居民地的制图综合为例，深入理解居民地制图综合的基本概念，基本掌握居民地形状概括的基本原则和方法，学会灵活运用制图综合的技术手段实现城镇居民地的制图综合。

二、实习内容

城镇居民地形状的综合主要是采用化简和夸张、合并和分割等方法对缩小到图面上的居民地形状进行处理。即在建筑物密集地带舍去一些次要街道，合并成街区，删去或夸大轮廓图形的细小弯曲，使居民地图形更为简略。但经过处理后的居民地图形，应保持与实地或资料图基本相似。

1. 城镇居民地综合的基本原则

1）正确反映居民地内部的通行情况

根据通行能力，合理地选取快速路、高架路、立交桥、地铁及轻轨、主要街道和次要街道，正确反映城镇居民地内部的通行能力与通行状况。

2）正确反映街区平面图形的特征

街道是城市的骨架，街道相互结合构成不同的平面特征，按平面图形的结构特征，城镇式居民地可分为矩形、辐射状、不规则和混合型等几类。城镇居民地平面图形概括的关键主要在于街道的选取。

（1）反映居民地平面图形的类型特征。选取街道时，对于构成矩形街区的街道网，应注意选取相互垂直的两组街道，影响街区成矩形的街道一般可考虑舍去；对于辐射状的街道网，则首先应注意选取收敛于一点的和呈圆形或多边形的两组街道。图 7-22 是这几种城镇居民地平面图形概括的示例。

（2）反映不同方向的两组街道的数量对比及街区的方向（图 7-23）。概括矩形状街区时，当沿两方向计算街区均为偶数时，常以舍去街道合并街区的方法进行概括(7-23(a))，若一方向为偶数、另一方向为奇数，用合并与分割相结合的方法进行概括（图 7-23(b)）。

（3）反映不同地段上街道密度及街区大小的对比（图 7-24）。

3）正确反映居民地建筑与非建筑面积的对比

建筑面积与空地面积的对比。街区按其内部建筑物的密度大小，可区分为密集街区与

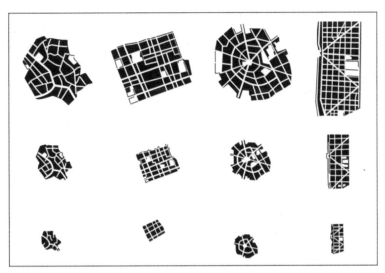

图 7-22　保持街区的平面图形特征

（a）合并　　　　　　　　　　　（b）合并与分割

图 7-23　反映街道的数量对比及街区的方向

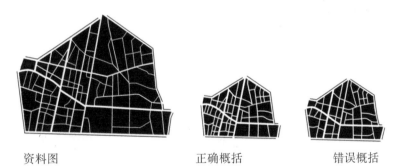

资料图　　　　　　　　正确概括　　　　　　　　错误概括

图 7-24　保持不同地段街道密度和街区大小的对比

稀疏街区。为了保证建筑地段与非建筑地段面积的对比，必须根据不同的街区类别实施不同的概括方法。图 7-25 是密集街区的概括方法，图 7-26 是稀疏街区的概括方法。

　　有的街区内部空地较大，可属稀疏街区，但其中局部地段却由密集的建筑物构成，对这样的地段，其综合方法与密集街区相同，只是注意不要合并过大（图 7-27）。

　　4）正确反映居民地的外部轮廓形状

　　图 7-28 是城镇居民地外部轮廓形状概括的举例，其中，（a）是资料图，（b）是正确的概括，（c）是不正确的概括，图 7-28（c）有几处明显的变形。

图 7-25　密集街区的概括

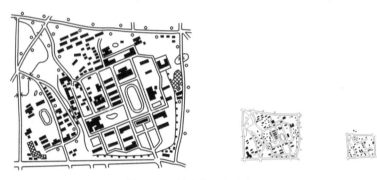

图 7-26　稀疏街区的概括

资料图　　　　　　　　正确的综合　　　　　不正确的综合

图 7-27　有密集建筑地段的稀疏街区的综合

（a）　　　　　　　　（b）　　　　　　　　（c）

图 7-28　城镇居民地外部轮廓形状的概括

2. 城镇居民地综合的一般程序

为了正确地综合居民地，保证主要物体精度以及地图数据制作方便，遵守一定的综合程序是十分必要的。对于用平面图形表示的居民地，通常可按图 7-29 所示的程序进行综合。

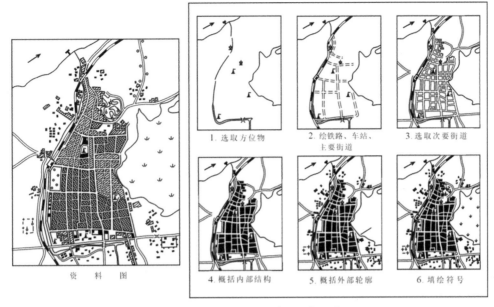

图 7-29　城镇居民地综合的一般程序

1）选取居民地内部的方位物

先选方位物，是为了保证其位置精确，并便于处理同街区图形发生矛盾时的避让关系。

方位物过于密集，应根据其重要程度进行取舍，以免方位物过多，会破坏街区与街道的完整。

2）选取铁路、快速路、高架路、立交桥、地铁、轻轨及主要街道

由于铁路、快速路、高架路、地铁和主要街道是非比例符号，它们占据了超出实际位置的图上空间。为了不使铁路、快速路、高架路、地铁和主要街道两旁的街区过分缩小，以致居民地图形产生显著变形，应使由铁路、快速路、高架路、地铁和主要街道加宽所引起的街区移动量均匀地配赋到较大范围的街区中。

3）选取次要街道

选取通行状况较好、连贯性强的次要街道。选取有利于反映街道网图形特征和街区方向的次要街道。考虑街区大小，选取有利于反映街道网密度对比的次要街道。

4）概括街区内部的结构

以合并、删除和夸大等方法概括建筑地段的图形。绘出建筑地段的相应质量特征，例如在大比例尺地形图上区分突出房屋、高层房屋区等。绘出街区内不依比例表示的普通房屋。

在这一过程中，还包括居民地内部质量特征的概括在内，例如将许多密集的建筑物合并成建筑地段，减少内部建筑物的质量差别等。

5）概括居民地的外部轮廓形状

从图上确定居民地的范围及其轮廓的特征点，然后才考虑形状概括的问题，处理好与

其他要素之间的关系。

6）填绘其他说明符号

最后填绘的其他说明符号是指植被、土质等说明符号，例如公园、果园、菜地、沼泽等符号。当上述分布范围不能容纳说明符号时，就只能表示成空地。

3. 城镇居民地的制图综合

图 7-30 是 1:10 万的沈阳市市区地图的局部，市区平面图形属混合状。综合时选取部分贯穿市区的、与主要公路连接的、反映街区平面图形特征的主干道，将其他主干道改为次干道并优先选取，合并街区后面积最大不超过 12mm²，一般为 2~4mm²。近郊区属稀疏街区，在主、次干道控制下，填绘依比例的街区平面图形及普通房屋符号，房屋密度大于 70% 时，可合并为街区。图 7-31 是综合后的 1:25 万沈阳市区（局部）图形。

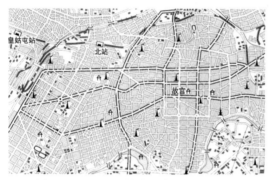

图 7-30　1:10 万的沈阳市区图（局部）　　图 7-31　综合后的 1:25 万沈阳市区图（局部）

4. ArcMap 环境中居民地制图综合

进行居民地制图综合的操作步骤如下：

（1）打开 ArcMap 10.5 软件，利用菜单栏下工具栏上的"加载数据 Add Data"工具按钮加载数据，加载 Settlement 数据库中的居民地（building_10）数据文件和道路（roads）数据文件，并将地图文件保存为 Settlement.mxd 文件。如图 7-32 所示，鼠标右键点击图层，选择"属性"，利用"符号化"选项卡对图层进行简单符号化，用无边框黑色多边形表示居民地地块，用黑色双实线表示外部主干道和内部道路。

（2）在居民地空间数据库（Settlement 数据库）名称上单击鼠标右键，选择"新建"，依次选择"要素类"，新建名称为"building_25"的面状要素矢量文件，并设置与 building_10 一致的空间参考系统。然后，将新建的居民地面状矢量文件（building_25）加载到内容列表中，右键选择"编辑要素"，并在"开始编辑"后选择"创建要素"的目标图层为"building_25"，并在构造工具中选择"面"，依次对居民地进行化简，如图 7-33 所示。完成居民地地块的选择和化简之后，点击编辑器下拉菜单上的"结束编辑"，选择保存，得到 1:2.5 万图上的居民地图形数据（图 7-34）。

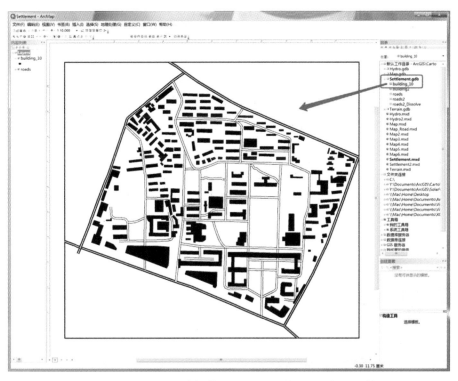

图 7-32　在 ArcMap 中加载 1∶1 万图上的居民地矢量文件

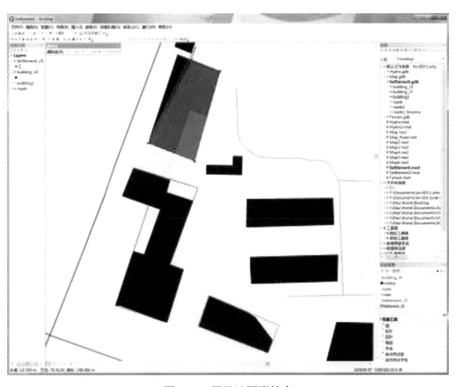

图 7-33　居民地图形综合

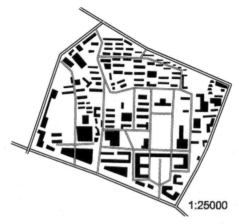

图 7-34　综合后的 1 : 2.5 万居民地图形

三、实习要求

（1）深入理解城镇居民地制图综合的基本原理，遵循城镇居民地综合的基本原则，利用城镇居民地综合的方法，对城镇居民地图形进行制图综合。

（2）在图形软件中完成本次实习内容中图 7-30 的城镇居民地制图综合。对于实习内容中图 7-31 的城镇居民地图形概括结果，学生可以进行改进，并说明理由。

（3）思考如何对街区式、散列式、分散式和特殊式等农村居民地的图形进行概括。

（4）上交实习数据的要求：城镇居民地图形综合前后的图形数据以 ＊.tif 格式或 ＊.cdr格式文件上交，城镇居民地综合前后的图形数据输出文件，按激光打印输出要求，以 ＊.pdf 格式提交。

（5）实习报告内容包括实习目的、实习内容、实习步骤、实习成果分析和实习体会等。要求结构合理、图文并茂，字数不少于 1000 字。

第四节　地图全要素的综合

一、实习目的

通过全要素地图的制图综合练习，深入理解各要素制图综合的特点和规律，基本掌握各要素选取和形状概括的基本原则和主要方法，学会灵活运用选取、化简、概括和位移等技术手段，处理好各要素之间的关系，在单要素练习的基础上，进一步掌握全要素地图制图综合的基本方法和步骤。

二、实习内容

图 7-35 是 1 : 10 万地形图（局部），本次实习是将图 7-35 缩小到 1 : 25 万，对水系、地貌、土质植被、居民地、道路和境界等要素进行制图综合。

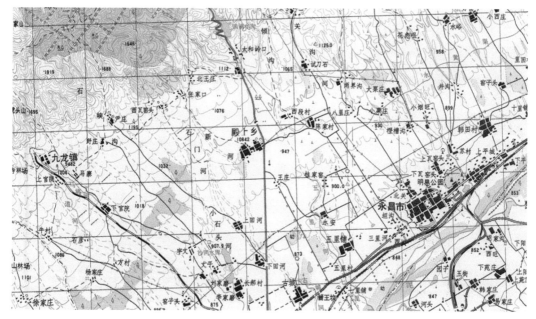

图 7-35　1∶10 万地形图（局部）

1. 地图要素的选取

选取图上长度大于 5mm 的河流、沟渠，选取图上面积大于 $1mm^2$ 的湖泊、池塘。图上面积大于 $2mm^2$ 的水库全部选取依比例尺表示，其他水库选取用符号表示。

乡、镇级以上居民地全部选取，然后按照图上每平方分米 80~100 个的密度，优先选取位于道路交叉口、河流交汇处的居民地。

铁路、高速公路、国道、省道和县道全部选取，然后按照道路网格 2~4cm^2 大小，选取机耕路、乡村路和小路。

图上面积大于 $1cm^2$ 的凹地要选取。有河流通过的谷底、道路通过的谷底优先选取，按照谷口间距 3~5mm，选取其他谷底。

图上面积大于 $16mm^2$ 的成林、灌木林、经济林选取表示。

2. 地图要素的概括

水系、等高线等，图上小于 0.5mm×0.6mm 的弯曲要化简。

概括居民地时，街区单元面积在城镇房屋密集区的不能超过 $12mm^2$，稀疏区不超过 $4mm^2$，最小图斑是 $1mm^2$。街区凸凹拐角小于 0.5~1.0mm 的可以综合。

居民地街区面积小于 $2mm^2$ 改用圈形符号表示。由平面图形过渡到用圈形符号表示时，首先遇到的是圈形符号定位于何处的问题。平面图形结构呈面状均匀分布时，圈形符号定位于图形的中心（图 7-36（a））；由街区和外围的独立房屋组成时，圈形符号配置在街区图形上（图 7-36（b））；由有街道结构和部分无街道结构的图形组成时，圈形符号配置在有街道结构的部位（图 7-36（c））；散列式居民地圈形符号配置在房屋较集中的部

235

位（图 7-36（d））。

定位部位	图形及圈形符号的定位
(a) 以平面图中心定位	
(b) 以街区部位定位	
(c) 以有街道部位定位	
(d) 以较密集部位定位	

图 7-36　居民地圈形符号的定位

3. 地图要素空间关系的处理

综合河流和地貌时，要处理好河流与等高线的关系，河流必须通过谷地等高线的顶点（转弯点），即河流与等高线垂直相交。

正确处理居民地圈形符号同道路、河流等线状要素的关系。当线状要素通过居民地时，表示为圈形符号和线状要素相割关系，如图 7-37 中"宇文"。当居民地紧靠在线状要素的一侧时，表示为圈形符号和线状要素相切关系，如图 7-37 中"九龙镇"。居民地同线状物体离开一段距离，表示为圈形符号和线状要素相离关系，如图 7-37 中"西段村"。

图 7-37　综合后的 1∶25 万地形图（局部）

当道路与水系物体（湖岸线及河流符号）发生争位性矛盾时，一般保持固定性强的水系物体的位置，移动道路。

236

4. 地图要素综合顺序

地图要素综合顺序按有利用要素关系协调原则和重要因素在先、次要要素在后的顺序进行。一般顺序为：高程点、独立地物、水系、铁路、主要居民地、公路、次要居民地、其他道路、管线、地貌、境界、土质与植被。

图 7-37 是经过综合的 1∶25 万地形图（局部）结果。

三、实习要求

（1）深入理解全要素制图综合的基本原理，遵循全要素综合的基本原则，利用全要素综合的方法，对地图全要素进行制图综合。

（2）在图形软件中完成本次实习内容中图 7-35 的 1∶10 万地形图（局部）制图综合。对于实习内容中图 7-37 的 1∶25 万全要素制图综合结果，学生可以进行改进，并说明理由。

（3）上交实习数据的要求：1∶25 万全要素制图综合结果的图形数据以＊. cdr 格式或＊. tif 格式文件上交，1∶25 万全要素制图综合结果的图形数据输出文件，按激光打印输出要求，以＊. pdf 格式提交。

（4）实习报告内容包括实习目的、实习内容、实习步骤、实习成果分析和实习体会等。要求结构合理、图文并茂，字数不少于 1000 字。

第八章　地图设计与制作实习

第一节　地图总体设计

一、实习目的

通过本次实习，使学生加深对地图总体设计、地图投影选择、地图比例尺确定和图面配置的基本概念的理解，进一步掌握地图总体设计方法和步骤。通过实习加深对地图总体设计的认知了解，巩固和深化所学的地图设计理论，以达到全面熟悉和掌握地图设计的目的。

制图区域范围的确定要综合考虑地图的用途和类型的需要，对于普通地图和专题地图而言，要先从地图制作的基本资料上明确制图区域主区的地理分布范围；其次根据地图分幅、地图尺寸、比例尺等来确定制图区域范围。地图比例尺是指在地图上标明的、没有投影变形的部位上的比例尺，它代表地面上微分投影在地图上缩小的倍数。

通过对图面进行图名、比例尺、图例、各种附图等方面的设计让学生能够运用图形软件来设计地图，可让学生对地图有更深入的了解。

二、实习内容

编制一幅湖北省行政区划图，对地图投影、地图比例尺和地图图面配置进行设计。

湖北省位于中国中部，东经 108°21′42″—116°07′50″、北纬 29°01′53″—33°6′47″，东西宽约 725km，南北长约 462km（图 8-1）。制图区域范围包括整个湖北省，采用矩形图幅，考虑到湖北省平面图形的形状和使用方便，采用全开（787mm×1092mm）纸张印刷湖北省行政区划图。

1. 地图投影的选择

在编制地图时，选择一个保障地图能完成任务的地图投影具有重要意义。一个适当的地图投影，不仅能保证满足地图用途，而且可以根据需要，保证地图的精度和地图的实用性。第一，考虑到湖北省位于北纬 29°01′53″—33°6′47″，处于中纬度地区，为了保证地图的精度，选择正圆锥投影非常合适；第二，为了保证湖北省的轮廓图形正确，选择等角投影；第三，为了进一步提高湖北省行政区划图的精度，采用割圆锥投影。两条标准纬线分别为：30°30′、32°30′。最后，湖北省行政区划图确定采用双标准纬线正等角圆锥投影。投影方案确定后，根据选择的投影确定公式的常数，运用它的公式依经纬线网间隔，计算投影的坐标值。可以将编图基础地图数据转换到该地图投影上，以方便后面的地

图 8-1 湖北省行政区划和图形形状

图数据制作。

2. 根据区域范围和图纸大小确定比例尺

在编图时，比例尺的选择以制图区域范围大小、图纸规格和地图的精度为约制条件。

比例尺决定实地上的制图区域表象在图面上的大小，所以制图区域的范围和地图比例尺的确定是密切相关的。一定大小的区域范围，当图纸的规格为预先确定时（例如地图集中的地图需符合一定的开本大小等），要根据图纸大小来确定地图的比例尺。显然，范围较大的区域要选择比较小的比例尺，而范围小的区域则可选用较大的比例尺。

根据制图区域的范围和图纸规格可以直接计算确定地图比例尺。湖北省行政区划图幅面为标准全开，地图的成图尺寸还必须在光边除去印刷机咬口、丁字线。纸张光边每边要去掉 3~5mm，标准全开光边白纸尺寸 781 mm×1086mm。全张印刷机咬口 10~18mm，为了彩色图的各色套印，需要在地图数据上（除咬口边外的）三方绘出丁字线。一般要求丁字线垂直于图边的方向长度不少于 4mm，成图后切边时又要去掉 3mm，即带丁字线的图边又要去掉 7mm。得到成图尺寸 774mm×1079mm。

根据地图整饰方面的要求，花边宽度约为图廓边长 1%~1.5%，设计花边宽度为 12mm，内外图廓间的距离为 6mm，得到内图廓尺寸 756mm×1061mm。湖北省东西长约 725km，南北长约 462km。此时，可以确定湖北省行政区划图的比例尺。

725km÷1061mm＝725000000÷1063＝683318

462km÷756mm＝462000000÷756＝611111

因为 1：683318＜1：611111，把比例尺分母凑成整数，所以该图比例尺为：1：70万。

根据制图区域的范围和图纸规格直接计算确定地图比例尺，首先根据长边求出一个比例尺后，然后必须根据短边再求一个比例尺。二者不一致时，取其中较小的比例尺作为最后确定的比例尺。

3. 地图的图面设计

地图图面配置设计，就是要充分利用地图幅面，针对图名、图廓、附图、附表、图例、比例尺及各种说明的位置、范围大小及其形式的设计；对于具有主区的湖北省行政区划图，它还包括主区范围在图面上摆放位置的问题。

1）图面配置的基本要求

清晰易读。选择色彩的色相和亮度易于辨别，符号的形状易区分。

视觉对比度适中。对比度太小或太大都会造成人眼阅读疲劳，降低视觉感受效果，影响地图信息的传递。

层次感强。应使主题和重点内容突出，整体图面具有明显的层次感。主题和重点内容的符号尺寸大而明显，颜色浓而亮，使其处于图面的第一层面。

视觉平衡。地图是由多种要素与形式组合而成的，如主图与附图，图名、图例、比例尺、文字及其他图表（照片、影像、统计图、统计表）等。图面设计中的视觉平衡原则，就是按一定方法处理和确定地图各种要素的地位，使各要素配置显得更合理。

2）图面配置设计

图面配置设计包括图面主区和图面辅助元素的配置，并指出图幅尺寸，图名、比例尺、图例、各种附图和说明的位置和范围，地图图廓、图边的形式等。图面配置设计是要将图面主区和图面辅助元素设置成一个和谐的整体，表现出空间分布的逻辑秩序，在充分利用有效空间面积的条件下使地图达到匀称和谐的效果。

3）主图的配置

主区图形应占据地图幅面的主要空间，地图的主题区域湖北省应完整地表达出来；湖北省主区图形的重心或地图上的重要部分，应放在视觉中心的位置，保持图面上视觉平衡。主区的底色要用暖色调，明而亮，使其处于图面的第一层面。

4）图名的配置

图名应当简练、明确，含义要确切肯定，要具有概括性。通常图名中包含两个方面的内容，即制图区域和地图的主要内容。常见的政区图，可以用其区域范围来命名，因此本次实习图名为《湖北省地图》。

大型地图的图名若纸张有限制可放于图内适当位置，一般安置在右上角或左上角，可以用横排的形式，也可以用竖排的形式。根据湖北省图形的形状，图名"湖北省地图"用横排的形式安置在右上角（图8-2）。

挂图的图名常用美术字，通常采用宋变体或黑变体，《湖北省地图》根据图廓的形状选用扁体字。字的大小与字的黑度相关联，黑度大的可以小一些，黑度小时则可以大一些，但最大通常不超过图廓边长的6%。每个字的大小按图廓的6%左右计算，本次实习图名字大定为45mm×65mm（图8-2）。

5）图例的配置

图例的位置，从布局上要考虑在预定的范围内，密度适中、安置方便、便于阅读。图例在图内主区外的空边安置。根据湖北省地图的形状，图例配置在左上角（图8-2）。

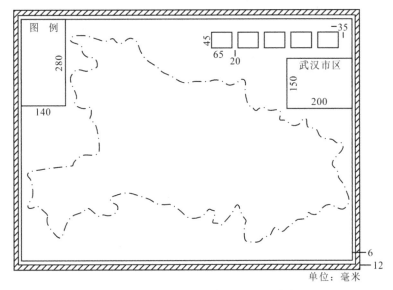

图 8-2　湖北省行政区划图的图面设计

6）比例尺的配置

目前地图上用得最多的形式是将数字比例尺和直线比例尺组合在一起呈现在地图上。数字比例尺全用阿拉伯数字。《湖北省地图》的比例尺放置在图例的框形之内，图例的下方。

7）附图的配置

附图，指除主图之外在图廓内另外加绘的一些插图或图表。它的作用主要有两方面：一是当作主图的补充，二是作为读图的工具。《湖北省地图》的附图为武汉市城区图，是重点区域扩大图。武汉市是湖北省省会城市，是湖北省的重要区域，需要用较大的比例尺详细表达，于是就把这一局部区域的比例尺放大，作为附图。根据湖北省图形的形状，武汉市城区图放在左上角，图名之下（图 8-2）。

8）图廓的设计

图廓分内图廓和外图廓。内图廓通常是一条细线并常附以分度带。外图廓的种类则比较多，地形图上只设计一条粗线，挂图则多带有各种花边和图案。花边的图案可以同地图表达的内容有某种联系，以便配合表达主题，也可以是纯粹的装饰性图案。花边的宽度视本身的黑度而定，一般取图廓边长的 1%～1.5%，过宽过细都不美观。内外图廓间也要有一定的距离。内外图廓间的间距通常为图廓边长的 0.2%～1.0%。湖北省行政区划图花边宽度为 12 mm，内外图廓间的距离为 6 mm（图 8-2）。

三、实习要求

（1）根据给定的制图资料数据，进行地图总体设计。地图设计内容包括地图投影、比例尺、图面配置设计和整饰设计。可以对实习内容中地图总体设计方案进行改进和完善，并说明理由。

241

（2）参考第三章第三节内容，编程实现《湖北省地图》双标准纬线等角割圆锥投影的坐标计算方法，设计《湖北省地图》经纬线网间隔，计算网格交点坐标值，并提交源程序代码。

（3）在图形软件中完成实习内容的图面设计内容。对于实习内容中图廓的设计、比例尺的设计与配置、图名的设计与配置、图例的配置和附图的配置，学生可以进行改进，并说明理由。

（4）上交实习数据的要求：地图图面配置设计数据以 *. cdr 格式文件上交，地图输出文件，按激光打印输出要求，以 *. pdf 格式提交。

（5）实习报告内容包括实习目的、实习内容、实习步骤、实习成果分析和实习体会等。要求结构合理，字数不少于 1000 字。

第二节　网络地图制作与发布

一、实习目的

ArcGIS Online 是基于云的协作式平台，允许组织成员使用、创建和共享地图、应用程序和数据，包括由 Esri 发布的权威性底图。通过 ArcGIS Online 可访问 Esri 的安全云，在其中可以将数据作为发布的 Web 图层进行管理、创建、存储和访问。

通过网络视图设计与制作，加深了解 ArcGIS Online 的功能，熟练使用 ArcGIS Online 云平台，基本掌握发布托管地图要素图层、配置地图符号、弹出窗口，发布网络地图，并创建 Web 应用的基本过程和方法。

二、实习内容

1. 数据准备

ArcGIS Online 支持以下数据：

（1）Shapefile（包含所有 Shapefile 文件的 zip 归档）；

（2）含可选地址、地点或坐标位置的 csv 或 txt 文件（以逗号、分号或制表符分隔）；

（3）GPX（GPS 交换格式）；

（4）GeoJSON（适用于简单地理要素的开放标准格式）。

本实验数据来源于矢量数据"武汉市城区图"，根据 ArcGIS Online 平台的要求，需要把 Shapefile 文件转换为 zip 压缩文件（图 8-3）。

2. 发布托管要素图层

（1）添加数据文件。依次点击"添加项目"→"来自我的计算机"，选择文件"under-pic. zip"文件，将地图标题命名为"武汉市矢量地图"，添加"武汉市""矢量地图"等相应标签（图 8-4）。

（2）点击添加项目，将被导航至该要素图层的详细信息页面。该详细信息页面包括概述、数据、可视化、设置四部分。

图 8-3　把 Shapefile 文件转换为 zip 压缩文件

图 8-4　添加数据文件

①概述：包括标题、缩略图、描述、使用条款、评论次数、详细信息、所有者、文件夹、标签、制作者名单（属性）、URL、最后修改日期等（图 8-5）。

②数据：显示托管图层对应的原始数据，可双击表格中的值以对其进行更改（图 8-6）。

③可视化：以地图的形式显示托管要素图层。

④设置：包括常规、删除保护、范围和托管要素图层的编辑、管理空间索引和导出数据（图 8-7）。

（3）单击"图层"下的"服务 URL"，将被导航至此要素服务的 REST 服务目录界面（图 8-8）。

（4）浏览要素服务的 REST 服务目录页面。该页面主要是对本服务的描述，或称为元数据（图 8-9）。

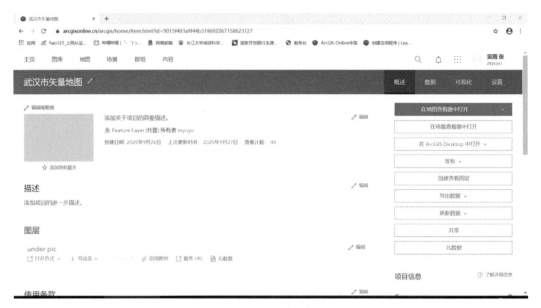

图 8-5　"概述"详细信息界面

图 8-6　"数据"详细信息界面

（5）由详情信息页退出，即可看到 Shapefile 文件上传到 ArcGIS Online 平台，并发布成的托管要素图层（图 8-10）。

网页上的网址就是要素服务的 REST URL。实际上，将创建的 Web 地图和 Web 应用就是通过这个 URL 来调用这个要素服务的。别的用户也可以通过查询的方式，或者直接用这个 URL 把这个图层添加到 Web 地图中。也可以把这个要素服务加到任意多个 Web 地

图 8-7 "设置"详细信息界面

图 8-8 "图层"信息界面

图 8-9 要素服务的 REST 服务目录页面

图中, 进而被用到任意多个 Web 应用中, 这就展示了 Web 服务的重要优点之一: 可被重复利用。

3. 生成 (制作) 网络地图 (Web Map)

(1) 依次点击托管图层→在地图查看器中打开, 即可查看发布的图层 (图 8-11)。

(2) 点击地图上方 "保存" 按钮, 标题命名为 "武汉市矢量地图", 点击 "保存地图", 生成网络地图 (图 8-12)。

4. 地图数据符号化

1) 面状要素符号化

本实验以面要素为例从平台的符号库中选择符号进行符号化。首先添加面状要素文件

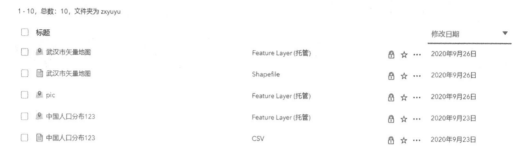

1-10, 总数: 10, 文件夹为 zxyuyu

	标题					修改日期 ▼
☐	🗺 武汉市矢量地图	Feature Layer (托管)	🔒	☆	···	2020年9月26日
☐	📄 武汉市矢量地图	Shapefile	🔒	☆	···	2020年9月26日
☐	🗺 pic	Feature Layer (托管)	🔒	☆	···	2020年9月26日
☐	🗺 中国人口分布123	Feature Layer (托管)	🔒	☆	···	2020年9月23日
☐	📄 中国人口分布123	CSV	🔒	☆	···	2020年9月23日

图 8-10　托管要素图层

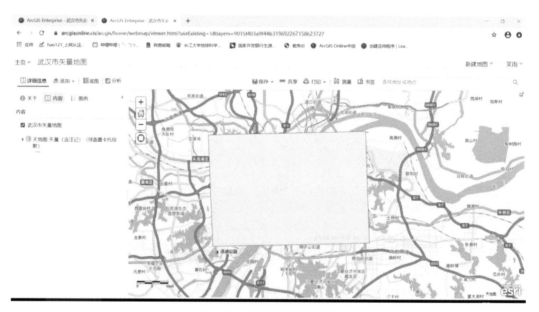

图 8-11　地图查看器界面

保存地图

标题:	武汉市矢量地图
标签:	武汉市 ✕　添加标签
摘要:	实验
保存在文件夹中:	zxyuyu　▼

保存地图　　取消

图 8-12　保存地图

"polygon. zip",点击"添加"按钮→从文件中添加图层→选择文件→导入图层（图 8-13）。

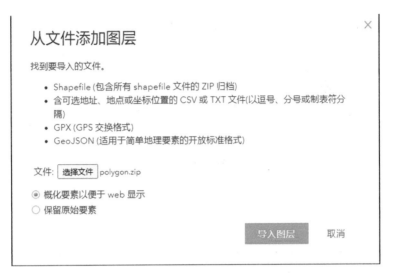

图 8-13 从文件添加图层

点击 polygon 图层，可观察到其中包含"河流、山地、花园、草地、旅游区"五类要素，分别对五类要素选择不同颜色符号化（图 8-14），如果超过了五类，可以增加图层。

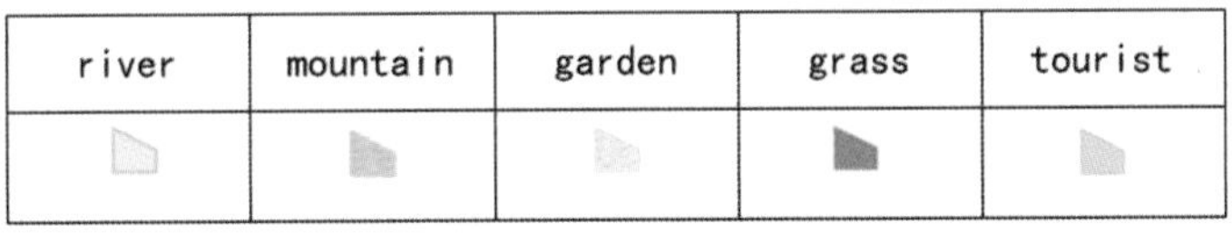

图 8-14 五类要素的颜色样式

点击 river 图层下更改样式按钮，对 river 进行样式更改（图 8-15）。

▲ ☑ polygon

    ☑ polygon - tourist

    ☑ polygon - river

    ☑ polygon - 更改样式

图 8-15 图层更改样式

进入样式更改页面，可以选择要显示的属性进行样式更改，在这里选择位置属性，点击选择"绘制样式"选项→"符号"，对河流面进行填充、轮廓的颜色选择更改并且符号化（图 8-16）。

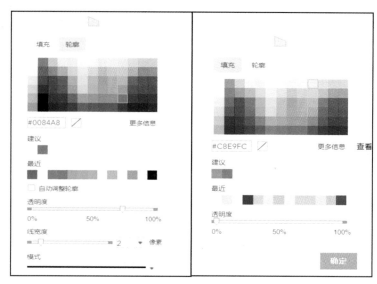

（a）填充样式更改　　　　　　（b）轮廓样式更改

图 8-16　更改样式界面

按上述方式，依次对其他要素进行符号化，图 8-17 是符号化后的面状要素图层。

图 8-17　地图面状要素符号化的结果

2）点状要素符号化

以点状要素为例添加符号进行符号化，添加点状要素文件"point. zip"后，点击更改样式修改符号，可发现点状要素与线状、面状要素不同，可进行形状选择，点击下拉选项可以选择平台自带的符号库对符号进行修改，此处选择自定义影像。

自定义影像通过添加图片 URL 可进行图片添加（图片 URL 获取可参考 https：//

www.cnblogs.com/p1ng/p/128804542.html）。这里对点状要素"武汉欢乐谷"添加自定义影像"武汉欢乐谷.jpg"（图8-18）。

图8-18　点状要素符号化

对点状要素创建标注，点击"武汉欢乐谷"图层下更多选项→"创建标注"，选择标注文本为"名称"，设定文本大小、字体、颜色、对齐方式后点击"确定"，即可添加注记标注（图8-19）。

图8-19　创建标注点状要素"武汉欢乐谷"

3）线状要素符号化

线状要素图层要素配置与面状要素符号化大致相同，接下来进行地图线状要素符号化。

首先添加道路线要素文件"line. zip"，点击 line 图层，可看到其中包含"一级道路、二级道路、环城公路"三类要素，依据地图符号化惯例，分别对三类要素选择不同颜色符号化并创建标注（配置注记）。图 8-20 是地图线要素道路符号化成果。

图 8-20　地图线状要素道路符号化的结果

依据上述方法对地图点、线、面状要素进行全部符号化，结果如图 8-21 所示。

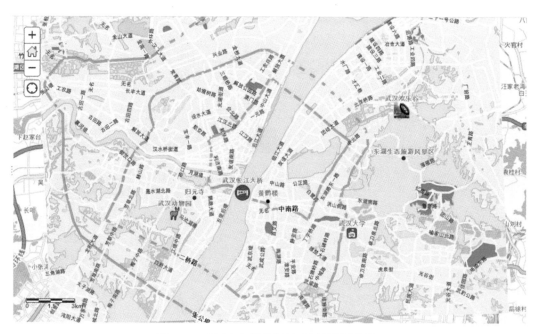

图 8-21　武汉市矢量数据的地图符号化结果

250

5. 配置弹出窗口

（1）在内容窗口中，point 图层武汉大学图层下点击更多选项，点击"配置弹出窗口"按钮。

在"配置弹出窗口"页面中，可对弹出窗口标题、内容、多媒体和属性表表达式等进行配置。弹出窗口标题可以使用动态文本和静态文本组合的形式。单击"弹出窗口标题"选择 ｛武汉大｝ 字段，在字段前输入静态文本"欢迎来到"（图 8-22）。

图 8-22　配置弹出窗口界面

（2）接下来配置弹出内容，单击"配置属性"按钮，在"配置属性"中设置要显示和隐藏的字段，并且定义字段的别名、顺序与格式。对"配置属性"窗口进行如下设置：

①选择 ｛武汉大学｝、｛URL｝、｛简介｝，并将 ｛URL｝ 别名设置为武汉大学官网；

②将上述三个字段以外的其他字段设置隐藏；

③单击"确定"，关闭配置窗口（图 8-23）。

（3）接下来配置弹出窗口媒体。多媒体比文本更能吸引用户，同时能加深用户对所表达内容的认识。

在配置弹出窗口页面底部"弹出窗口媒体"中，可以在弹出窗口中配置图像、视频、图表等。图像的标题、说明文字、URL 和链接（可选）都可以采取静态文本、属性字段值或两者的组合。如果所选数据缺少图像 URL 和链接字段，那么可以指定某一个图片的 URL 和某一个网页的链接。

（4）本次实习中点状要素文件中包含 URL 字段。在弹出窗口中配置"武汉大学"校徽图像，用户点击图像时将链接到字段 URL，从而显示武汉大学官网页面。

点击"添加"选项选择图像选项，标题中键入"武大校徽"，URL 中添加"武大校徽.jpg"图片的 URL。然后点击"确定"退出（图 8-24）。

（5）在"配置弹出窗口"页面点击"确定"，保存弹出配置。单击武汉大学点图层查看弹出窗口。弹出窗口显示标题、简介校徽图像等，单击图片，将弹出武大的官网页面

配置属性
选中要显示并编辑的字段。单击某个字段以更改其别名、对其排序并设置其格式。
显示
编辑
字段名
字段别名
{FID}
FID
{武汉大}
武汉大
{URL}
武汉大学官网
{视频}
视频
{简介}
简介
{创办时}
创办时
{类别}
类别
编辑
文本框类型
单行
提示
确定
取消

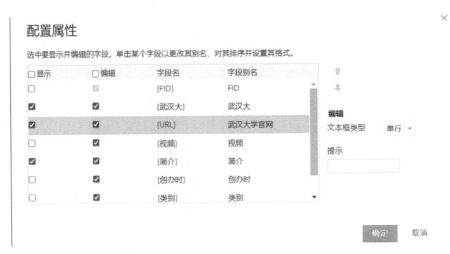

图 8-23　配置属性窗口

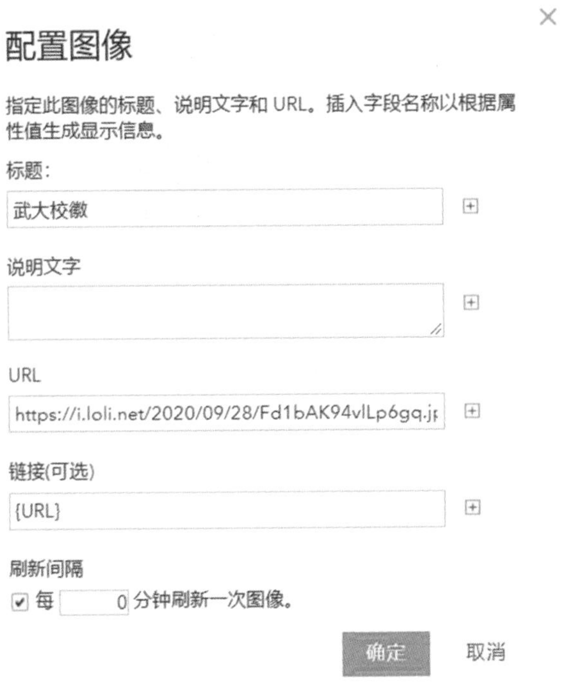
配置图像
指定此图像的标题、说明文字和 URL。插入字段名称以根据属性值生成显示信息。
标题:
武大校徽
说明文字
URL
https://i.loli.net/2020/09/28/Fd1bAK94vlLp6gq.jp
链接(可选)
{URL}
刷新间隔
每 0 分钟刷新一次图像。
确定
取消

图 8-24　配置图像窗口

(图 8-25)。

6. 创建和配置网络地图应用（Web Mapping Application）

（1）将上述步骤完成后，点击地图上方“保存”按钮，保存退出回到 Web 地图信息页面。点击菜单栏中的“共享”选项，打开共享窗口。在“共享”窗口中，选择公共的复选框（图 8-26）。

图 8-25 武汉大学点弹出窗口

图 8-26 共享窗口

注：如果 Web 地图未共享，当公众访问该 Web 地图或 Web 应用程序时会被要求登录。

（2）单击创建 Web 应用程序。在打开的模板选择页选择"基本查看器"，然后点击"创建"。

（3）输入标题、标签和摘要信息，然后单击"完成"（图 8-27）。这样，就成功地创建了一个武汉市矢量地图的 Web 应用程序。

（4）接下来进行 Web 应用程序配置。创建 Web 应用后默认进入应用程序配置页面。在标题默认为 Web 地图名称"武汉市矢量地图"。单击"options"选项，框选"scalebar"（比例尺）以及"toolbar"（工具栏），添加动态比例尺、图层、图例、底图等工具。点击"保存"后，关闭配置窗口（图 8-28）。

（5）点击查看应用程序，进入 Web 应用程序，成果图如图 8-29 所示。

（6）共享 Web 应用程序。在 Web 应用程序信息页，可以在"概述"页右侧最底部找到该应用程序的 URL。由此 URL 链接，用户可直接进入网页浏览地图。将 URL 链接复制，在退出 ArcGIS Online 后再在浏览器中打开页面，测试无误即可。

图 8-27　创建 Web 应用程序界面

图 8-28　应用程序配置界面

三、实习要求

（1）要求有 ArcGIS Online 账户并且具有发布权限。

（2）根据给定的地图矢量数据，利用 ArcGIS Online 发布托管要素图层，配置地图点

图 8-29　"武汉市矢量地图" Web 应用界面

状、线状、面状地图要素符号，弹出窗口，发布网络地图，并创建 Web 应用。

（3）要求图面要素完整，需表示主要道路、主要水系等要素；符号设计新颖，色彩和谐美观。

（4）上交实习数据的要求：提交 Web Map 的 URL、应用的 URL 以及实习报告。

（5）实习报告内容包括实习目的、实习内容、实习步骤、实习成果分析和实习体会等。要求结构合理、图文并茂，字数不少于 1000 字。

第九章 几种地图制作实例

第一节 普通地图（挂图）制作实例

一、实习目的

通过以普通地图挂图 1：250 万《中华人民共和国全图》（以下简称《全图》）设计与制作为例，使学生掌握普通地图数据收集、分析与利用，地图设计和普通地图数据制作方法与步骤。

地图设计包括图面配置设计、地图分幅设计、整饰设计、地图投影设计、比例尺、地图内容和表示方法设计、地图符号、色彩和注记设计。

普通地图数据制作方法与步骤包括普通地图数据制作技术流程设计、地图数据处理和制作方法与步骤。地图数据处理包括地图数据源的内容选取、地图投影变换和地图数据格式转换。地图数据的制作方法包括地图要素符号化、生僻汉字的处理方法、地图制图综合、彩色地貌晕渲的制作方法、图幅拼接方法和地图数据的印前处理。

二、实习内容

1. 地图数据收集、分析与利用

根据《全图》编制目的和用途，收集了大量的最新相关资料（注：《全图》是 2004 年编制的）。

（1）1：100 万数字地图（Digital Line Graphic，DLG，2002 版）。1：100 万数字地图是原国家测绘地理信息局基础地理信息中心主持建设的"全国 1：100 万地图数据库"。覆盖全国范围政区境界、居民地、交通、水系、地貌、土质植被和海洋等要素矢量数据。矢量数据现势性到 2001 年，地名现势性到 2001 年，行政区划现势性到 2002 年。该地图数据内容完整、要素齐全，可以作为《全图》的主区矢量层数据的主要来源，是编图的基础资料数据。

（2）原国家测绘地理信息局 2001 年版的《中国国界线画法标准样图》（1：100 万），用于更新与校正中国国界。

（3）1：25 万全国数字高程模型（Digital Elevation Model，DEM），空间分辨率为 $3'' \times 3''$，用于制作地貌晕渲。

（4）标有最新省界的 1：100 万 MapGIS 数据，用于更新全国各省界。

（5）中国地图出版社 2003 年出版的《中华人民共和国省级行政单位系列图》，可以

用于主区的水系、居民地、交通网等矢量要素的更新。

（6）中国地图出版社 2002 年出版的《世界分国地图》，用于更新邻区各国居民地、道路和水系等矢量要素。

（7）《中华人民共和国行政区划简册》（2004 版）以及国家民政部 2004 年 2 月公布的 "2003 年全国县级以上行政区划变更情况"，用于更新主区行政区划和地名。

（8）中国地图出版社 1997 年出版的 1∶250 万《中华人民共和国全图》，可以作为水系等要素制图综合的参考标准。

2. 图面配置和分幅设计

《全图》由主区、邻区、图例、附图、图名和比例尺组成。根据图面设计中的视觉平衡原则，图名居中放置在图廓外的上方，南海诸岛采用 1∶500 万的附图（移图）形式置于右下角，图例以矩形开窗形式配置在图面的左下角，方便读图者使用（图 9-1）。《全图》采用矩形分幅，这样，图幅大小一致，便于拼接使用。根据印刷纸张的尺寸进行分幅，等分成 9 份，各分幅图之间保留 10mm 的重叠区域。

图 9-1　1∶250 万《中华人民共和国全图》的图面配置设计

3. 地图投影设计

为保证对全国疆土范围的正确认知、感受，《全图》采用等角投影，附图投影方式要和主图一致。

257

主图纬度范围：从北纬 20°到北纬 56°，中央经线为东经 110°。《全图》反映了中国完整国土及周边地区范围的地理形势，结合本图的实际情况：①制图区域的主体为中国，中国领土所处的主要位置在中纬度地区，区域形状呈东西延伸，适宜选用圆锥投影；②地图的用途决定着选用何种性质投影，本图作为挂图使用，要强调区域形状视觉上的整体效果，一般情况下，要求方位正确，不允许斜方位定向，宜选择正等角圆锥投影；③《全图》主区纬度范围跨度较大，范围从北纬 20°到北纬 56°，为控制各地区投影变形带来的误差，地图要素平面图形变形小，宜采用割圆锥投影；采用双标准纬线的相割比采用单标准纬线的相切，变形要比较均匀，变形绝对值较小。

附图纬度范围：从北纬 1°到北纬 23°，中央经线为东经 114°。《全图》中的南海诸岛以附图（移图）的形式表示，考虑到南海诸岛的地理范围，为避免其变形过大，应采用与主图不同的投影参数。

基于以上分析，《全图》采用正轴等角割圆锥投影。

（1）主图投影方式及参数为：采用双标准纬线正等角圆锥投影，中央经线 110°00′，双标准纬线分别为北纬 25°和北纬 47°。

（2）附图投影方式及参数为：亦采用双标准纬线正等角圆锥投影，中央经线 114°，双标准纬线分别为北纬 10°和北纬 20°。

4. 比例尺设计

小比例尺地图的投影变形比较复杂，往往根据不同经纬度的不同变形，绘制出一种复式比例尺（又称经纬线比例尺），用于不同地区长度的量算。《全图》主图采用数字比例尺和复式比例尺相结合的方式（图 9-2）。附图比例尺设计为 1∶500 万，和主图比例尺成倍数关系。

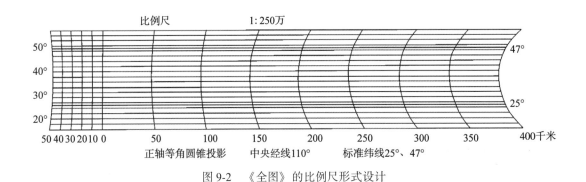

图 9-2 《全图》的比例尺形式设计

5. 地图内容和表示方法设计

《全图》要正确反映出我国陆地主要水系的空间分布和总体特征。海洋要素的表示要正确反映出我国海岸基本特征和海域的空间分布。采用彩色地貌晕渲法表示中国的地势走向、地貌形态，并用地貌符号表示出山隘、岩溶、沙漠、冰川、雪被、火山、砾漠、风蚀残丘等典型地貌形态，并标注山脉（按照山脊线标识）、盆地、沙漠、山峰、山隘等地貌名称。对我国县级以上级别的居民地全部表示；对县级以下居民地优先选取乡镇。陆地交通要素表示高速公路、铁路、国道、省道、一般公路和其他道路组成；水陆交通表示国际航海线及里程。表示国界、未定国界、地区界、省（区）界、特别行政区界、地级市界。邻区所表示的内容与主区一致，要反映出我国与周边国家在自然与人文地理和行政区划的联系。表示内容要比主区概略一些，以达到突出主区的效果。

6. 符号设计

设计一个《全图》地图符号系统，满足全数字地图制图需要。

《全图》上地图符号的色彩根据制图对象的分类，分别采用不同的色系表示。本挂图色彩设计除了要尽量符合人们的习惯，合理反映制图对象的分类系统外，还要考虑到符号色彩与彩色地貌晕渲的色彩搭配问题，使符号既能够较为容易地从晕渲背景中区分出来，又与背景协调一致。

地图符号系统设计过程主要有：

（1）根据《全图》的主题和内容，拟定符号的分类、分级原则。首先是按照地物的分类来划分地图符号的大类，然后在每一个大类中再进行亚类、种、属等以及不同等级的细分。水系、地貌、交通网、居民地、境界等要素也都进行相应的分类、分级，这样就构成了《全图》完整的地图符号系统；

（2）根据《全图》的性质，确定各种符号的感受水平，选择合适的图形变量（形状、尺寸、方向、颜色、亮度、密度等），按照约定性、抽象性、象征性、准确性、简明性等原则来设计并绘制出每个符号的具体形式；

（3）综合考虑比例尺、载负量和图面效果，进行符号的整体搭配、协调以及局部区域的试验和分析评价，对符号进行修改；

（4）建立地图符号文件，构成《全图》的地图符号库。

具体的地图符号设计方案见表9-1。

表9-1　　　　　　　　　　　　　《全图》符号设计方案

要素	符号	颜色
国界	界线0.4mm，9*4，点0.5mm 无边线：齿线0.15mm，长1mm 1、无边线，宽6mm，压印填充 2、无边线，宽12mm，压印填充 3、无填充，线粗6mm，压印线条	C100 C10 M30 C5 M15
地区界	界线0.3mm，7*3 色带无填充，线粗6mm，压印线条	C100 C5 M15
停火线	++++++++++++++++++ 大黑7Pt，间距50%	C100
自、自治区、直辖市界	0.3mm，10*2*1*2 色带无填充，线粗4.5mm，压印线条	C100 C5 M15

要素	符号	颜色
特别行政区界	0.3mm，10*2*5*2 色带无填充，线粗4.5mm，压印线条	C100 C4 M15
地级市、地区、自治州、盟界	0.25mm，10*2*1*2*10*2	C100
铁路	0.6mm，0.4mm、12*12	K100
建筑中铁路	0.6mm，0.4mm、0.4mm、1*12	K100
高速公路	0.7mm，0.45mm	M100 Y100
国道	0.7mm，0.45mm G216 边线白色0.1mm	M100
省道	0.4mm	M100
一般公路	0.2mm	M100
其他道路	0.2mm，9*4	K80
长城	0.12mm，1.2mm	K80
航海线及里程	三亚至广州108海里（152千米） 0.15mm，9*4	C100
河流、水库、瀑布、伏流河	黄碧庄水库 0.15mm，2mm长 0.12mm 0.12mm 0.15mm，0.6mm宽	C100 C20
真形河流	无边线	C100
海岸线	0.12mm	C100
运河	京 杭 运 河 线0.3mm，齿粗黑3Pt间距400%	C100
水渠	主渠0.25mm，次渠0.15mm	C100
湖泊	查波错 滇池 （咸）线0.12mm	C100 C20
时令河、时令湖	线0.12mm，7*3	C100 C20
干河、干湖		M50 Y80 K50

要素	符号	颜色
井、泉、温泉	• ♦ ♦	C100 M100
沼泽、盐碱地	线0.12mm, 间距0.5mm	C100
蓄洪区	范围线0.12mm, 点0.3mm,无边线	C100
山峰和高程点及注记	▲ 1.0mm, 1.8mm	C100
经纬线	0.12mm 20°	C100
山口、关隘	✕	K100
岩溶地貌（峰林、溶斗）	▲ ▲ ▲ ○ ○ ○ ○ ○	M50 K80 K50
火山	☼ 无边线	M100 Y100
港口	⚓	
雪被、冰川	点0.3mm无边线 线0.12mm	
浅滩、岸滩、沙洲	点0.3mm无边线	C100
沙漠		M50 Y80 K50
砾漠、风蚀残丘		M50 Y80 K50
珊瑚礁		M100 Y100
首都	★	M100 Y100
省级行政中心 外国首都、首府	◉	K90
地级市、外国重要城市	◉	K90
县级市	◉	K90
县级、旗、区行政中心，外国一般城市	○	K90

261

要素	符号	颜色
其他居民点 外国村镇	°	K90

7. 色彩设计

1）地图符号的色彩设计

色彩在地图符号的设计中有着不可替代的作用。色彩的运用可以简化地图图形符号系统，提高地图内容的科学性和系统性，改善地图的视觉效果，提高地图的信息传输效率。

《全图》上地图符号的色彩根据制图对象大的分类，分别采用不同的色系表示，如：水系用蓝色（C100）表示，沙漠用棕色（M50 Y80 K50）表示，居民地和人工要素用灰色（K50）或黑色（K100）表示等。《挂图》色彩设计除了要尽量符合人们的习惯，合理地反映制图对象的分类系统外，还要考虑到符号色彩与彩色地貌晕渲的色彩搭配问题，使符号既能够较为容易地从晕渲背景中区分出来，又要与背景协调一致，如对表示居民地的圈形符号采取"中空反白"的手法，并以小圈形符号表示，大大增进了图面的易读性。

2）彩色地貌晕渲的色彩设计

《全图》利用 DEM 数据通过软件自动生成彩色地貌晕渲来表示制图区域的地貌形态。该软件生成地貌晕渲的基本原理就是分层设色配合地貌晕渲来表达地貌。分层设色采用"越高越亮"的原则。我国地貌分类的高度分界线一般定为 200m、500m、1000m、3500m 和 5000m，它们分别为平原、丘陵、低山、中山、高山和极高山的分界。在设计高程带时，一般都参照上述数字作为划分高程带的基本依据。色层表中，陆地地貌晕渲的色彩按照高程由低到高的顺序分别采用由绿色系过渡到黄色，再由黄色系过渡到棕色系，到了极高山地区则变为浅紫色。海洋晕渲则采用蓝色系色彩，随着水深增加，蓝色逐渐加深（图 9-3）。

8. 注记设计

地图注记是地图语言不可缺少的一部分，地图注记标志着地图符号所指代的各种制图对象，指示了对象的属性，并且表明了对象之间的关系，甚至有些地图符号必须要有文字说明，才能使读者理解其真正含义。地图注记的要素主要包括：字体、字大、字色、字隔和注记布置。地图上主要利用注记的字体、字大、字色的变化来指代表示不同类别和等级的对象。

《全图》上的注记可分为地理名称注记和说明注记两大部分。其中，地名注记包括：居民地、港口、国道编号、水系、山脉、地理单元名称、道路名称、区域片名等地理对象的名称注记。说明注记包括：高程、水深、经纬度及说明文字等。

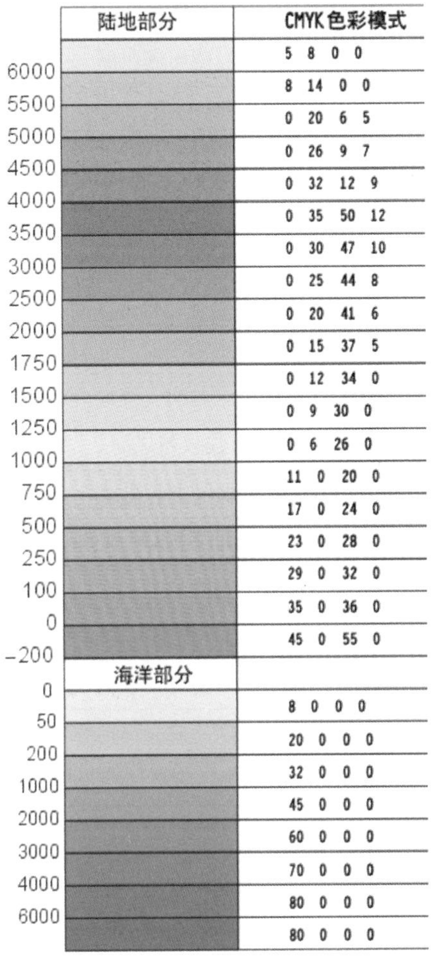

陆地部分	CMYK色彩模式
6000	5 8 0 0
5500	8 14 0 0
5000	0 20 6 5
4500	0 26 9 7
4000	0 32 12 9
3500	0 35 50 12
3000	0 30 47 10
2500	0 25 44 8
2000	0 20 41 6
1750	0 15 37 5
1500	0 12 34 0
1250	0 9 30 0
1000	0 6 26 0
750	11 0 20 0
500	17 0 24 0
250	23 0 28 0
100	29 0 32 0
0	35 0 36 0
−200	45 0 55 0

海洋部分	
0	8 0 0 0
50	20 0 0 0
200	32 0 0 0
1000	45 0 0 0
2000	60 0 0 0
3000	70 0 0 0
4000	80 0 0 0
6000	80 0 0 0

图 9-3 彩色地貌晕渲的色彩设计

　　《全图》的注记字体全部采用汉仪字库的字体，根据指示对象不同的质量和数量特征以及重要性，使用不同的字体、字大和字色，见表 9-2。

表 9-2 　　　　　　　　　　　　　　《全图》的注记设计

地图要素	字体	字大	字色
首都	汉仪大黑简	24pt	K100
省级行政中心、外国首都、首府	汉仪中黑简	20pt	K100
地级市、外国重要城市	汉仪中黑简	12pt	K100
地区、盟、州行政中心	汉仪中黑简（加下划线）	12pt	K100
县级市	汉仪书宋一简	10pt	K100
县、旗、区行政中心，外国一般城市	汉仪书宋一简	10pt	K100

地图要素	字体	字大	字色
其他居民点、外国村镇	汉仪中等线简	8pt	K100
外国国名	汉仪中隶书简	18～24pt	M100 Y100
省名	汉仪中黑简（纵向80%）	18～24pt	M100 Y100
特别行政区名	汉仪中黑简（纵向80%）	14pt	M100 Y100
港口	汉仪中等线简	6.5pt	C100
海洋海峡名	汉仪书宋一简（左斜）	6.5～60pt	C100
内陆水系注记	汉仪书宋一简（左斜）	24～60pt	C100
地理单元注记	汉仪书宋一简（纵向80%）	14～24pt	K100
国道编号	汉仪粗黑简	6.5pt	M100
航线里程	汉仪中等线简	6pt	C100
湖面高程、水深注记	汉仪书宋一简	6.5pt	C100
山峰、高程点注记	汉仪中等线简（横向75%）	9pt	K100
山脉	汉仪中等线简（右肩耸）	12～24pt	K100
山口、关隘	汉仪中等线简（横向75%）	9pt	K100
沙漠	汉仪书宋一简（纵向80%）	14～24pt	K100
经纬度注记	宋体	16pt	K100

9. 《全图》全数字地图制图工艺方案设计

《全图》全数字地图制图技术流程设计如图9-4所示，将1：100万地图数据输入CorelDRAW图形软件中处理制作1：250万矢量普通地图数据，以1：25万DEM为数据源在Atlas3D软件中制作1：250万彩色地貌晕渲栅格数据，然后在CorelDRAW图形软件中进行数据融合，形成1：250万全国彩色地貌晕渲的9幅全张挂图成果数据。

10. 地图数据的处理

1）数据源内容的选取

与数据源（1：100万数字地图）相比，《全图》比例尺缩小为原来的40%，受到图幅范围和载负量等的限制，《全图》能反映的信息量有限，在数据源中正确选取《全图》需要的内容要素。

1：100万数字地图是根据地理要素的分类分层存储的，分层内容有：政区、居民地、铁路、公路、机场、文化要素、水系、地貌要素、其他自然要素、海底地貌、其他海洋要素、地理格网12大类。每一类要素根据几何特征含有1或2个数据层，共有15个数据层。在提取矢量数据源时，首先要参考矢量数据的逻辑分层，从中选择所要提取的地图图层。

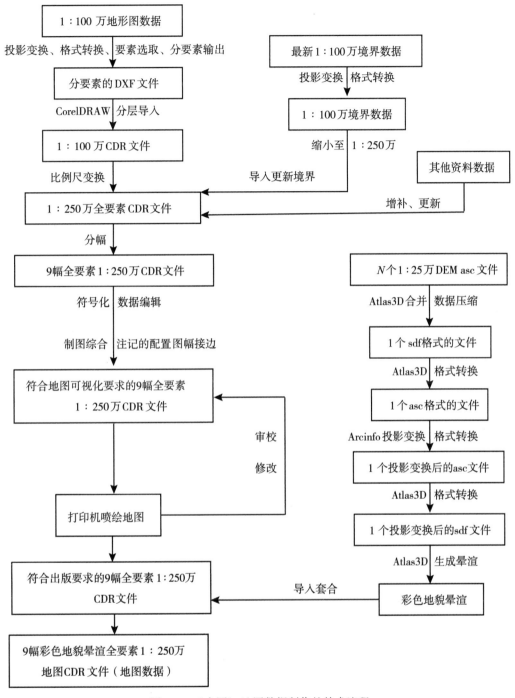

图 9-4 《全图》地图数据制作的技术流程

（1）政区图层。选取其中的国界、未定国界、省界、特别行政区界、地级市（州、盟）界、海岸线、岛屿等；

（2）居民地图层。对于居民地的数据选择，直接舍弃人口数在 1 万以下的居民地和工矿企业数据，保留其他较高级别的居民地。

（3）铁路图层。选取所有的铁路，舍去铁路桥。

（4）公路图层。选取主要公路，部分选取一般公路及其他道路，舍去公路桥。舍去机场数据，保留文化要素中长城数据。

（5）水系图层。选取常年（时令）河流，常年（时令）湖泊，水库，渠道、防洪区、运河、井、泉等。

（6）地貌图层。选取高程点，保留其他自然要素中的火山、溶斗等；对于海底地貌，选取水深点数据；其他海洋要素，选取航海线。

（7）地理网格图层。选取的数据为：经纬线、北回归线。

（8）对于各要素的注记数据只选取居民地地名。

2）地图投影变换

地图投影变换是地图编制的重要组成部分，即如何将资料图数据的投影变换成新编图的投影。1∶100万数字地图矢量数据是采用地理坐标记录空间数据，需对其进行投影转换，把地理坐标转换成《全图》地图投影。

投影变换是在 ArcGIS 环境下完成的，利用 ArcGIS 中的地图投影变换功能，只需知道新编图的投影方式及投影参数，就可以快速、方便地进行各种不同投影间的变换。

《全图》主图的投影参数设置如下：

```
Projection      LAMBERT
Zunits          NO
Units           METERS
Spheroid        KRASOVSKY
Xshift          0. 0000000000
Yshift          0. 0000000000
Parameters
25  0  0.000   /∗ 1st standard parallel
47  0  0.000   /∗ 2nd standard parallel
110  0  0.000   /∗ central meridian
0  0  0.000   /∗ latitude of projection′s origin
0.00000   /∗ false easting（meters）
0.00000   /∗ false northing（meters）
```

3）数据格式转换

全数字制图生产过程中，也常常会遇到不同的数据格式之间进行转换的问题。目前，数据格式转换的最主要途径是将资料图的数据格式转换成能够被图形编辑软件所能接受的标准图形、图像文件格式。

1∶100万数字地图矢量数据是以 Arc/Info Library 格式存储的，而新编图是在 CorelDRAW 软件环境下进行编辑和符号化的，因此需将数据源的数据格式转换成 CorelDRAW 软件所能接受的格式。在实际作业过程中，我们选择了在 PC 机上广为流行的工程制图的标准文件格式 DXF 作为中间数据格式。

数据源中矢量数据经过 DXF 数据格式输入 CorelDRAW 中，矢量数据只保留图形特征，不知道导入后图形的比例尺。为保证导入后图形比例尺变成 1∶250 万，须找出缩放比例依据。数据量很大，如对所有的图层要素同时进行整体比例缩放，CorelDRAW 软件的响应时间很长，甚至无法完成操作；若分层缩放，就要保证缩放后图层之间仍然严格套合。为了解决这个问题，探索出利用构建参考矩形框的方法来实现比例尺的确定和数据的套合。以 DXF 文件格式分层输出，并按照要素的分类编码命名来输出文件，这样每一个输出文件则只包含某一种具体的要素；进行数据转换后将 DXF 文件逐个输入 CorelDRAW 软件，在 CorelDRAW 软件中每输入一个 DXF 文件则新建立一个图层，直至将所需要的要素全部输入进来，并存储为 CDR 格式的工作文档。

4）数据预处理

由于各种地图编辑软件文件格式不一样，导致了数据在表示上存在一些问题。在 ArcGIS 中点状符号是通过点的坐标和它相应的属性数据共同表达的，CorelDRAW 中的点实际上是由一个缩小了的面状符号表达的，为解决这个问题，通过 ArcGIS 输出时就把每个点换成一个小圆或一个小方框，其中心为该点的位置，符号化时，用点状符号取而代之。

ArcGIS 中光滑的线状要素转换到 CorelDRAW 中，由于光滑的曲线是由很小的折线逼近表示的，所以本来只通过有限节点记录的曲线需要上百个节点才能表示，这样会导致数据量的大幅度增加，处理速度变慢，因此需要进行数据光滑处理。数字地图的数据光滑处理是信息量的压缩，又称数据简化或数据综合，是从原始数据集中抽出一个子集，在一定的精度范围内，要求这个子集所含数据量尽可能少，并尽可能近似地反映原始数据信息，目的是减少存储量，删除冗余数据，常用的方法有特征点筛选法、距离长度定值比较法、道格拉斯-普克法等。较大比例尺地图数据用于缩编新地图数据时，在保持几何形状不失真的情况下进行光滑处理，一是为了减少存储量，二是为了使图形线划光滑流畅。

11. 地图要素符号化

地图要素符号化是数字制图的一个主要环节，地图符号的好坏也直接影响着地图的成图质量。这就需要事先设计出一套科学、美观、表达力强的地图符号库，以满足编辑需要。由于导入 CorelDRAW 软件中的数据源只有图形，并没有符号属性配置，需要对其进行符号化，例如，高速公路、铁路等交通网要素输入 CorelDRAW 软件环境中时为一条单线；而《全图》中高速公路符号要求采用双线复式结构，即上层为 0.45mm（Y100）、下层为 0.7mm（M100）的线状符号；铁路则采用黑白相间的花线符号；井、泉、火山等数据在导入时为一短线或一矩形框，需要对其匹配属性，正确配置地图符号。

12. 地图要素更新

（1）利用中国地图出版社 2003 年出版的《中华人民共和国省级行政单位系列图》补充铁路网，区分国道、省道、补充高速公路、更新居民地、水系等要素。

（2）利用原国家测绘地理信息局 2001 年版的《中国国界线画法标准样图》（1∶100万）更新中国国界。

（3）利用最新省界的 1∶100 万 MapGIS 数据更新各省界。

（4）利用中国地图出版社 2002 年出版的《世界分国地图》更新邻区各国居民地、道路和水系等要素。

（5）利用《中华人民共和国行政区划简册》（2004 版）以及国家民政部 2004 年 2 月公布的"2003 年全国县级以上行政区划变更情况"来更新我国行政区划和地名。

13.《全图》地图数据制作顺序

普通地图数据制作顺序与其本身的重要性以及各要素之间的联系特点密切相关。一般来说，要求精度高的、轮廓固定性好的、比较重要的、起控制作用的要素数据先制作。例如，控制点、水系等要素要求精度高，对其他要素起骨架作用，这些要素数据要先制作。道路的选取从属于居民地，所以要在居民地以后制作道路数据。境界线一般以河流或山脊为界，境界线从属于河流、地貌等高线等，境界线数据制作要在它们之后。只有当国界、省界有固定坐标时，才会先制作国界、省界数据，使其他要素与之相适应。

地图资料数据、地图内容的复杂性也会对地图数据制作顺序有影响。当资料数据的可靠程度不一样时，要从最好的资料数据的部分开始制作地图数据，使精确的数据先定位，有利于其他地图内容的配置。从复杂的地图内容开始，比较容易掌握地图总体的容量，使地图载负量不会过大。

普通地图数据制作顺序按有利用要素关系协调原则和重要要素在先、次要要素在后的顺序进行。《全图》地图（矢量）数据制作顺序：内图廓线、高程点、独立地物、水系、铁路、高速公路、居民地、公路、管线、地貌（符号）、境界、注记、坐标网、图幅接边、图廓整饰。

14.《全图》地图数据的制图综合

1）道路要素数据综合与关系的处理
在地图上，应当把道路作为连接居民地的网线看待。

（1）道路连接、相交时的关系处理。不同等级的道路相连接的地方，在实地上有时没有明显的分界线，但在地图上则用了两种符号配置其属性。为了使它们之间的关系表示得合理、清楚，表示时相接的两条道路中心线一致（图 9-5）。

（2）道路弯曲程度的处理。例如，数据源为 1∶100 万数字地形图，成图的比例尺为 1∶250 万挂图。受到印刷机和人眼的辨别能力的限制，弯曲的内径为 0.4mm 时，宽度需达到 0.6mm 至 0.7mm。在地图上应保持道路位置尽可能精确的条件下，正确显示道路的基本形状特征，在必要时对特征形状加以夸大表示。道路上的弯曲按比例尺不能表达时，要进行概括（图 9-6）。

（3）道路相交时，主要指道路间的压盖问题，即道路图层顺序的设计。
一般情况下，道路压盖顺序（从高等级到低等级道路排列）为高速公路→建筑中高速公路→铁路→建筑中铁路→国道→省道→一般公路→其他道路。但也存在特殊情况，如铁路在高架桥上经过，而高速公路在桥下，在地图上就应做相应的调整修改。

（4）道路要素间冲突时的关系处理。随着地图比例尺的缩小，地图上的符号会发生占位性矛盾（如道路的重叠问题）。比例尺越小，这种矛盾就越突出。通常采用舍弃、移位等手段来处理。

当道路要素发生冲突时，特别是当同等级道路在一起时，一般会采用舍弃的方式。即

图 9-5　道路连接的关系处理

（a）概括前（1∶100 万）

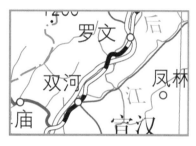

（b）概括后（1∶250 万）

图 9-6　道路弯曲概括

便是不同等级的，若构成的道路网格密度过大，也应选择舍弃。一般情况下，优先选取该区域内等级相对较高的道路，选择舍弃低等级道路，以实现符合要求的道路网密度。但对于作为区域分界线的道路，通向国界线的道路，沙漠区通向水源的道路，穿越沙漠、沼泽的道路，通向如机场、车站、隘口、港口等的重要目标的道路，这些具有特殊意义的道路需优先考虑。

当不同类别的符号发生冲突时，如果不采用舍弃其中一种的方法，就采用移位的方式。具体做法是：当二者重要性不同时，应采用单方移位，使符号间保留正确的拓扑关系。如保持高等级道路的现状，对低等级道路进行相应的移位；若当二者同等重要时，采用相对移位的方法，使之间保持必要的间隔。

进行移位后，关系处理后应达到：各要素容易区分，要素的移动不能产生新的冲突，局部空间关系和点群的图案特征必须保持，为了保证空间完整性与方位相对正确性，移动的距离应当最小。经过数据格式转换、比例尺的缩小，在地图中各级道路难免会重叠在一起，这就需要对道路进行移位。对道路格网密度过大的区域，采取舍弃的方法。如图 9-7 所示，图 9-7（a）为道路关系处理前的情形，即直接从 1∶100 万地图数据库中转换得到的矢量图，只对其进行了符号化、配置注记。可以看出道路的关系杂乱，互相压盖严重，

269

很难辨别出道路之间的关系位置，而且道路显得很凌乱，低等级道路较多且存在断头路。因此，就必须对其进行关系处理。基本采取移位、舍弃等方法。图9-7（b）是关系处理后的结果，从图中很容易看出道路关系表达明确，能够很快地辨认出各级道路的方位、走向等。各区域道路格网密度适中，达到了很好的视觉效果，突出了地图的一览性。

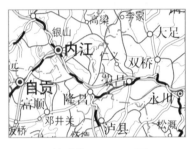　　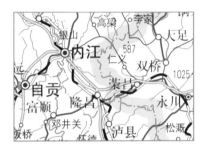

（a）处理前（1∶100万）　　　　　　　（b）处理后（1∶250万）

图9-7　道路关系处理

2）水系与其他要素关系的处理

陆地水系主要包括河流、湖泊、水库、渠道、运河和井泉等方面。河流起到了骨架的作用，如果移动河流则引起与地貌冲突。因此要保持河流的精确位置。鉴于上述原因，地图上河流与交通网、境界等人文要素之间，在符号化、配置其属性后发生冲突时，解决此问题的原则是：要保证高层次线状要素的图形完整，低层次线状要素与高级别线状要素的重合部分应隐去。

（1）河流与道路要素之间的关系处理。地图上如铁路、公路、河流等这些都有固定位置，它们以符号的中心线在地图上定位。当其符号发生矛盾时，根据其稳定性程度确定移位次序，例如：道路与河流并行时，需要首先保证河流的位置正确，移动道路的位置。有些区域道路的走向是沿着河流的流向。当它们之间发生冲突时，移位后道路的走向应与河流流向一致。在小比例尺普通地图上，道路通过河流等水系要素时原则上不断开，即不绘制桥梁符号。但对于长江、黄河流域著名的桥梁（如武汉长江大桥）可以象征性地表示出来。

（2）河流与境界要素之间的关系处理。在很多种情况下，境界是以河流为分界线，或以河流中心线，或沿河流的一侧为界。这就需要对境界进行跳绘。在小比例尺普通地图上，主要遵循：①以河流中心线为界时，应沿河流两侧分段交替绘出。但要注意：由于国界、省界和地级界是点线相间构成的，进行跳绘时，应保持点与线的连续性。②沿河流一侧分界时，境界符号沿一侧不间断绘出（图9-8）。

3）居民地和其他要素关系的处理

在小比例尺普通地图上，各级居民地一般是以不同大小的圈形符号表示的。它与其他要素的关系表现为：同线状要素具有相接、相切、相离三种关系；同面状要素具有重叠、相切、相离三种关系；同离散的点状符号只有相切、相离的关系。

当居民地圈形符号与境界、经纬网、道路等要素一起发生冲突时，如图9-9所示，宁夏回族自治区吴忠市（地级市）的位置处理。图中的纬线是北纬38°，其位置的实际情况

270

为：吴忠市位于北纬37°多；在高速公路的左边，与其相离；在该条地级市界转折处的上方；与国道相接。但由于在小比例尺地图上表示，则不能按其上述方位标注。解决的方法是只保证圈形符号的中心点与纬线、高速公路、地级市界相离；配置在国道的中心线上。

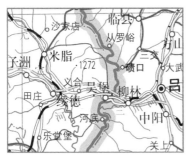

图9-8 境界在河流两边跳绘

图9-9 居民地和其他要素关系的处理

4）境界与其他要素的关系处理

境界是区域的范围线，它象征性地表示了该区域的管辖范围。就国界而言，国界的正确表示非常重要，它代表着国家的主权范围。对于国界两侧的地物符号及其注记都不要跨越境界线，应保持在各自的一方，以区分它们的权属关系。

15. 地图注记的配置

地图注记配置时，要保持与被注物体位置的密切关系，字位恰当，指示明确，特别在注记稠密处，配置要紧凑，尽量靠近所说明的物体。

（1）市、县、区级居民地注记不注通名，旗、自治县要注全称。

（2）国内居民地名称以《中华人民共和国行政区划简册》（2004版）为准，国外居民地以资料图为准，根据我国政府的立场，采用习惯性的翻译方式。

（3）水系注记左斜是水平向左倾斜15°，山脉注记右耸体是垂直方向向上倾斜15°。

（4）区域片名、水系名称、地理单元、山脉名称、沙漠名称等注记的大小，根据所指代对象的范围、长度、等级的特征，参照1997年出版的《中华人民共和国全图》（1：250万）来选择合适的字大。

（5）所有注记均以平行于纬线的方式标注，即字头朝向与经线方向一致。

（6）生僻汉字的处理与解决。

虽然字库提供了丰富的矢量字体，但我国幅员辽阔，地方语言种类多，难免会遇到一些生僻地名，尤其是我国南方省份生僻汉字出现的频率很高，而这些汉字在字库中难以显示，即没有相应的编码与之对应。所以，生僻汉字的问题是数字制图生产过程中必须要解决的问题。在配置各级居民点名称、水系名称和其他地名时，遇到类似问题，解决的方法主要有以下两个途径：①《全图》采用的是汉仪字体，经过试验比较，与之相近的为方正字体，而且方正字库比汉仪字库大；遇到汉仪字库不能识别的字体则改用方正字体代替，然后转换成曲线。②采用拆字、拼字的方法对生僻汉字进行匹配，创造出新字。例如，地名中安徽省亳州市中的"亳"在汉仪字库中不能识别，可以用方正字体替代。如果方正字库也不能识别，先写出"亳"和"宅"字，再利用CorelDRAW软件中打散，分别取两字上下部分，进行拼凑组合，用造型工具创建此字，然后转换成曲线。

16. 彩色地貌晕渲的制作

利用 1：25 万 DEM 数据和 Atlas3D 软件来制作彩色地貌晕渲。

1：25 万 DEM 采用规则格网，以 3″×3″的间隔，地理坐标方式记录。文件命名是在 1：100 万基础上进行的，例如，经度从 72°到 78°，纬度从 0°到 4°的范围里，在 1：100 万数据库中，就是一个名称为 A43 的文件，在这个范围里，有 16 个 1：25 万 DEM 文件，是在 A43 的后面加两位数命名，编号从左到右、从上到下分别编以 A4301，A4302，…，A4316。1：25 万 DEM 数据库中文件需经过 ArcGIS 软件转换为被 Atlas3D 接受的 asc 格式的文件。

对数据源的加工处理是在 ArcGIS 软件中完成的，具体是将数据库中的 DEM 文件格式转换为能够被 Atlas3D 直接接受的 asc 格式的文件，投影由高斯-克吕格投影变换成双标准纬线等角正割圆锥投影（图 9-10）。

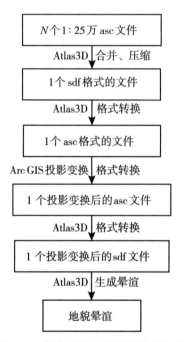

图 9-10　制作彩色地貌晕渲技术流程

在 ArcGIS 环境下进行投影变换之前要先合并文件，再修改文件中的坐标记录（图 9-11）。在每个 asc 文件的开始都有这样的记录，如：

ncols	1800	/列数/
nrows	1200	/行数/
xllcorner	111	/左下角经度/
yllcorner	15	/左下角纬度/（数据合并后需要修改成合并后数据的左下角纬度）

| cellsize | 0.00083333333333258 | /网格间隔/ |
| NODATA_value | −9999 | /缺升高程值/ |

原数据文件所记 录的位置示意图　　合并后文件所记 录的位置示意图　　修改后文件所记 录的位置示意图

图 9-11　坐标记录点位置示意图

如果先在 ArcGIS 环境下进行投影变换，然后再在 Atlas3D 环境下进行文件合并，就会产生部分重叠（图 9-12），必须先合并后投影（图 9-13）。

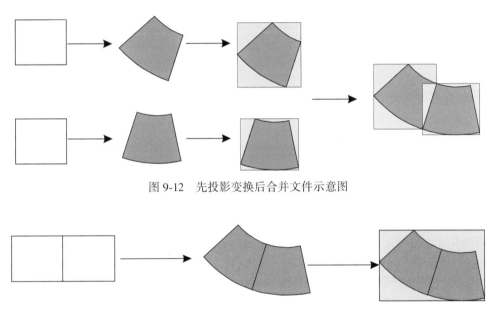

图 9-12　先投影变换后合并文件示意图

图 9-13　先合并文件后投影变换示意图

利用 ArcGIS 软件通过编程，输入变换参数，能够方便地实现数据源的格式转换和投影变换，部分代码如下：

```
*将 ASC 文件转为 DEM
/*对 DEM 作投影转换
/*将 DEM 转为 ASC
/*2004.02.26
&echo &on
&do i = 1 &to 4
```

```
/* ASC——→DEM
asciigrid asc1 \% i% -50.asc dem1 \% i% -50

/* define projection
Precision Single Highest
PROJECTCOPY GRID H: \e50 \e5013dem GRID dem1 \% i% -50

/* projection
Precision Single Highest
Project GRID dem1 \% i% -50 dem2 \% i% -50 # NEAREST
OUTPUT
PROJECTION Lambert
UNITS meters
SPHEROID KRASOVSKY
PARAMETERS
25 00 00.0
47 00 00.0
110 00 00.0
00 00 00.0
0
0
END

/* ASC——→DEM
gridascii dem2 \% i% -50 asc2 \% i% -50.asc
```
&end
&label end

Atlas3D 可以对不同高程的地貌晕渲设定不同的颜色，这样就可以方便地将晕渲和分层设色两种地貌表示方法结合起来。Atlas3D 晕渲分层界面如图 9-14 所示，由图中可以看出，如果所设计的地貌高度表采用的是固定等高距，那就应该选择利用"均匀分层"命令。但是由于该图的图幅所包括的范围广大，地形要素复杂，不可能用固定等高距的高度表，只有采用从低到高逐步增大等高距的变距高度表，才能够充分地表现出我国的基本地貌特征。"任意分层"命令可以满足这个要求。

Atlas3D 生成的晕渲图片的分辨率是固定的 72dpi，要想最终获得分辨率大于 72dpi 的图像，就要保证生成的图像尺寸大于实际要用到的图像尺寸，通过缩小图像尺寸来增加图像的分辨率。当分辨率同为 72dpi 时，DEM 数据密度越大，生成的图像尺寸就越大。当格网尺寸分别为 $6'' \times 6''$、$12'' \times 12''$、$15'' \times 15''$、$18'' \times 18''$、$20'' \times 20''$ DEM 数据生成的分辨率为 72dpi 的图像大小比较（图 9-15）。

1:25 万 DEM 数据的格网尺寸为 $3'' \times 3''$，虽然由其直接生成的图像分辨率是最高的，

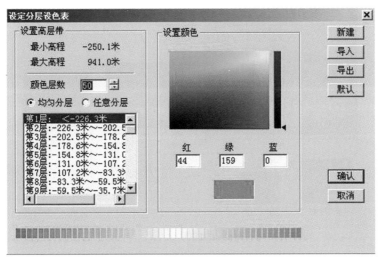

图 9-14　Atlas2000-3D 软件设定分层设色的界面

但是过高的图像分辨率会使图像数据量过大，生成和处理的速度过慢。因此需对原始 DEM 数据进行综合，降低其分辨率，增大格网尺寸，用综合后的 DEM 来生成数字晕渲图像。新编图的用途需要晕渲图像的分辨率要恰到好处，这使得选择一个好的综合方案变得尤其重要，综合方案的选择也就是将 DEM 数据的格网如何合并的问题。选择压缩方案受到两方面制约因素，一方面，格网不能过稀，否则，过低的分辨率会影响出图效果，同时和河流等线划矢量数据不协调。另一方面，不能过密，生成地貌的数据并不是越详细越好，除了会大幅度增加数据量外，由此生成的地貌晕渲的地貌形态也显得过于破碎，整体感不突出，视觉效果并不理想。为确定一个合适的综合方案，现以 H46（东经 90°~96°，北纬 28°~32°）为范围，分别对其综合后格网密度为 6″×6″、12″×12″、15″×15″、18″×18″、24″×24″作了试验，并使用 Atlas3D 软件生成了分辨率为 72dpi 的图像，记录了分辨率为 72dpi 时图像的大小以及将图像大小变换到 1∶250 万比例下的分辨率（表 9-3）。

表 9-3　　　　　　　　　DEM 的格网密度与生成晕渲图像分辨率的关系

DEM 格网	列数	行数	格网间隔（m）	生成图片像素数	变换成 1∶250 万比例尺的分辨率
6″×6″	3746	3111	170. 62155629193	8718×7246	867dpi
12″×12″	1873	1556	341. 34233894675	4361×3625	434 dpi
15″×15″	1498	1244	426. 80307119254	3634×3015	362 dpi
18″×18″	1248	1037	512. 26335452420	2907×2417	289 dpi
24″×24″	936	778	683. 28358408938	2182×1809	217 dpi

从表 9-3 也可以看出，DEM 数据的格网越密，最终生成的图像分辨率越高，但过高的分辨率会造成以下两个问题：一是数据量太大，会为地图数据处理，制图生产增加很多

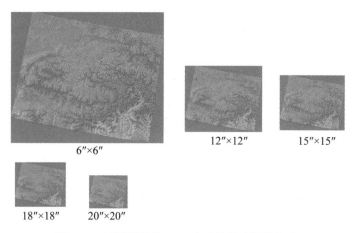

6″×6″　　12″×12″　　15″×15″

18″×18″　　20″×20″

图 9-15　不同精度的 DEM 生成的晕渲图像尺寸

困难；二是分辨率过高，地貌太破碎，整体感不强。根据大量的生产实践经验证明，图像分辨率为 250~300dpi 就已经能很好地满足地图印刷需要。因此，选择 18″×18″密度的压缩方案较为合适。

在 Atlas3D 软件中，可以任意设定地貌晕渲图的垂直比例尺，在缺省情况下，垂直比例尺系数为 1，如果想要增强地貌的立体效果，可以选择大于 1 的系数。为了增强部分区域地貌晕渲的立体效果，可以针对个别区域，单独另作垂直比例尺大于 1 的晕渲图，最后在 Photoshop 环境下与其他图像合成。从图 9-16 可以看出地貌的立体效果很好，河流等和地貌非常协调。

17. 图幅拼接

《全图》分成 9 幅图，每幅图块作为一个独立的图块，这样既减少了每幅图的数据量，又可供多人作业，从而提高地图数据的制作速度。采取分块的数据处理方式导致了成图后的图幅拼接。根据各分幅图幅的相对坐标，可以较容易实现图幅的拼接。接边内容包括地图要素的几何图形、属性和名称注记等，本图幅负责西、北图廓边与相邻图廓边的接边工作。具体方法：先将分幅图中的各要素按事先的统一分层一一对应的方式逐层输入拼接图工作区内。接着，对跨越分幅线的要素符号进行接边处理。接边主要包括保持对象的连续性和一致性的处理，保证点状要素的位置一致，不重复；线状要素和面状要素连续、自然过渡。然后，对各图幅综合选取结果进行协调处理。

由于各分幅图是由不同的作业人员完成的，每个人在制图综合尺度的把握上不一致，因此拼接后，必须将各局部区域的综合尺度进一步统一协调，尤其是对拼接线两边选取不一致的情况要按照统一的综合指标处理。相邻图幅之间的接边要素在图上相差 0.3 mm 以内的，可只移动一边要素直接接边；相差 0.6 mm 以内的，应图幅两边要素平均移位进行接边；超过 0.6 mm 的要素应检查和分析原因，由技术负责人根据实际情况决定是否进行接边，并需记录在元数据及图历簿中。

接边处因综合取舍而产生的差异应进行协调处理。经过接边处理后的要素应保持图形

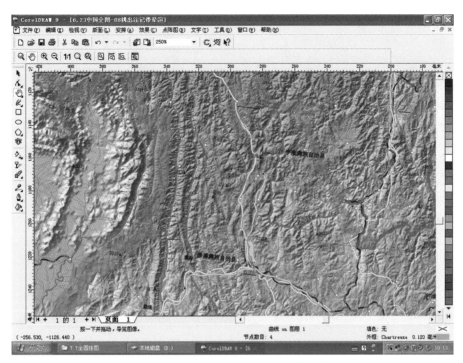

图 9-16　利用 18″×18″DEM 生成的彩色地貌晕渲

过渡自然、形状特征和相对位置正确，属性一致、线划光滑流畅、关系协调合理。

18. 印前处理

《全图》中，印前处理过程主要包括如下内容：

（1）检查各要素符号的色彩模式和配色组成。由于《全图》采用四色印刷方式，因此必须要保证所有符号均采用 C、M、Y、K 的色彩模式；此外为保证印刷套印准确，要避免符号的配色组成中出现不应有的成分，例如，黑色只能是 K100，不可以再包含 C、M、Y 中的任何成分。

（2）检查数据的规范性，是否有冗余数据存在。例如：是否有不能正常显示的文字注记，是否有对出胶片（目前可以直接输出印刷版）有影响的特殊效果等。

（3）根据印刷纸张的尺寸，按照设计方案对拼接好的图幅进行重新分幅，各分幅图之间保留 10mm 的重叠区域，最终得到 9 个供出四色胶片用的地图数据文件（图 9-17、图 9-18 和图 9-19）。

三、实习要求

（1）根据收集的地图资料数据，初步掌握地图资料数据分析与利用方法。

（2）根据给定的制图资料数据，进行地图设计。地图设计包括图面配置设计、分幅设计、比例尺设计、地图内容设计和表示方法设计。学生可以对实习内容中的地图设计方案进行改进和完善，并说明理由。

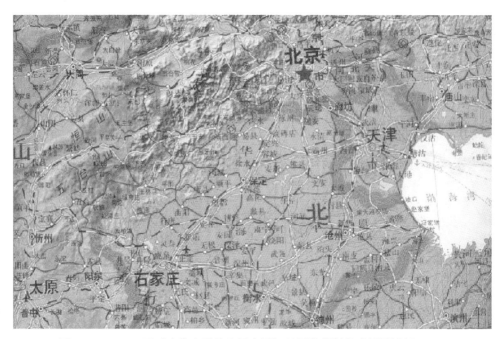

图 9-17　1∶250 万《中华人民共和国全图》地图数据制作成果图局部（一）

图 9-18　1∶250 万《中华人民共和国全图》地图数据制作成果图局部（二）

（3）在图形软件中完成地图符号和注记的设计与制作。对实习内容中的地图符号形状、颜色和尺寸设计，学生可以进行改进，并说明理由。对实习内容中的地图注记字体、字大和字色设计，可以进行改进，并说明理由。

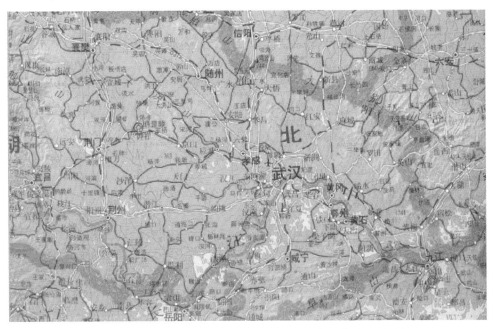

图 9-19　1:250 万《中华人民共和国全图》地图数据制作成果图局部（三）

（4）在图形软件中根据小比例尺普通地图制图的图层设计基本顺序规律，完成地图数据分层设计。

（5）在图形软件中至少完成三块成果图数据其中一块的数据制作。基本掌握地图线状要素、点状要素和面状要素的制作方法。对地图各要素关系处理不合理的地方，学生可以进行调整改进，并说明理由。对地图注记配置不合理的地方，学生可以进行调整改进，并说明理由。

（6）普通地图实例应遵循地图设计的基本规律，参考优秀普通地图作品的设计思想和方法，提倡创新思维，尽量设计出具有鲜明特色和独特风格的普通地图。

（7）上交实习数据的要求：地图数据，符号和注记设计以 ∗.cdr 格式文件上交，地图输出文件，按激光打印输出要求，以 ∗.pdf 格式提交。

（8）实习报告内容包括实习目的、实习内容、实习步骤、实习成果分析和实习体会等。要求结构合理、图文并茂，字数不少于 1000 字。

第二节　专题地图制作实例

一、实习目的

通过《荆江分蓄洪区地图》设计与制作实例，使学生掌握专题地图资料数据分析、整理、加工与利用，地图设计和专题地图数据制作方法与步骤。

（1）地图设计包括图幅尺寸、比例尺、图面配置设计、整饰设计、地图内容设计、表示方法设计、地图数据分层设计、地图符号、色彩和注记设计。

（2）地图数据制作方法与步骤包括以下内容：地理底图要素水系、道路、居民地和境界制作方法与步骤，如河流、渠道、湖泊、水库、铁路、高速公路、主要公路、次要公路、市、县、乡镇、农场、省界、市界、县界和乡镇界。专题线状要素的制作方法与步骤，如堤防、转移路和土路基。专题地图点状要素的制作方法与步骤，如避水楼、进洪闸、节制闸、分洪口门、排水闸、灌溉闸、排灌站、险段、堤防桩号、转移码头、水文站、雨量站、汽渡、桥梁、水电站等。专题地图面状要素的制作方法与步骤，如分洪区、安全区和安全台。地图注记的配置方法与步骤。

二、实习内容

1. 地图资料数据分析、整理、加工与利用

1）《荆江分蓄洪区地图》（1999 年版）地图数据

该地图数据专题要素如堤防、转移路、土路基、避水楼、进洪闸、节制闸、分洪口门、排灌闸、排灌站、险段、堤防桩号、转移码头、吴淞冻结高程、水文站、雨量站、分洪区、安全区、安全台比较完整，底图要素河流、渠道、铁路、高速公路、主要公路（国道、省道）、次要公路、省界、市界、县界、市、县、乡、镇、农、林、渔场、其他居民地、汽渡、桥梁、水电站、火车站、水库、湖泊比较齐全，基本能满足新编《荆江分蓄洪区地图》要求，可以作为编图的基本资料数据。随着荆江分蓄洪区经济的发展，社会公共设施不断完善，荆江分蓄洪区内避水楼、排灌闸、排灌站、险段、道路、桥梁、水系、居民地、境界等地图要素发生了很大变化，原地图数据与现状有不少地方已不相符，需要更新这些已变化的内容。

2）《公安县"十三五"公路水路交通规划图》

该图主要内容有高速公路、规划高速公路、规划一级公路、国道、省道、规划二级公路、规划国防公路、县乡公路、规划县乡公路、规划桥梁、规划码头等内容。可以作为新编《荆江分蓄洪区地图》的道路、桥梁更新的补充资料数据。

3）2020 年出版的《湖北省行政区划简册》

利用最新的《湖北省行政区划简册》，可以对行政区划界线、居民地名称进行更新。

4）最新避水楼、排灌闸、排灌站、险段空间分布数据

这些数据可以作为更新专题要素的补充资料数据。

2. 地图设计

1）图幅尺寸和比例尺设计

荆江分蓄洪区南北方向长 72.9km，东西方向宽 92.8km。《荆江分蓄洪区地图》作为室内挂图使用和野外用图，为了使用方便，图幅尺寸设计为标准全开纸张大小。标准全开尺寸为 787mm×1092mm，光边白纸尺寸为 781mm×1086mm。

地图比例尺设计为 1∶100000，这样，荆江分蓄洪区图形在图上尺寸为：

南北方向长：

72.9km/100000 = 72900000mm/100000 = 729mm < 781mm

东西方向宽：

92.8km/100000＝92800000mm/100000＝928mm<1086mm

《荆江分蓄洪区地图》图形小于标准全开纸张光边白纸尺寸，比例尺大小设计符合要求。

比例尺形式设计采用目前最流行的数字比例尺和直线比例尺相结合的形式表示（图9-20）。

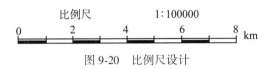

图 9-20　比例尺设计

2）图面配置设计和整饰设计

根据荆江分蓄洪区图形，右上角较空，将图名和位置图放置东北角；图名放于图内右上角，采用横排的形式。图例和比例尺集中在一起，为了读图方便将图例放置在左下角（图9-21）。

图 9-21　《荆江分蓄洪区地图》的图面配置

挂图的图名常用美术字，通常采用隶体、魏碑体、宋变体、黑变体或其他美术字体。《荆江分蓄洪区地图》的图名采用魏碑体。根据《荆江分蓄洪区地图》图廓的形状选用扁体字，再对字的形式进行必要的装饰和艺术加工（图9-22）。图名字号大小与字的黑度相关联，黑度大的可以小一些，黑度小时则可以大一些，但最大通常不超过图廓边长的6%。

图9-22 《荆江分蓄洪区地图》的图名设计

地图花边采用水波浪组合图形，水波浪和《荆江分蓄洪区地图》主题一致，非常贴切，可以利用地图花边来衬托地图主题（图9-23）。

图9-23 《荆江分蓄洪区地图》的花边设计

3）地图内容设计

地图专题要素表示：一级堤防、二级堤防、三级堤防、四级堤防、干线转移路、支线转移路、土路基、桥梁、分洪口门、自然村避水楼、联户避水楼、进洪闸、节制闸、排灌闸、排灌站、险段、堤防桩号、吴淞冻结高程、水文站、雨量站、水电站、分洪区、安全区、安全台。

地理底图要素表示：铁路、高速公路、主要公路（国道、省道）、规划主要公路、次要公路、规划次要公路，省界、市界、县界、市、县、乡、镇、农、林、渔场、其他居民地、码头、桥梁、水电站、火车站、河流、水库、湖泊、水渠。

4）表示方法设计

专题要素一级堤防、二级堤防、三级堤防、四级堤防、干线转移路、支线转移路、土路基等采用线状符号法表示。正确突出地反映堤防、转移路的等级和空间分布状况。

专题要素分洪口门、自然村避水楼、联户避水楼、进洪闸、节制闸、排灌闸、排灌站、险段、堤防桩号、吴淞冻结高程、水文站、雨量站、水电站采用定点符号法表示。准确突出地反映它们的空间位置和空间分布状况。

专题要素分洪区、安全区、安全台采用范围法表示。正确突出地反映它们的空间分布范围。

地理底图要素铁路、高速公路、主要公路（国道、省道）、规划主要公路、次要公路、规划次要公路，省界、市界、县界、市、县、乡、镇、农、林、渔场、其他居民地、汽渡、桥梁、水电站、火车站、河流、水库、湖泊、水渠采用普通地图表示方法。由于铁路、高速公路、主要公路（国道、省道）、次要公路、河流、水库、湖泊、水渠与地图主题关系密切，也可以视为专题要素，要突出详细地表示。

5）地图数据分层设计

一般来说，图层设计偏多，修改地图要方便些，但制作地图时有些麻烦。图层设计偏少，修改地图时非常不方便。一幅地图图层究竟要安排多少，要根据地图内容的复杂程度来确定。根据数字地图制图数据组织基本原则和地图图层设计的基本顺序规律，《荆江分蓄洪区地图》图层的具体设计和图层顺序安排如下（由上而下，见图 9-24、图 9-25、图 9-26、图 9-27、图 9-28、图 9-29、图 9-30）：

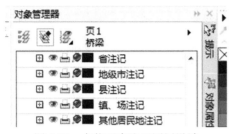

图 9-24　点状要素注记图层设计

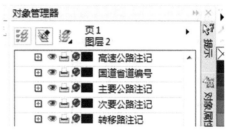

图 9-25　线状要素注记图层设计

图 9-26　面状要素注记图层设计

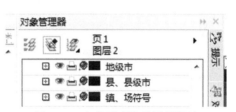

图 9-27　点状要素符号图层设计

图 9-28　专题线状要素符号图层设计

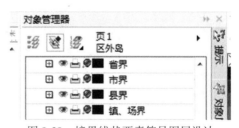

图 9-29　境界线状要素符号图层设计

图 9-30　面状要素符号图层设计

1. 图幅整饰部分

　　1.1　裁切线

9.3　安全台
9.4　双线河
9.5　湖泊、水库
9.6　街区
10. 面积普染色部分
10.1　主区内普染色
10.2　荆江分蓄洪区色带
10.3　邻区普染色

6）地图符号、色彩和注记设计

（1）专题要素堤防和转移路的线状符号设计。

堤防符号采用尺寸、颜色和形状等视觉变量来反映视觉层次变化（图 9-31）。一级堤防和二级堤防采用双线表示，利用填充色、堤防符号宽度形成等级感。三级堤防和四级堤防采用单线表示，利用颜色形成等级感。转移路符号采用尺寸、颜色形成等级感（图 9-32），正确反映干线转移路、支线转移路、土路基视觉层次。堤防和转移路符号颜色鲜艳明亮，可以突出地表现于地图视觉效果的上层平面。

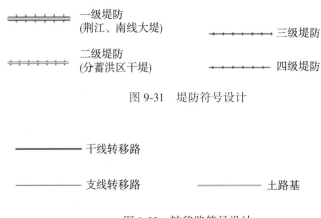

图 9-31　堤防符号设计

图 9-32　转移路符号设计

（2）专题要素分洪口门、避水楼和排灌闸等点状要素符号设计。

进洪闸、节制闸、分洪口门、排水闸和灌溉闸主要采用尺寸、颜色和形状等视觉变量来反映重要性和等级（图 9-33）。自然村避水楼和联户避水楼采用尺寸、颜色等视觉变量来反映重要性和等级（图 9-34）。桥梁、排灌站、险段、堤防桩号、转移码头、水文站、雨量站、水电站主要采用形状和颜色等视觉变量来反映专题属性（图 9-35）。分洪口门、避水楼和排灌闸等点状要素符号都采用鲜艳且饱和度大的颜色，可以突出地表现于地图视觉效果的上层平面；符号形状易于定位，能准确地反映它们的空间位置和空间分布状况。

（3）分洪区、安全区和安全台符号设计。

图 9-33　专题要素闸的符号设计

图 9-34　避水楼的符号设计

图 9-35　排灌站、险段等符号设计

分洪区用界线、区域色和区域表面注记表示其分布范围。安全区用界线和区域色（C30 M0 Y30 K0）表示其分布范围，安全台符号采用玫瑰红（C0 M100 Y0 K0）区域色表示其分布范围（图 9-36）。

图 9-36　安全区和安全台符号设计

（4）地理底图要素道路、水系、居民地和境界等符号设计。

地理底图要素道路、水系、居民地和境界等符号按普通地图符号设计方法进行设计，由于铁路、高速公路、主要公路（国道、省道）、次要公路、河流、湖泊、水库、水渠与地图主题分蓄洪关系密切，可以视为专题要素，要突出详细地表示。铁路、高速公路、主要公路（国道、省道）、规划主要公路、次要公路和规划次要公路利用尺寸、颜色和形状等视觉变量来表示道路等级和质量差别（图 9-37）；根据符号系统设计的逻辑性，规划道路用虚线表示；地图道路用鲜艳而饱和度较大的颜色表现于地图视觉效果的上层平面。省界、市界、县界和乡镇（场）界利用尺寸和形状等视觉变量来表示境界等级（图 9-38）。

市、县、乡、镇、农（林、渔）场、村和其他居民地等符号利用尺寸、颜色和形状等视觉变量来表示行政等级（图9-39）。河流、湖泊、水库水渠与地图主题分蓄洪关系密切，可以视为专题要素，要用饱和度较大的颜色来突出地表示。

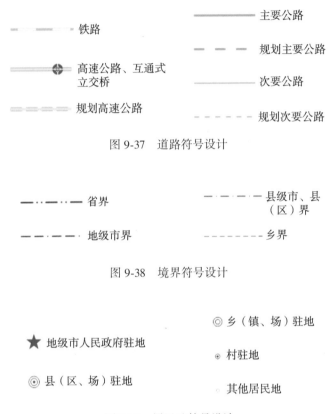

图 9-37　道路符号设计

图 9-38　境界符号设计

图 9-39　居民地符号设计

    荆江分蓄洪区的颜色设计主要体现在区域色设计上，因为专题要素要必须突出地表现于地图视觉效果的上层平面，所以区域色用不同的颜色填充不同的区域范围，它的作用仅仅是区分出不同的区域范围，并不表示任何的数量或质量特征，视觉上不应造成某个区域特别明显和突出的感觉，但区域间又要保持适当的对比度。

    （5）主区和邻区底色设计。

    区域底色只是为了衬托和强调图面上的其他要素，使图面形成不同层次，有助于读者对主要内容的阅读。这时底色的作用是辅助性的，是一种装饰色彩，在主区内或主区外套印一个浅淡的、没有任何数量和质量意义的底色，不能喧宾夺主，与点、线符号应保持较大的反差。主区衬托底色采用米黄色（M2 Y9），黄色较为明亮，似乎离眼睛近，有凸起来的感觉，同时显得大一些，称为前进色、膨胀色，使主区前进一个视觉层次。邻区衬托底色采用浅灰色（K5），浅灰色较暗，似乎离眼睛远，有凹下去的感觉，同时显得小一些，似乎离眼睛远，称为后退色、收缩色，使邻区后退一个视觉层次。

    （6）专题要素堤防和转移路的线状要素注记设计。

288

一级、二级、三级和四级堤防注记用红色（M100）宋体注记，用字的大小区分堤防等级。干线转移路、支线转移路和土路基注记用黑色（K100）黑体注记。

（7）专题要素分洪口门、避水楼和排灌闸等点状要素注记设计。

进洪闸、节制闸和分洪口门采用玫瑰红（M100）细黑体注记。排水闸和灌溉闸采用黑色（K100）仿宋体注记。自然村避水楼、联户避水楼和排灌站采用黑色（K100）宋体注记。桥梁、转移码头采用黑色（K100）幼圆体注记。堤防桩号、吴淞冻结高程采用黑色（K100）Arial 注记，堤防桩号更重要，所以字要大一个等级。险段用红色（M100 Y100）宋体注记。

区域名要求字体明显突出，故多用隶体、魏碑体或其他美术字体，有时也用粗黑体、宋体，或对各种字体加以艺术装饰或变形。分洪区区域名采用红色（M100 Y100）隶书体注记，用字的大小区别表示分洪区的等级。安全区采用红色（M100 Y100）黑体注记，安全台注记采用玫瑰红（M100）宋体注记。

（8）地理底图要素道路、水系和居民地等注记设计。

铁路、高速公路、主要公路（国道、省道）和次要公路采用黑色（K100）黑体注记，用字的大小区分道路等级，等级越高，字越大。河流、湖泊、水库和水渠采用蓝色（C100）左斜宋注记，用字的大小区分河流、湖泊等等级，等级越高，字越大。表示居民地的行政意义时，通常是用注记的字体配合字大来表示其行政意义，市、县、乡、镇和农（林、渔）场采用红色（M100 Y100）黑体注记，用字的大小区分居民地的等级，等级越高字越大，为了便于读者清楚区分不同大小的注记，注记级差要保持 0.5mm 以上。村和其他居民地采用黑色（K100）宋体注记，用字的大小区分居民地的等级，注意注记位置摆放要正确。

（9）行政区域表面注记设计。

行政表面注记采用红色（M100 Y100）黑体注记，用字的大小区分行政等级。

3. 地图数据制作

1）地图数据制作的技术流程
《荆江分蓄洪区地图》数据制作的技术流程如图 9-40 所示。

2）底图要素制作
地理底图要素水系、道路、居民地和境界数据是从数字线划图（DLG）中提取地图要素数据，精度高，信息准确。作为专题要素定位依据，需要先制作地理底图要素数据。

地理底图数据制作顺序按有利用要素关系协调原则和重要要素在先、次要要素在后的顺序进行。一般顺序为：水系、铁路、高速公路、居民地、其他道路、境界。

底图要素单线河制作过程如下：先用贝塞尔曲线工具绘制所有单线河的中心线，然后将这些线段打断，由河源到河口逐渐加粗。单线河的弯曲要自然，粗细要逐渐变化，一般相邻两段河流线宽度值相差 0.05mm，这样就得到逐渐加粗的单线河。为了能根据线条粗细判别河流方向和区分主支流，河流两端的粗细变化较快，中间变化较慢。一般将图内最长的单线河从 0.1~0.4mm 逐渐加粗，其他单线河变化幅度要小一些。绘制一个河系时，先将主流粗细变化描绘完，再将一侧支流粗细变化描绘完，然后对另一侧支流的粗细变化进行绘制。绘制河流要使河流汇合处的主流、支流的流向一致，主流与支流成锐角相交，

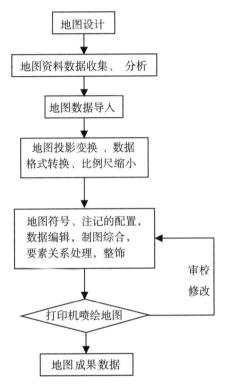

图 9-40 《荆江分蓄洪区地图》数据制作的技术流程

不能垂直相交，或有倒流现象。支流入主流处的宽度，一般不能宽于主流。单线河过渡到双线河时，图形变化应平滑、自然，不能突然、生硬。主流和支流汇合时，支流入口处应圆弧相接，河口成喇叭形。单线河流和双线河流相交时，应将双线河的水涯线打断，按主支流汇合处理规则，在相交处根据实地情况在入口处由双线向单线过渡。

制作渠道数据，颜色是蓝色 C100，干渠线粗为 0.45mm，支渠线粗为 0.2mm。制作时要注意渠道比较整齐、平直，转变处的转折明显等特点。

双线河、湖泊、水库等的水涯线用贝塞尔曲线工具绘制，线粗为 0.15mm，颜色是蓝色 C100，然后将水涯线封闭起来，因为双线河可以视为专题要素，要突出表示，填充色 C30 的颜色，湖泊和水库填充色为 C15。

底图道路形状如图 9-37 所示。铁路线宽 0.8mm，边线粗为 0.15mm，颜色是灰色 K60。公路应视为专题要素，要突出表示。高速公路线宽 1.0mm，边线粗为 0.15mm，颜色是 M50 Y100，填充色 Y100。主要公路线粗为 0.6mm，颜色是 M50 Y100。次要公路线粗为 0.3mm，颜色是 M50 Y100。地图上应在保持道路位置尽可能精确的条件下，正确显示道路相互关系以及道路与其他要素的关系。

居民地符号图形形状如图 9-39 所示。地级市用 4.6mm×4.4mm 红色（M100 Y100）五角星表示，县用 3.2mm 红色（M100 Y100）圆（形状是两圆套一点）表示，乡、镇、农、林、渔场用 2.5mm 红色（M100 Y100）圆（形状是两圆，小圆 1.5mm）表示，行政村用 1.5mm 黑色（K100）圆（形状是圆套点）表示，其他居民地用 1.0mm 银灰色

（K60）圆表示。正确表示居民地的符号同其他要素，特别是线状要素（河流、道路）的相接、相切和相离关系。

境界符号图形形状如图 9-38 所示。省界用一线两点线、粗为 0.45mm 黑色（K100）表示，市界用两线一点、线粗为 0.35mm 黑色（K100）表示，县界用一线一点、线粗为 0.25mm 黑色（K100）表示，乡、镇、农、林、渔场界用线粗为 0.15mm 黑色（K100）虚线表示。境界是以河流（双线河）中心线或主航道线为界的，河流符号（如双线河）内能绘出境界符号时，每隔 3~5cm 绘出一段，每段 3~4 节。河流符号（如单线河）内不能绘出境界符号时，境界符号应在河流两边每隔 3~5cm 绘出一段，每段 3~4 节。要表示出明显拐弯点、境界交接点和出图廓的界端。两级以上的境界重合时，只表示出高一级的境界。

3）专题线状要素制作

一级、二级堤防符号的图形形状如图 9-31 所示。一级堤防线宽 0.7mm，边线粗为 0.15mm，颜色是 M100 Y100，填充色 Y100；坡线长 0.2mm，线粗为 0.15mm，颜色是 M100 Y100。二级堤防线宽 0.7mm，边线粗为 0.15mm，颜色是 M100，填充色 M15；坡线长 0.2mm，线粗为 0.15mm，颜色是 M100。三级和四级堤防符号的图形形状如图 9-31 所示。三级堤防线粗为 0.25mm，颜色是 M100 Y100；坡线长 0.5mm，线粗为 0.15mm，颜色是 M100 Y100。四级堤防线粗为 0.20mm，颜色是 M100；坡线长 0.5mm，线粗为 0.15mm，颜色是 M100。正确反映堤防与河流之间的关系。

转移路和土路基符号形状如图 9-32 所示。干线转移路线粗为 0.35mm，颜色是 M100 Y100。支线转移路线粗为 0.2mm，颜色是 M100 Y100。主要土路基线粗为 0.4mm，颜色是 K60。次要土路基线粗为 0.2mm，颜色是 K60。正确反映转移路与公路道路之间的关系，土路基与沟渠之间的关系。

4）专题点状要素制作

专题要素分洪口门和排灌闸等点状要素符号形状如图 9-33 所示。北闸进洪闸符号长 10mm、宽 5mm，颜色是 M100 Y100，两个 E 字组合符号长 10mm、宽 2mm，线粗为 0.5mm，单线粗为 0.25mm，箭头符号线粗为 0.15mm。南闸节制闸符号尺寸是北闸进洪闸符号二分之一。进、吐洪口门符号长 5mm、宽 4.5mm，颜色是 M100 Y100，E 字符号长 5mm、宽 2mm，线粗为 0.5mm，箭头符号线粗为 0.15mm。排水闸符号长 2.5mm、宽 1.2mm，线粗为 0.3mm，颜色是 K100。灌溉闸符号长 2.5mm、宽 1.2mm，线粗为 0.3mm，颜色是 C100 Y100。要正确反映闸与堤防之间的关系。

避水楼符号形状如图 9-34 所示。自然村避水楼符号长 2.8mm、宽 1.5mm，颜色是 M100 Y100 的长方形。联户避水楼符号长 2.8mm、宽 1.0mm，颜色是 C30 M50 的长方形。注意准确反映避水楼的空间位置和空间分布状况。

桥梁、排灌站、险段、堤防桩号和转移码头等符号形状如图 9-35 所示。桥梁符号长 2.5mm、宽 1.5mm，线粗为 0.15mm，颜色是 K100，要正确反映桥梁与道路、转移路之间的关系。排灌站符号长 2.3mm、宽 2.3mm，颜色是 C100 M30 Y90，要正确反映排灌站与河流、堤防之间的关系。险段符号是边长为 1.5mm 等边三角形，颜色是 M100 Y100，要正确反映险段与堤防之间的关系。堤防桩号符号是底边为 1.0mm、高为 1.8mm 等腰三角形，颜色是 M50 Y100，要正确反映堤防桩号与堤防之间关系。转移码头符号是底边为

2.8mm、高为 2.0mm 的品字形，线粗为 1.0mm，颜色是 C100 M50，要正确反映转移码头与河流、堤防之间的关系。

5）专题面状要素制作

安全区和安全台符号形状如图 9-36 所示。

分洪区符号先要准确制作分洪区范围线，然后填充区域色（M2 Y9）。安全区先要准确制作安全区堤防作为范围线，然后填充区域色（C30 Y30）。安全台符号采用玫瑰红（M100）（线粗为 1.0mm 表示其分布范围）。要正确反映安全区和安全台与堤防之间的关系。

6）地图注记的配置

地图注记的配置基本原则是：

（1）保持与被注物体位置的密切关系，字位恰当，指示明确，特别在注记稠密处，配置要紧凑，尽量靠近所说明的物体，并注意转移路、沟渠、河流注记不要相互穿插和交叉。

（2）突出重点，主次分明。大的、重要的物体用较大的字作注记，小的、次要的物体用较小的字作注记。例如，"荆江分洪区"用字大 24pt 注记，"虎西预备蓄洪区"用字大 17pt 注记。"长江"用字大 14pt 注记，"台河"用字大 6pt 注记。

（3）注记应配置在空白处，并尽可能使注记不遮挡重要地物和地物轮廓线的转弯处和弯曲部，避免压盖铁路、公路、河流及有方位意义的物体，不能压盖居民地的出入口、道路、河流的交叉点或转弯点。

（4）对点状地物，其注记多以水平字列，少量以垂直字列方式；线状地物用水平字列、垂直字列、雁行字列或屈曲字列沿线状地物的中心线排列；面状地物则选择起中部或沿面状地物伸展的方向，以不同的字列注出。地图注记布置方式能在一定程度上表现被注物体的分布特征。

专题要素堤防和转移路的线状要素注记配置。堤防注记用红色（M100）宋体注记，一级堤防注记字大 8.5pt，二级、三级和四级堤防注记字大 7.5pt。转移路和土路基注记用黑色（K100）黑体注记，注记字大 5pt。专题要素的线状要素注记配置最大字隔不应超过字大的 5~6 倍，否则读者将很难将其视为是同一条注记，注意注记不要相互穿插和交叉。

专题要素分洪口门、避水楼和排灌闸等点状要素注记配置。进洪闸、节制闸和分洪口门采用玫瑰红（M100）细黑体注记，注记字大 5.5pt。排水闸和灌溉闸采用黑色（K100）仿宋体注记，注记字大 5.5pt。自然村避水楼、联户避水楼和排灌站采用黑色（K100）宋体注记，注记字大 5pt。桥梁、转移码头采用黑色（K100）幼圆体注记，注记字大 5pt。堤防桩号、吴淞冻结高程采用黑色（K100）Arial 注记，堤防桩号注记字大 7pt，吴淞冻结高程注记字大 5pt。险段用红色（M100 Y100）宋体注记，注记字大 5pt。

专题面状要素注记配置。分洪区区域名采用红色（M100 Y100）隶书体注记荆江分洪区用字大 24pt 注记，虎西预备蓄洪区、人民大垸蓄滞洪区用字大 17pt 注记，注意最大字隔不应超过字大的 5~6 倍，注记布置能在一定程度上表示被注的分蓄洪区物体的分布特征。安全区用红色（M100 Y100）黑体注记，注记字大 6.5pt。安全台注记用玫瑰红（M100）宋体注记，注记字大 5pt。

地理底图要素道路、水系和居民地等注记配置。道路用黑色（K100）黑体注记，铁路和高速公路注记字大 7pt，主要公路（国道、省道）注记字大 6pt，次要公路注记字大 5.5pt，道路用雁行字列或屈曲字列，注意最大字隔不应超过字大的 5~6 倍。河流、湖泊、水库和水渠用蓝色（C100）左斜宋注记，河流注记字大 14pt（如长江）~6pt（如台河），湖泊和水库注记字大 10pt（如陆逊湖）~8pt（如艾晒湖），水渠注记字大 11pt（如县总排渠）~6pt（如东四渠），河流、湖泊、水库和水渠等级越高，注记越大，水系注记用雁行字列或屈曲字列，最大字隔不应超过字大的 5~6 倍，注记要反映河流流向。乡镇以上居民地用红色（M100 Y100）黑体注记，市注记字大 16pt，（区）县注记字大 14pt，乡、镇和农（林、渔）场注记字大 9pt。为了便于读者清楚区分不同大小的注记，注记的级差要保持 0.5mm 以上。村和其他居民地用黑色（K100）宋体注记，村注记字大 6.5pt，其他居民地注记字大 5pt。居民地注记位置摆放要正确，注记摆放的位置以接近并明确指示被注记的居民地为原则，通常在注记对象的右方不压盖重要物体（尤其是同色的目标）的位置配置注记，当右边没有合适位置时，就要考虑放置在注记的居民地上方，其次再考虑放置在注记的居民地下方，最后才考虑放置在注记的居民地左方，居民地注记尽量少用垂直字列。

行政区域表面注记配置。行政表面注记用红色（M100 Y100）变形黑体注记，正常字高压缩 80%，省表面注记字大 20pt，县表面注记字大 16pt，用水平字列或雁行字列，注意最大字隔不应超过字大的 5~6 倍。

《荆江分蓄洪区地图》数据制作成果如图 9-41、图 9-42 和图 9-43 所示。

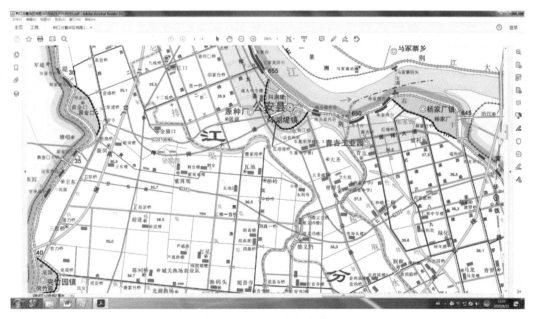

图 9-41　《荆江分蓄洪区地图》数据制作成果图局部（一）

三、实习要求

（1）根据收集的地图资料数据，初步掌握地图数据分析、整理、加工与利用。

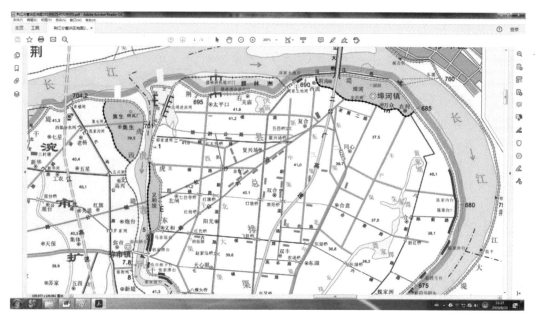

图 9-42　《荆江分蓄洪区地图》数据制作成果图局部（二）

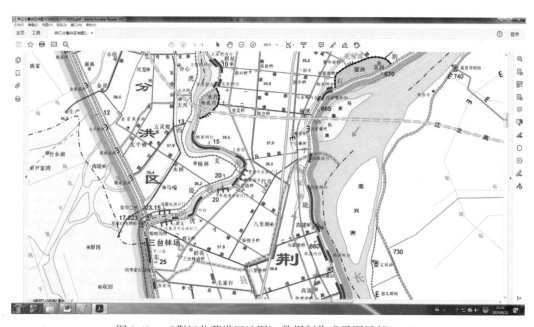

图 9-43　《荆江分蓄洪区地图》数据制作成果图局部（三）

（2）根据给定的专题制图资料数据，进行地图设计。地图设计内容包括图幅尺寸、比例尺、图面配置设计、整饰设计、地图内容设计和表示方法设计。可以对实习内容中的地图设计方案进行改进和完善，并说明理由。

（3）在图形软件中完成地图符号和注记设计与制作。对于实习内容中的地图符号形

294

状、颜色和尺寸设计，学生可以进行改进，并说明理由。没有设计的地图符号，学生自己完成设计。对实习内容中的地图注记字体、字大和字色设计，可以进行改进，并说明理由。没有设计的地图注记，学生自己完成设计。

（4）在图形软件中完成地图数据分层设计，如果有不合理的地方，可以进行调整，并说明理由。

（5）在图形软件中至少完成三块成果图数据其中一块的数据制作。基本掌握地图线状要素、点状要素和面状要素的制作方法。对地图各要素关系处理，如果有不合理地方，可以进行改进，并说明理由。地图注记配置不合理的地方，可以进行调整改进，并说明理由。

（6）专题地图实例应遵循专题地图设计的基本规律，参考优秀专题地图作品的设计思想和方法，提倡创新思维，尽量设计出具有鲜明特色和独特风格的专题地图。

（7）上交实习数据的要求：地图数据，符号和注记设计以 ＊. cdr 格式文件上交，地图输出文件，按激光打印输出要求，以 ＊. pdf 格式提交。

（8）实习报告内容包括实习目的、实习内容、实习步骤、实习成果分析和实习体会等。要求结构合理、图文并茂，字数不少于 1000 字。

第三节　影像地图（集）制作实例

一、实习目的

以《珠海市影像地图集》（以下简称《图集》）设计与制作为实例，使学生掌握影像地图集资料数据分析与利用，影像地图集设计和影像地图集数据制作方法与步骤。

影像地图集设计包括《图集》内容编排和构成设计、封面设计、开本设计、分幅设计、比例尺设计、版式设计、《图集》的内容设计、地图符号和注记设计。

要求掌握《图集》数据制作方法与步骤，《图集》数据制作的技术流程设计。影像的数据处理方法，索引图制作方法与步骤，地图要素数据的分层设计，地图矢量数据跟踪和符号化方法与步骤，地图注记的配置方法与步骤。

二、实习内容

《图集》是珠海市历史上第一本采用遥感数据制作的影像地图集。《图集》以形象直观的地图语言反映了珠海市的城市建设规模，城市建设现状，城市面貌，水系、地形地貌等基础地理信息，给人一种很强的视觉冲击力、美的享受。《图集》以精美的写真影像结合地图符号、注记全面地反映了珠海市城市建设成就、优美的自然环境以及与人们日常生活息息相关的其他地理信息。

1. 资料数据分析与利用

（1）2009 年航空摄影数据（注：《图集》是 2009 年编制的），分辨率为 0.2m，覆盖珠海市。作为《图集》的影像数据。

（2）2007 年 1：5000 DLG，覆盖珠海市。可以利用该数据中的境界图形要素、地名、道路名、山峰名和水系名称等。

（3）2009年出版的《广东省行政区划简册》。利用最新的《广东省行政区划简册》，可以对行政区划界线、居民地名称进行更新。

（4）最新野外调绘地名图（1∶2000），可以对地名进行更新。

2.《图集》的设计

1）《图集》编排和构成设计

图集具体编排如下：版权页、序、编图单位等内容共计2页，目录共3页，区划图共2页，索引图共4页，图集主体包括主城区影像地图和其他区域影像地图共206页，道路地名单位索引共16页，全本图集共计233页。

《图集》图集编排顺序构成如下：

行政区划图	1幅
索引图组	2幅
中心城区影像图组	68幅
全市影像图组	35幅
道路名索引	1幅
地名索引	3幅
单位名索引	4幅

行政区划图：反映珠海全市范围、行政区划现状和邻区关系。

索引图组：一幅是全市影像图索引，一幅是中心城区影像图索引。采用矩形分幅的方法，从上而下，由左至右进行分幅。为了增强图集内容的连续性，部分区域分幅时进行了一定的调整。

中心城区影像图组：用68幅图反映中心城区的城市面貌。

全市影像图组：用35幅图覆盖珠海市，全面反映珠海市现状。

道路名索引、地名索引、单位名索引：方便读者在图集中查找道路、地名和单位。

设计特色：① 全市影像图组（1∶2.5万）采用全市覆盖方式，把中心城区影像图组（1∶5000）城区繁华地带再放大表示一次。有两个特色：一是阅读时整体感很强，二是中心城区和郊区的关系表示得很清楚。两种比例尺同时表示城区繁华地带在国内是首创；②国内第一本同时设计有道路名索引、地名索引和单位名索引的影像地图集。

2）封面和开本设计

《图集》封面设计，底图采用的是珠海市沿海一部分的真彩色航空影像图，并进行处理，主要是对海水面进行了纹理处理（图9-44）。整个封面设计简单、独特，新颖美观。

《图集》设计为大16开本，成品尺寸210mm×297mm，该开本较为通用，使用方便，比较大气。

3）分幅和比例尺设计

为了更加灵活地表示具有不同特征的地理信息的各个区域，突出表示主城区的地理信息，概览其他非主城区的地理信息，图集的主体部分包括了珠海市主城区影像地图和其他区域影像地图两大部分，主城区分成68幅，影像地图比例尺设计成1∶5000，全市分成35幅，影像地图比例尺设计成1∶25000（图9-45）。选择这两种比例尺，不仅能完整地

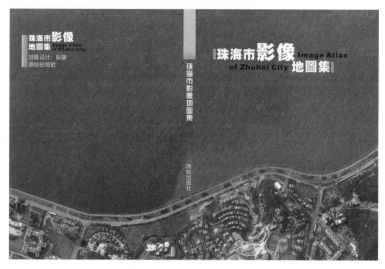

图 9-44   《图集》的封面设计

表达珠海市的基础地理信息，能够使地图集更加层次分明，突出重点，满足读图者获取不同信息的需要。

4）版式设计

《图集》的版式设计要达到一定的统一协调性，考虑到《图集》的应用性，版式的设计首先要力求方便和实用。同时考虑一本地图出版物不可缺少的艺术性特征，又要在其版式设计上突出其新颖和美观。版式上包括图名、页码、图例和直线比例尺，以方便读者感受地图信息。内图廓到外图廓之间用方里网将整个图幅分为横 4 排，竖 6 列共 24 格，横排用 1、2、3、4 表示，竖排用 A、B、C、D、E、F 表示，使用页码+横排编号+竖排编号，就可以将重要单位、工厂、学校、地名和道路准确定位，方便了用户查询地图信息，主次分明（图 9-46）。由于《图集》主体部分包括两种不同比例尺的地图类型，在其版式设计上兼顾统一协调的同时，还分别对不同比例尺的图幅采用了不同的色彩搭配方案以示区分。

5）《图集》的内容设计

《图集》的整体风格是融合型的影像地图集，即将遥感影像作为地理底图，在之上叠加矢量地图符号和地理名称，二者融合为一个表现体，共同反映城市的地理相关信息。本着"突出影像，辅以地图"的指导思想，因此在影像图上主要表示道路、境界线、行政驻地、重要区名片名、重要单位、工厂和大型公共设施。

（1）街道。要尽量详细表示各级街道。街道分为主要街道和一般街道，主要街道和一般街道要在图上表示出来，其他一些等级较低、连通性较差的街道，要进行一些适当的选取。

（2）重要单位、工厂。主要表示：市政府，区政府，街办、镇，派出所，医院，学校，幼儿园，消防，银行，邮局，商场，证券，餐饮，旅馆，书店，车站，加油站，工厂，市场，电影院，机场，港口，铁路，长途车站，停车场。

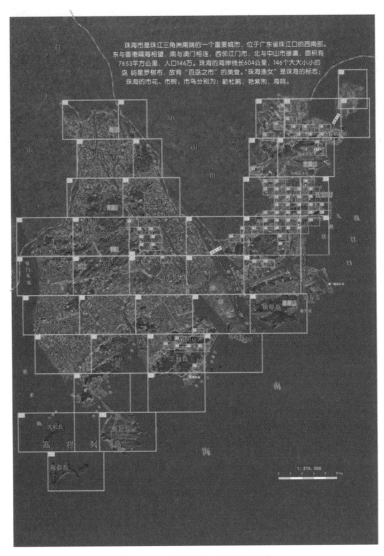

图 9-45　《图集》的分幅设计

（3）道路、其他地名信息。在地图载负量允许的范围内，要尽可能详细地表示各种道路、山脉、山峰、水系、单位等，以便于用图者快速方便查找。《图集》中其他地名信息包括：小区名，工业园，大单位、机关，地名、片名，区域名，公园，桥，行政村、居委会，岛屿，水系。

（4）境界。表示珠海市的市界、香州区、金湾区、斗门区的区界以及镇界。

6）地图符号设计

在影像地图中，清晰、易读的影像可以充分传递大量的地物信息，但是大大增加了地图信息的载负量。因此，符号和注记一般主要用于在地图上反映各种地物的质量特征即其属性。《图集》在设计地图符号时，充分合理地运用形状、方向、大小、色彩、密度、亮度等基本图形变量，以产生图面所必需的整体感和差异感。

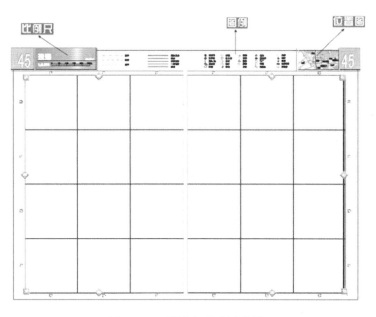

图 9-46　《图集》的版式设计

在清晰的遥感影像作为底图时，《图集》基本上采用的是点状符号，因为点状符号是非比例尺符号，它在地图中遮盖实地物体较少。因此，点状符号在地图集中，只是用来表示制图对象的属性特征，包括：制图对象所在的具体位置，制图对象的定名属性等。《图集》中所用遥感影像的基础色调为灰绿色，色调变化丰富，图面载负量大。清晰的图像使地图更加显得纷繁复杂。因此，在地图符号设计中，要充分考虑符号通用性以及与影像的协调性。政府机关采用红色（M80 Y100）来表示，用大小和结构表示等级。其他单位，大部分采用的是蓝底（C100 M100）白字的符号来设计（图 9-47）。蓝色让符号与影像图有很好的过渡作用，而白色显得清晰易读。使符号明显突出于影像又尽量不破坏影像的完整性。

图 9-47　《图集》的符号设计

采用不同的颜色和宽度表示道路等级（图 9-48）：

（1）高速公路：颜色　C70 M 30 Y75 K5　　　边框颜色 K100，边框宽度 0.1mm
（2）国道 ：颜色　M20 Y35 K35　　　　　　　边框颜色 K100，边框宽度 0.1mm

（3）主要街道：颜色 C40 Y35 K20　　　　边框颜色 K100，边框宽度 0.1mm

（4）一般街道：颜色　C20 M15 Y30　　　边框颜色 K100，边框宽度 0.1mm

（5）街道：颜色　K40　　　　　　　　　边框颜色 K100，边框宽度 0.1mm

（6）立交桥：颜色　M10 Y50 K5　　　　　边框颜色为白色，边框宽度 0.15mm

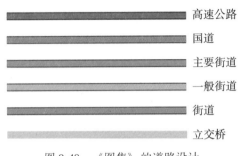

图 9-48　《图集》的道路设计

采用不同的颜色、形状和尺寸表示境界的等级（图 9-49）：

（1）市界：线宽 0.8mm，颜色 C100 Y80

（2）区界：线宽 0.5mm，颜色 M70 Y100

（3）镇界：线宽 0.5mm，颜色 M 30 Y80

图 9-49　《图集》的境界设计

7）地图注记设计

传统地图中所使用的宋体、仿宋、Times New Roman 并不适用于影像地图。影像地图中的注记，比较适合采用较粗、较大的字体。为此，在《图集》注记设计中，选择了方正字库，主要字体有方正黑体、方正准圆简体、方正综艺简体、方正大标宋简体、方正大黑简体，更多的字体选择，使地图显得更加美观、大方。以下是《图集》中所设计的具体注记。

（1）道路名。黑体，字大 6.0～16.0pt，垂直缩放 80%（必须缩放后再旋转），字体颜色 C100，外框笔颜色为：白色，视字的大小为：0.2～0.3mm。

（2）单位名。方正准圆简体，字大 7.0pt，颜色 Y60，外框笔颜色 K100，0.1mm。学校、医院、工厂、公司等企事业单位。

（3）小区名。方正综艺简体，字大 10.0pt，颜色 M50Y100，外框笔颜色 K100，0.1mm。花园小区、广场、新村等。

（4）工业园名。方正准圆简体，蓝底白字，字大 12.0pt，蓝底 C100 M30。有一定规模的工业园区。

（5）大单位、大机关名。方正准圆简体，红底白字，字大 13.0pt，红底 M100 Y100。分布范围较大的学校、大型工厂、水厂。

（6）地名、片名。方正综艺简体，字大 14.0pt，垂直缩放 90%，颜色 C100 Y100，外框笔颜色 K100，0.1mm，山名水平缩放 80%，外框笔颜色为白色，0.15mm。

（7）区域名。方正综艺简体，字大 16.0pt，垂直缩放 90%，颜色 C50 Y100，外框笔颜色 K100，0.1mm。用于比地名、片名更重要的地名。一般字的间距较大。

（8）公园名。方正准圆简体，绿底白字，字大 12.0pt，绿底 C100 Y100。

（9）桥名、立交桥名。方正准圆简体，白底蓝字，字大 9.0pt，白底边框 0.12mm，蓝字 C80 M60。

（10）行政村、居委会名称。方正准圆简体，字大 8.0pt，字体颜色 M100 Y100，外框笔颜色为白色，0.2mm（符号用单位点，颜色 M100 Y100）。

（11）街办、镇名称。方正准圆简体，字大 10.0pt，字体颜色 M100 Y100，外框笔颜色白色，0.2mm。

（12）区名称。方正综艺简体，字大 12.0pt，字体颜色 C40 M70，外框笔颜色白色，0.3mm。

（13）市名称。方正综艺简体，字大 14.0pt，字体颜色 C40 M70，外框笔颜色白色，0.3mm。

（14）市表面注记（市界线以外）。方正大黑简体（正常），字大 18.0pt，垂直压缩 80%，字体颜色 M90 Y50，外框笔颜色 K100，0.1mm。用于中山市、江门市等市民注记。

（15）岛屿注记。方正大黑简体，字大 6.0~16.0pt，填色 M80 Y20；外框笔 K100，0.1mm。

（16）水系名称、湖泊名、水库名。方正大标宋简体（左斜 15°），字大 6.0~15.0pt，字体颜色 C100，外框笔颜色 K100，0.1mm，海洋名（大面积）用 18.0pt。

注意：设置外框笔时一定要勾选下面的"在填色之后"和"随图像缩放"选项。

（17）1∶25000 图上注记。行政村、居委会，街办、镇，湖泊名、水名字大不变，其余减小 1.0pt。

3. 《图集》的数据制作

1)《图集》的数据制作工艺流程设计

采用先进的数字地图制图工艺制作《图集》的数据（图 9-50）。直接利用真彩色航空影像数据，采用当今世界一流的遥感影像自动化处理系统像素工厂（Pixel Factory），对全珠海市航摄数码影像进行一次性并行集群处理，采用先进的匀色技术对全珠海市航摄数码影像的颜色进行统一调配、匀色。采用像素工厂对影像数据进行自动分幅裁切，利用 Photoshop 图像处理软件对影像数据色彩进行再处理。利用 Mapstar2004 对最新野外调绘地名（1∶2000）图进行试验研究，输出合适大小的地名注记图。采用 CorelDRAW 图形处理软件进行数据图层设计，对影像数据的道路、街道、境界矢量跟踪、符号化、注记配置，将矢量数据和影像数据进行融合，完成《图集》成果数据的制作。

2) 采用像素工厂处理航摄数码影像数据

由于获取影像的效果直接受大气、云层和地表地物反射率和折射率的影响，不同时间段和不同气候下所获得的影像色彩和色调也是不一致的；相邻两个航空摄影数据存在着明显的色彩差异；需要对影像色彩和色调进行处理，消除数据之间的色差，使影像数据色彩一致。由于航空数据采用的是中心投影，同一图上建筑物的方向就不同，对于"头"朝下的建筑物要旋转使其朝上，由于中心投影而形成高层建筑压盖道路。采用当今世界一流的遥感影像自动化处理系统像素工厂对真彩色航空影像数据进行一次性并行集群处理，采用先进的匀色技术对全珠海市航摄数码影像的颜色进行统一调配、匀色，并进行几何纠正，然后将全市影像数据进行自动拼接。最后，根据地图分幅设计方案对影像数据进行自动裁切；像素工厂的裁切是通过读地图分幅设计好的 shape 格网，设定好输出的坐标系，根据格网定位裁切的坐标，就可以分幅输出影像数据。

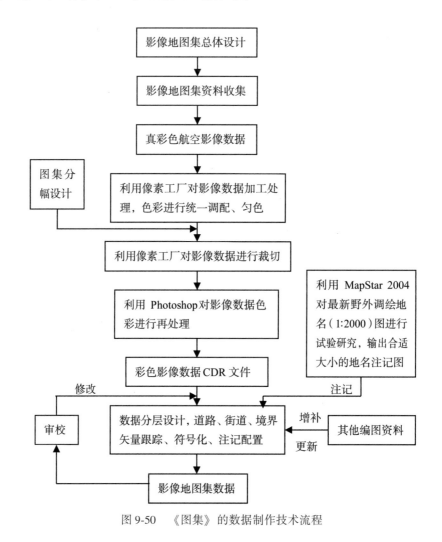

图 9-50 《图集》的数据制作技术流程

3）采用 Photoshop 对影像数据色彩进行再处理

一般采用 Photoshop 对影像数据色彩进行再处理。单景色彩调整可先在"图像"中

"调整"。菜单中选择"色阶"，将各通道中色阶压缩，使影像色彩加深、清晰和紧凑。然后根据合成假彩色影像上地物色彩与实际地物色彩的对比，用"色彩平衡"调整影像整体色调。用"色相/饱和度"功能可对影像色彩进行单一不同程度的调整，用"可选颜色"可对"红""黄""绿""蓝""洋红""白""中性色"和"黑"等色彩进行单一不同程度的调整。

裁切后的影像数据水域颜色显得十分灰暗，有些水域可能是受到污染的缘故。经多次实验比较后，将水域设为深蓝色，这种设色更能活跃和衬托图面效果。用 Photoshop 中的"笔工具"精确勾绘出水库、湖泊、河流等的水涯线范围；然后，将这些轮廓线转换为选择域，再将选择的域填色（图 9-51）。

此外，还需要对保密要素进行处理。《图集》是公开出版发行的图集，因而影像上涉及的军事设施、禁区以及某些敏感地物也需进行处理。处理的方法是：选择与保密要素周围环境相近的一片区域（空地、绿地、山地）覆盖在保密要素上面，使其与周围环境过渡自然，以达到保密的目的。

（a）调整前　　　　　　　　　　　（b）调整后

图 9-51　影像颜色调整

4）索引图的制作

一般影像地图集都是采用线划地图制作索引图。图集采用当今世界一流的遥感影像自动化处理系统像素工厂，对全珠海市航摄数码影像进行一次性并行集群处理，压缩成索引图所需要小比例尺（1∶210000）影像数据（见图 9-45），使用航摄数码影像制作索引图成为可能。用影像制作索引图（图 9-52），可以使索引图的影像和图集主体部分大比例尺影像一一对应，整个图集非常协调。另外，这样设计制作的索引图也非常精美。

5）《图集》数据的分层设计

地图数据组织是分层进行的，地图内容根据结构组织和视觉深度可分为多个层面，用不同层面叠加可模拟实现地图制印工艺中的叠印、套印等方式。地图整饰内容的图层应放置在上层，地图注记部分的图层放置在中间层，地图符号部分的图层放置在下层，栅格数据放置在最下层。点状要素放置在上层，线状要素放置在中间层，面状要素放置在最下层。图层顺序的安排要符合地物的相互关系。《图集》具体分层如下（自上而下）：版式、图例、地区名、地名、道路名、单位名称、点状符号、市界、区界、镇界、高速公路、铁路、国道、主要街道、一般街道、次要街道、影像数据。

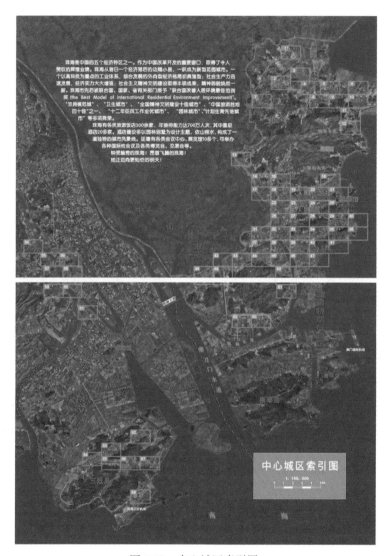

图 9-52 中心城区索引图

6）道路的制作

道路的级别划分是依据线划资料图、挂图以及道路宽度综合判断的。若道路的等级高而实际影像上由于角度等原因造成道路宽度不能到达相应等级，则夸大道路的宽度。相反，若线划图上道路等级不高或不太重要，而实际影像中由于四周无遮盖物，道路很明显，则有意降低道路的宽度。总之，在道路的分级中，既要照顾道路实际影像的宽度，又要体现道路交通网的等级感。另外,《图集》详尽表示各类性质和等级的道路。性质不同的道路如高架路、高速公路、快速路、立交桥和一般双线路采用不同的填色。在符号设计和色彩设计中能较好地表现不同立体层次间的道路关系。

道路的制作形状要自然。同一道路宽有明显变化的时候,要依实际情况分段进行绘制,若变化不明显,要尽量保持道路双线的平行(图 9-53、图 9-54)。详细地表示人行天桥、立交桥、车站、穿山隧道等道路附属物。在大路交叉口直角和圆角必须和实际相符;立交桥以影像数据为准,准确、翔实地表示了它的走向;立交桥和人行天桥的绘制,层次要清晰,形状要美观(图 9-55)。对于相邻或同一图幅中的同一道路,要使道路在类型和等级上都保持一致。保持道路之间的连通性,无论是同级道路或者是不同级道路之间,如果在实地是相互连通的,在影像图中也应该反映出其连通性(图 9-56)。在进行道路矢量化时,将道路分为两层,通过图层之间的叠加,可以实现同级道路和不同级道路之间的连通。

图 9-53　道路的制作(一)

图 9-54　道路的制作(二)

图 9-55　道路的制作(三)

图 9-56　道路的制作(四)

7)点状符号的配置

先对所有点状符号进行制作,然后存储到 CorelDRAW 的收集簿中。根据相关资料,将符号准确定位于相应的建筑物中。不论是政府机关还是民营企业,都是找到其定位点。符号是根据其类型从收集簿中选择,根据相关资料,将点状符号准确定位于相应的建筑物中(图9-57、图9-58)。

图 9-57 点状符号的配置(一)

图 9-58 点状符号的配置(二)

8)地图注记的配置

注记的位置选择以明确表示被注对象为原则,保持与被标注物体位置的密切关系,字位要恰当,指示要明确,字位的选择是以明确显示被注对象为原则(图9-59);特别在注记稠密处,配置要紧凑,尽量靠近所说明的物体(图9-60)。

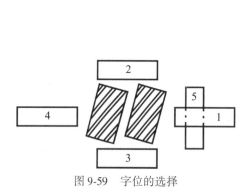

图 9-59 字位的选择

图 9-60 地图注记的配置(一)

道路名称注记不要相互穿插和交叉。路名竖排的不缩放,横排的垂直压缩80%(图9-61)。

注记应配置在空白处,尽可能使注记不遮挡重要地物和地物轮廓线的转弯处和弯曲部,避免压盖道路、河流及有方位意义的物体,不能压盖居民地的出入口、道路、河流的交叉点或转弯点(图9-62、图9-63)。最后,利用文字属性对话框设置注记的字体、颜色、外框、大小、形状等相关属性,对于特别说明要进行艺术处理的,如文字缩放、文字倾斜、添加背景等,则要按照要求进行一一设置。

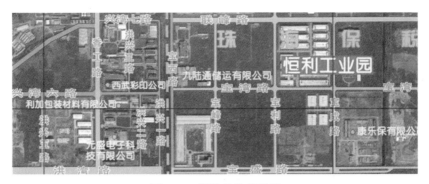

图 9-61　道路名称的配置

图 9-62　地图注记的配置（二）

图 9-63　地图注记的配置（三）

《珠海市影像地图集》数据制作成果如图 9-64、图 9-65 和图 9-66 所示。

图 9-64　《珠海市影像地图集》数据成果图（一）

图 9-65　《珠海市影像地图集》数据成果图（二）

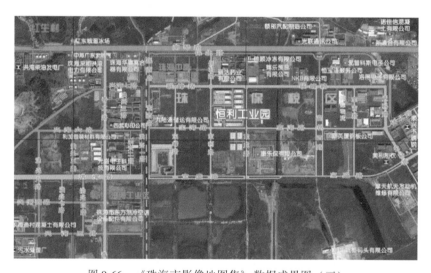

图 9-66　《珠海市影像地图集》数据成果图（三）

三、实习要求

（1）根据收集的影像和地图资料数据，初步掌握影像和地图资料数据分析与利用方法。

（2）根据给定的影像和地图资料数据，进行影像地图集设计。地图设计包括《图集》编排和构成设计、封面和开本设计、分幅设计、比例尺设计、版式设计和《图集》的内容设计。学生可以对实习内容中的地图设计方案进行改进和完善，并说明理由。

（3）在图形软件中完成地图符号和注记设计与制作。对实习内容中的地图符号形状、颜色和尺寸设计，学生可以进行改进，并说明理由。对实习内容中的地图注记字体、字大和字色设计，学生可以进行改进，并说明理由。

（4）在图形软件中完成影像地图数据分层设计。

（5）在图形软件中至少完成三块成果图数据其中一块的影像地图数据的制作。基本掌握影像数据的处理方法，影像地图中道路数据的制作方法、点状要素配置方法。对道路图形形状制作，如果有不合理的地方，学生可以进行改进，并说明理由。地图注记配置不合理的地方，学生可以进行调整改进，并说明理由。

（6）影像地图实例应遵循影像地图设计的基本规律，参考优秀影像地图作品的设计思想和方法，提倡创新思维，尽量设计出具有鲜明特色和独特风格的影像地图。

（7）上交实习数据的要求：影像地图数据，符号和注记设计以＊.cdr格式文件上交，影像地图输出文件，按激光打印输出要求，以＊.pdf格式提交。

（8）实习报告内容包括实习目的、实习内容、实习步骤、实习成果分析和实习体会等。要求结构合理、图文并茂，字数不少于1000字。

参 考 文 献

［1］ 蔡孟裔，毛赞猷，田德森，等．新编地图学实习教程［M］．北京：高等教育出版社，2000．

［2］ 高俊．地图制图基础［M］．武汉：武汉大学出版社，2014．

［3］ 何宗宜，宋鹰，李连营．地图学［M］．武汉：武汉大学出版社，2016．

［4］ 何宗宜，朱海红，李连营，等．地图设计与编制［M］．武汉：武汉大学出版社，2020．

［5］ 何宗宜，宋鹰．普通地图编制［M］．武汉：武汉大学出版社，2015．

［6］ 胡毓钜，龚剑文，等．地图投影［M］．北京：测绘出版社，1992．

［7］ 黄仁涛，庞小平，马晨燕．专题地图编制［M］．武汉：武汉大学出版社，2003．

［8］ 江南，武丽丽，孙冰，等．地图学实习教程［M］．北京：高等教育出版社，2020．

［9］ 廖克．现代地图学［M］．北京：科学出版社，2003．

［10］ 王家耀，孙群，王光霞，等．地图学原理与方法［M］．北京：科学出版社，2006．

［11］ 俞连笙，王涛．地图整饰［M］．北京：测绘出版社，1995．

［12］ 祝国瑞．地图学［M］．武汉：武汉大学出版社，2004．

［13］ 祝国瑞，郭礼珍，尹贡白，等．地图设计与编绘［M］．武汉：武汉大学出版社，2001．

［14］ 张克权，黄仁涛，等．专题地图编制［M］．北京：测绘出版社，1991．

［15］ 国家基本比例尺地图图式 第3部分：1∶25000 1∶50000 1∶100000 地形图图式［S］．GB/T 20257.3—2006．北京：中国标准出版社，2010．

［16］ 国家基本比例尺地图编绘规范 第2部分：1∶250000 地形图编绘规范［S］．GB/T 12343.2—2008．北京：中国标准出版社，2008．